釉

釉料及陶瓷颜色配制手册

陶瓷坯料·技法运用·原料特性·釉料配方·工作室注意事项

[美]　布莱恩·泰勒（BRIAN TAYLOR）　　著
　　　 凯特·杜迪（KATE DOODY）

王　霞　译

上海科学技术出版社

图书在版编目（CIP）数据

釉：釉料及陶瓷颜色配制手册 /（美）泰勒（Taylor,
B.），（美）杜迪（Kate, D.）著；王霞译 . —上海：上
海科学技术出版社，2015.10（2020.10 重印）
ISBN 978-7-5478-2777-2

Ⅰ. ①釉… Ⅱ. ①泰… ②杜… ③王… Ⅲ. ①陶釉 -
原料 - 配制 ②陶瓷 - 颜色釉 - 配制 Ⅳ. ① TQ174.4

中国版本图书馆 CIP 数据核字（2015）第 189648 号

上海市版权局著作权合同登记号 图字：09-2015-091 号

釉

釉料及陶瓷颜色配制手册

[美] 布莱恩·泰勒（BRIAN TAYLOR） 凯特·杜迪（KATE DOODY） 著
王 霞 译

上海世纪出版股份有限公司
上 海 科 学 技 术 出 版 社 出版
（上海钦州南路 71 号 邮政编码 200235）
上海世纪出版股份有限公司发行中心发行
200001 上海福建中路 193 号 www.ewen.co
苏州望电印刷有限公司印刷
开本 889×1194 1/16 印张 19.75 插页 4
字数 400 千字
2015 年 10 月第 1 版 2020 年 10 月第 4 次印刷
ISBN 978-7-5478-2777-2/J·40
定价：248.00 元

前 言

我们曾是一群在教科书空白处胡乱涂鸦，从少年时代便怀揣艺术家梦想的少年。我们在艺术的道路上不断探索并最终选择了陶艺作为自己的终身追求，2005年我们在举世闻名的流域中心（Watershed Center）进行陶艺创作，在那里相遇相知并成为挚友。从那时起，我们便开始尝试一系列激动人心的合作计划。所有人都认为没有什么比合作撰写一部有关釉料和陶瓷颜色方面的著作，与广大陶艺爱好者分享各自的技法及独特的艺术观点更好的事情了。

每一个人都被陶艺无穷的艺术表现力，惊喜连连的创作过程以及合作过程中灵感交融、友情加深的魅力所吸引。颜色无疑是每一位陶艺家在创作构思中需要仔细推敲的最重要的因素。颜色刺激我们的感官，撞击我们的灵魂，推动我们不断探索，引领我们完成极富个性化色彩的艺术作品。作为教师，我们每一个人都很热衷于同学生一起不断进行测试和实验，希望能通过这些尝试从化学角度深入理解陶瓷原料的特性。每一次尝试都有新发现，每一次探索都能让我们对这些陶瓷原料有更加深入的了解，引导我们进一步挖掘其创作潜能。每一个人都将自己对陶瓷颜色的运用方法以及技法知识毫无保留地贡献出来，最终汇总成本书——一部专门讲解釉料和陶瓷颜色的综合型手册。

就釉料和陶瓷颜色而言，本书的亮点在于将它们进行了动态化、概念化的归类讲解，并随之附上

了极富感染力的作品图片，广大的陶艺爱好者可以从中领悟陶艺大师如何让各类特性迥异的釉料和陶瓷颜色在不同的作品上充分展现其魅力的手段。抛却诸如烧成温度、烧成气氛、釉料类型等技术层面的因素，我们单纯从色相环的角度分析和讲解釉料以及陶瓷颜色，这样做的目的是带给广大陶艺爱好者以全新的认知视角。在本书的第四章——"陶艺大师及他们所使用的釉料和颜色"部分，100位活跃在当今陶艺界的重量级艺术家将与读者分享他们极具个性化风格的釉料和陶瓷颜色使用技巧。本书收录的每一件陶艺作品都附上了详细的原料组成、烧成方法、触觉感受、配方及技法运用等方面的信息，广大的陶艺爱好者不但可以从中了解到艺术家

们的创作过程和观念表达，还能从中汲取营养并启发自身的创作灵感。除此之外，本书还涉及颜色理论、陶瓷颜色发展史、对于陶瓷原料的理解及如何配制和测试釉料等方面的补充性内容，这些信息和技法方面的知识也必定会对广大陶艺爱好者的创作起到一定的帮扶性作用。编纂本书的目的旨在帮助和启发初学者、学生、爱好者及专业人士等，我们真心希望本书能成为您的良师益友！

凯特·杜迪，布莱恩·泰勒

全书简介

全书分为四个章节，开篇部分是关于釉料及陶瓷颜色审美等方面的信息，随后是本书的重点，即"陶艺大师及他们所使用的釉料和颜色"。

第一章　对于釉料的理解

通过讲解逐步进入陶瓷釉料的世界。具体内容包括釉料的发展史，如何测量窑温，配制陶瓷釉料时常用的原料，常见的釉料缺陷及其补救措施，以及接触有毒原料时如何做好自身的安全防护措施。

第二章　颜色

颜色是决定一件陶艺作品最终完成效果的关键所在。本章开篇讲解陶瓷颜色及色相环的发展史。之后结合实验分别详述 8 种颜色在陶瓷釉料中的使用方法及其特性。

第三章　釉料的配制及测试

本章内容有助于扩充广大陶艺爱好者的实践知识，对完成创作极有帮助。开篇内容包括对配方的理解、如何配制（混合）釉料及施釉方法。结尾部分讲述如何打破常规，配制出富有个性化的釉料，使传统釉料呈现出全新的面貌及如何通过新的施釉方法创作出风格迥异的作品。

第四章　陶艺大师及他们所使用的釉料和颜色

本章内容是全书的重点，当今陶艺界最有影响力的 100 位大师将向广大陶艺爱好者展示他们的代表性作品，讲解他们的创作观点、技法步骤、独特的釉料和颜色配方及其使用方法。由陶艺家配制的各类烧成效果风格迥异的釉料配方无疑会对各位陶艺爱好者起到极大的启发性作用，对他们开发个性化的釉料极有益处，这一点是任何教条式的"指导"都无法比拟的。釉料研发工作的核心在于变革、实验和测试，而陶艺大师提供的这些釉料配方将拓展你的思路，启发你的创新灵感，引领你配制出具有个性化的釉料。

需要特别注意的是：在釉料配方中经常会用到诸如铅之类的有毒原料。接触这些原料时需特别谨慎。操作时必须严格遵守各类原料的安全使用规范。参见第一章中的"健康与安全"一节。

有时陶艺家会指出其所使用釉料配方的来源，或者在附加信息中讲明该釉料的烧成温度、配方中的各类成分或者特殊的安全预防措施。

对书中所收录的陶艺作品以及各类釉料的配方均附有其烧成温度范围 / 测温锥编号。每一件作品的烧成温度都附带着详尽的技术参数和说明。

当釉料配方中要用到某种商业原料时，每一项特殊的、细微的要求都会被标注出来。

釉料、釉上彩详情

亨斯利（Hensley）透明釉（改良版），10 号测温锥

　　此配方由陶艺家库特·海瑟尔（Kurt Heiser）提供

F-4 长石	37.2
焦硼酸钠	12.1
碳酸钡	4.7
碳酸钙	7.9
硅	27
格罗莱格高岭土	9.3
3110 熔块	1.9
+ 氧化锡	1

瑞妮（Rynne）釉上彩颜料，017 号测温锥

　　以下各种釉上彩颜料均与珍妮·马克斯（Jane Marcks）配制的"神奇媒介"调和油搭配使用：

亚黑色

樱桃红色混合深红色

浅橙色

柠檬黄色混合苔藓绿色

釉料配方由陶艺家提供。通常来讲，各类原料相加的总和为 100%，附加原料的前面带有"+"形标记。有时，陶艺家也会在原有配方的基础上加以适度的调整，所以最终的数值不一定都是 100%。

在这一部分你会看到有关陶艺家的艺术观点及创作背景等方面的信息。

用来映衬陶艺家姓名的底色采用的是此件代表作的主打颜色。当然这个颜色不一定是釉料的颜色。

214

山姆·春 (Sam Chung)

作品的型体看上去像堆积在一起的云朵。球体上的装饰图案来源于朝鲜古代艺术品上的祥云纹样。型体与釉色非常协调，装饰纹样给人以愉悦感。艳丽的颜色起到了突出型体的作用，云纹上的黑色轮廓为作品增添了空间深度感。

云纹花瓶
35.5 cm × 20 cm × 20 cm，瓷器，拉坯成型后经改造。透明釉，烧成温度为10号测温锥的熔点温度。用毛笔涂抹3~5层釉上彩，烧成温度为017号测温锥的熔点温度。(有关所使用釉料、釉上彩的详情请见左栏。)

云纹茶壶
25 cm × 56 cm × 19 cm，瓷器，拉坯成型后经改造。透明釉，烧成温度为10号测温锥的熔点温度。用毛笔涂抹3~5层釉上彩，烧成温度为017号测温锥的熔点温度。(有关所使用釉料、釉上彩的详情请见左栏。)

云纹茶壶
18 cm × 23 cm × 13 cm，瓷器，拉坯成型后经改造。透明釉，烧成温度为10号测温锥的熔点温度。用毛笔涂抹3~5层釉上彩，烧成温度为017号测温锥的熔点温度。(有关所使用釉料、釉上彩的详情请见左栏。)

亨斯利 (Hensley) 透明釉 (改良版)，10号测温锥 此配方由陶艺家库特·海塞尔 (Kurt Heiser) 提供		瑞妮 (Rynne) 釉上彩颜料，017号测温锥 以下各种釉上彩颜料与珍妮·马克斯 (Jane Marcks) 配制的"神奇媒介"调和油搭配使用:
F-4 长石	37.2	正黑色
焦硼酸钠	12.1	亮黑色
碳酸钙	4.7	柴地红色混合深红色
碳酸钡	7.9	浅绿色
硅	27	柠檬黄色混合苔藓绿色
格罗莱格高岭土	9.3	
3110 熔块	1.9	
+ 氧化锡	1	

工艺说明

采用浸釉法为素烧过的坯体施釉。透明釉的黏稠度与牛奶相似，弱还原气氛烧窑，烧成温度为10号测温锥的熔点温度。还原气氛中生成的白色会偏冷，氧化气氛中生成的白色会偏暖。用调和油涂各种颜色的釉上彩调配均匀，然后用橡皮章着釉上彩轻轻地印染在坯体的表面上，并用017号测温锥的熔点温度烧窑。出窑后看一下烧成效果如何，根据实际情况反复印染釉上彩并反复烧制，直至达到理想的乳油釉面效果为止（釉层厚度过厚会出现肌理），把所有的颜色都涂好后，借助细毛笔绘制线形纹样。烧窑的时候把茶壶盖子微微拧开，留下一条1.3 cm的缝隙，以便将茶壶内部釉上彩挥发出来的气体排出。

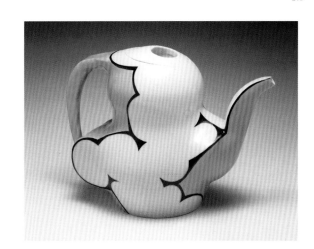

- 黑色线条凸起到突出云朵轮廓的作用，形成醒目的装饰纹样。
- 每一种颜色都有其特定的感情色彩。
- 乳油釉的釉色与器型搭配在一起非常协调。

这一版块重点分析作品的外表面装饰形式及陶艺家所采用的技法。

这部分详细记录了作品的制作工艺、原料选择及烧成等方面的信息。所描述的对象通常特指某一件作品，为了区别于其他，该作品由箭头形符号标注。

这两个色块归纳了此件作品外表面上的主打颜色，下方的文字则深入分析了这两种颜色所达到的效果。

目 录

前言

全书简介

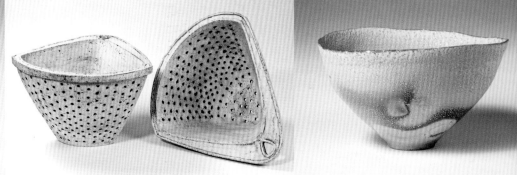

第一章

对于釉料的理解

　　本章开篇是一段简短的釉料发展史，该部分内容有助于读者了解釉料的来龙去脉。我们将通过详细讲解配釉工作中的技术问题、各类原料以及配制步骤，逐步揭露陶瓷釉料的本质。"健康与安全"一节将向广大陶艺爱好者介绍在接触各类陶瓷原料的过程中如何行之有效地保护自身的安全。

釉料的发展史

究竟人类是从何时开始借助黏土和釉料生产陶瓷器物的，这一问题由于历史太过久远，就连考古学家也很难界定其确切的时间。近几年来，随着几项考古新发现的取得，人类历史发展的时间轴和有关那个时期的新猜想得以不断的补充。尽管我们对地球上最早出现陶瓷的时间以及地域的确切信息不得而知，但是考古学家通过考证可以将其时间大致推算到距今 20 000 年前。在中国境内发掘的距今最早的陶瓷残片可以将陶瓷发展史的起点追溯到冰河世纪，人类用陶瓷器皿盛装和烹煮食物大约出现在距今 10 000 年前，即农业文明产生之前。

仰韶文化陶器

这个在中国出土的新石器时代的陶罐诞生于公元前 2500 年，这件作品是一个极好的早期彩绘陶器样本，它所采用的泥料为革黄色黏土，坯体外表面上的纹样由氧化铁绘制而成。

赤陶

这个在罗马出土的封泥饰面碗诞生于公元前 1 世纪，这是一件极好的封泥饰面陶器样本——由于当时还没有釉料，陶工们就将红色黏土调和成稀泥浆涂抹在器皿的外表面上作为装饰层，这种方法至今仍被很多陶艺家所使用。虽然在器皿的外表面上有一层泥浆，但是并不影响浮雕纹样的可见性。

就全球范围而言，不同的文化在不同的地域和时期都生产过陶器，但各国的考古学家通常都认为其出现更偏向于偶然，比如说地面上的坑穴在某次篝火熄灭后烧结变硬，再比如说一个被泥浆包裹的竹篮一不小心掉进了火堆，待火熄灭后发现竹篮变成了陶篮。陶器的出现令原始先民的日常生活发生了翻天覆地的变化，人们用陶器盛装和烹煮食物，与之前使用的盛器和炊具相比，陶器更加坚固，密闭性也更好。

但是陶器终究还有一定的渗透性，所以在釉料发明之前，远古先民们也发明了很多方法试图改善陶器的渗透性。首先，在器皿的内部铺垫一层植物叶片，堵住坯体表面上的细小孔洞，之后借助光滑的石头将半干的坯体仔细打磨一遍，这样做的目的是为了增加黏土的密度，进而缩小甚至减少坯体外表面上的孔洞。最后将黏土精细打磨过滤并配制成稀泥浆，也就是图例中讲到的封泥饰面。远古先民把这种泥浆涂抹在陶器的外表面上并进一步打磨，泥浆将坯体上所有的细微凹坑及缝隙都填实了，到此为止陶器坯体才变得真正紧实不再渗透。在希腊先民的不断努力下，封泥饰面装饰法得以精进，为后世遗留下大量艺术价值极高的叙事型陶器作品。

距今约 10 000 年前（或许更早），在古埃及诞生了世界上最早的釉料。据说这种釉料诞生于沙质窑坑，海水中的盐分和釉料配方中的基本成分（沙粒中富含的硅及盐中富含的钠）熔融硬结，构成了质地坚硬、外表光洁的饰面层。埃及本土的沙石源于长石质岩石，含有黏土、钾、钠等多种成分。人们发现将这种沙石与水调和后具有极佳的可塑性，在干燥的过程中盐分会逐步渗出至坯体的外表面上形成天然的装饰层，进而在烧成的过程中转变为坚硬、光滑的釉质。这种可以自己生成釉面的黏土随后发展为一种特殊的陶器类型，即埃及釉陶。大约在公元前 5 000 年，埃及工匠横跨中东地区，他们的制陶技法日益娴

黏土的起源

陶瓷原料属于矿物质（无机物），开采自地球的外壳。可以将其成分粗略地划分为以下几种：氧气 50%，硅 25%，其他部分主要由 6 种金属质矿物组成——铝、铁、钙、钠、钾、镁。这些元素亦是陶艺工作室里最常用到的原料。

矿物质是由黏土中的各类元素化学结合而成（例如硅或者石英，是由硅和氧气结合而成，其化学公式为 SiO_2），岩石由不同的矿物质组合而成（例如石英是花岗岩的组成成分之一）。岩石在数千年的时间内不断遭受风雨和冰川的侵蚀，它们逐步解体为碎块进而消解成粉末，不断流转不断沉积。河床和海岸表层是新近沉积下来的黏土，而较为古老的沉积层则多藏于高山及地壳以下。遍布在世界各地的矿藏被源源不断地开采、包装并运输至使用地，包括陶艺家的个人工作室内。

有关陶艺工作室常用的各类配釉原料的详细信息，参见下文"工作室常用原料"一节。

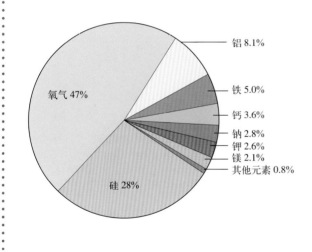

氧气 47%
硅 28%
铝 8.1%
铁 5.0%
钙 3.6%
钠 2.8%
钾 2.6%
镁 2.1%
其他元素 0.8%

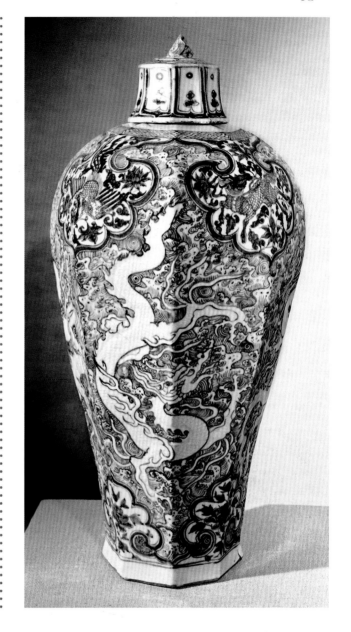

梅瓶

这个八角形梅瓶出土于中国的河北省保定市，其生产年代为元代（14 世纪）。这个梅瓶形态华美，外表面上布满了青花装饰纹样，堪称中国古代制瓷技术的集大成之作，从中尽可以窥探到当时中国的制陶者在陶瓷原料、制瓷技术及装饰技法等方面取得的惊人成就。

熟，生产了大量极具地域性特征的低温碱性蓝绿色铜釉陶器。

大约在公元前 1500 年，中国的制陶技术取得了突飞猛进的成就，主要表现在以下几个方面：建窑技术日益精进，新燃料的使用（木柴和炭），发现了更耐高温的陶瓷坯料（特别是瓷器坯料），陶瓷器皿的耐高温性能得以进一步提升。坯料的熔结程度更高，陶工开始有意识地研发适用于不同烧成气氛的釉料。

大约在公元 1644 年，即中国的明代末年，

除了尚未发现诸如锌、钛、钒、铀等几种稀有元素之外，中国的制陶者已经掌握了所有的陶瓷生产技术。从那时起，中国的陶瓷制作者们不断拓展烧成范围，研发新的釉料，那些华美的釉面效果及独特的装饰技法至今依旧启发着一代又一代的陶艺爱好者。

在历史上，伴随着釉料研发和测试工作的就是一次次的实验和失败，制陶者本人对于各类配釉原料特性的了解程度及个人工作经验是釉料研发工作成败的关键。19 世纪，一种精确的以

单次浸釉

两次浸釉

| 光洁 | 裂纹 | 凹坑 | 开片 | 缎面效果 | 亚光透明 | 白云石 |

釉料样本

上述试片所选用的坯料都是同一种，但是其外表面上所装饰的釉料都不一样，对比可见每一种釉料都呈现出了完全不同于其他的釉面烧成效果，既有光洁的也有亚光的。我们采用了浸釉法为试片施釉，试片上半部分只浸一次，而试片的下半部分则浸两次，这样做的目的是探索釉层厚度对于烧成效果的影响。

元素分子量为单位的测算釉料配方的方法被发明出来，其创始人为德国的赫曼·赛格（Hermann Seger）。这项发明极大地推进了人们对于陶瓷原料的理解，陶瓷生产企业可以据此掌握并研发出更加丰富多变的釉色。

矿业及其实用性

陶艺原料极具可变性，其原因是多方面的。有些原料的性质比较稳定，例如高岭土从开采到后续各环节，其性质基本不变。还有一些原料比如康沃尔石，由于其开采和包装均较简单，所以难免会和一些杂质相混合。这些杂质通常是构成地表黏土组成成分中比例较大的，它们的介入使得康沃尔石的成分不再单纯。例如某家厨房里的台面是由花岗岩制成的，但每一块花岗岩的成分都不一样，这一点与我们的陶瓷原料相似：矿藏的成分有所不同，陶瓷原料亦会有所不同。尽管原料供应商竭尽全力将每批产品的成分尽量调配到统一比例，使用者也大概可以掌控其不确定性，但实验依旧与风险并存。

有些时候，矿藏被开采殆尽或者矿物中有效成分的比例下降会导致原料供应不足。例如过度开采曾导致原产于加利福尼亚州博隆（Boron）附近的焦硼酸钠绝产。原料缺失对陶瓷产业造成了极大的影响，因为焦硼酸钠是一种极其重要的制釉原料，其熔融性能极佳而且具有十分独特的分子构成——能够产生绝美的釉面烧成效果，例如在低温烧成状态中生成兔毫状纹样。后来一家名为小湖（Laguna）的陶艺用品公司研发了一种焦硼酸钠的替代产品——小湖硼酸盐，这才填补上了市场需求的空白。小湖硼酸盐在很多方面无法与焦硼酸钠相比，但有些时候也可以生成不错的釉面效果。由此可以预想，我们现在常用的陶瓷原料也最终难免有开采殆尽，不得不研发其替代品的一天。

尽管世界上的陶艺家数量众多，但是与矿物原料使用者总数相比尚属小众。工厂和企业才是最大的陶瓷原料使用者，应用范围主要包括以下几种：面盆、马桶、餐具、电绝缘体、滚珠轴承及汽车刹车片。除此之外还有一些使用量相对较小的企业，比如造纸厂（高岭土可以生产涂料纸），化妆品生产厂（防晒霜中含有二氧化钛）甚至助消化类药厂（消化类药物中含有碳酸钙）。由此可见，陶瓷的应用范围是何等的广泛。

釉料是什么？

釉料是重要的陶瓷组成元素，其作用是连结坯体并在坯体的外表面上形成一层光洁的保护膜。陶艺家们依据个人的审美情趣选择不同类型的釉料装饰自己的作品，烧成效果风格迥异——光洁透明、亚光效果、泡沫状及流淌型等。

釉料会在长达数小时（10 号测温锥的烧成时间约为 10 h）的烧成过程中逐渐熔融。当窑温达到预定的烧成温度值时，釉料配方中的各种元素会熔融转变为液态，釉液与瓷化的坯体合而为一，最终在坯体的外表面上形成密封的保护层。热量导致釉料配方中的各类原料分子发生化学变化。配釉原料原有的晶体结构被破坏，进而转变为无形的、随机组合的玻璃质结构。这种无形的结构会在窑温下降的过程中逐步定型，硬化凝结在坯体的外表面上，形成玻璃质的、不渗透的保护膜。

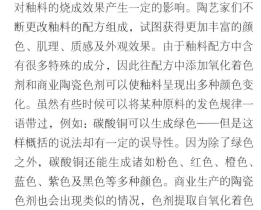

氧化气氛和还原气氛
这两个瓷罐都是迈克·雷诺兹（Mike Reynolds）的作品，坯体上使用的都是铜红釉，之所以其烧成效果完全不同是因为其烧成气氛一个是氧化气氛，而另一个是还原气氛。

1

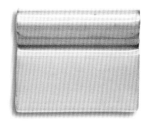

2

3

4

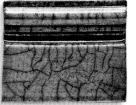

5

6

典型的釉料通常包含三种主要的原料：玻璃成型剂、熔块和稳定剂。玻璃成型剂是酸性物质，熔块是碱性物质，稳定剂是中性物质。硅是最常见的玻璃成型剂，其作用是使釉料硬化、光滑以及不透水。但由于硅的熔点极高，因此必须添加熔块辅助其熔融。熔块具有调节釉料熔点的作用。铝和黏土都可以作为稳定剂，其作用是使釉料和坯料的结合更加"适宜"及控制釉料的黏稠度，正是在稳定剂的作用下，釉料才得以牢固地附着在坯体的外表面上。

对上述三种基本配釉原料的比例进行适当调整就可以研发出适用于不同烧成温度的釉料。由于每一种釉料原料都能对配方形成独特的影响力，所以不同的添加比例可以得到丰富多彩的釉料烧成效果及颜色变化。熔块对氧化着色剂的发色效果影响极大。可以通过添加氧化着色剂、不透明剂及其他原料的方式改变釉料的烧成效果。

除了上述三种最主要的配釉原料外，还可以往釉料配方中添加其他原料，每一种原料都能对釉料的烧成效果产生一定的影响。陶艺家们不断更改釉料的配方组成，试图获得更加丰富的颜色、肌理、质感及外观效果。由于釉料配方中含有很多特殊的成分，因此往配方中添加氧化着色剂和商业陶瓷色剂可以使釉料呈现出多种颜色变化。虽然有些时候可以将某种原料的发色规律一语带过，例如：碳酸铜可以生成绿色——但是这样概括的说法却有一定的误导性。因为除了绿色之外，碳酸铜还能生成诸如粉色、红色、橙色、蓝色、紫色及黑色等多种颜色。商业生产的陶瓷色剂也会出现类似的情况，色剂提取自氧化着色物，经过煅烧（先烧一遍，之后将烧结的熔块再

次研磨成粉末）后具有一定的稳定性，但即便这样处理也偶尔会出现偏色的现象。

除了釉料本身所含有的各种成分外，还有很多因素都会影响釉料最终的烧成效果。同一种釉料在不同的烧成温度及不同的烧成环境（氧化气氛、还原气氛、柴烧、盐烧等）下会呈现出全然不同的面貌。举个简单的例子：快速降温能彻底改变一种釉料的烧成效果，原本应当呈现出缎面亚光效果的釉料会变得非常光洁，或许还会因为受到了热震的影响而出现釉面开裂的情况。

外表面的差异
这些釉料试片出自于不同的烧成环境，这样做的目的是了解釉面效果及其发色的各种可能性。**1.**亮白色，10号测温锥，还原气氛，炻器坯料。**2.**亮黑色，10号测温锥，还原气氛，炻器坯料。**3.**金属光泽，06号测温锥，乐烧。**4.**蓝绿色裂纹，06号测温锥，乐烧。**5.**蓝绿影青，10号测温锥，还原气氛，瓷泥。**6.**亮黄色，02号测温锥，氧化气氛，陶器坯料。

烧窑及测量窑温

感谢现代的窑炉研发技术，现代化使烧窑这项原本异常复杂的技术活变得犹如操控洗碗机一样简单：你需要做的只是把坯体放进窑内，设定好烧成方案后按"开始"键。但是步骤虽简单却意味深长：烧窑就像是大自然神奇力量的微观展现——由岩石质原料制成的坯体外面罩着一层能够熔融的保护膜，之后在烧成的过程中转变为炙热的器皿——就像火山喷发一样，而事实上二者的熔点温度也十分接近！典型的岩浆温度约为 1 093 ℃，而用于烧窑的 10 号测温锥的熔点则为 1 285 ℃。

· ·

很多人会因为没有彻底掌控烧窑的技术，在经历了一次又一次的失败之后萌生挫败感。就烧窑而言，其中确实包含了不少人力难以掌控的因素，但是只要你明白了其中的道理就能获得成功！从理论上讲，釉烧是一件极其简单的事情，但是在实际的烧窑过程中有很多方面的因素会影响釉料的烧成效果，主要包括以下几点：窑炉内的气氛，使用的燃料类型，烧成速度以及烧成时间——既包括升温阶段的速度和时间，也包括降温阶段的速度和时间。

气氛及其能量

可用于烧窑的燃料类型多种多样，常见的燃料包括以下几类：电、天然气、油、木柴、炭和锯末。不同的燃料可以形成不同的烧成气氛。气氛的生成主要取决于烧成过程中的氧气补给量，以及坯体和釉料原料中的挥发性物质。"气氛烧成"这个专业术语通常是指用木柴、苏打和盐作为燃料烧窑，上述原料在炙热的窑温作用下挥发成气体并与坯料和釉料中包含的各类元素发生化学反应。氧化气氛烧成是指在烧窑的过程中窑炉内供氧充足；还原气氛烧成是指在烧窑的过程中窑炉内供氧不足，燃料无法充分燃烧；中性气氛烧成是指在烧窑的过程中营造最佳的氧气和燃料比例，从而达到高效和经济的双赢目的。

采用碳质燃料（例如木柴和天然气）烧窑

还原气氛烧成

采用还原气氛烧窑时，火焰会从窑腔内冒出来。

顺焰柴窑

最简易的柴窑，通常为瓶形。燃料位于窑炉的底部，热量向上升腾升至窑顶并通过一个细小的烟道流出窑腔。图片中的这个窑炉位于匈牙利南部的马乔祖贝塔法（Magyarszombatfa）陶艺村，窑炉底部设有三个平均分布的出火口。无釉或者局部施釉的陶器是当地的典型产品。窑底和窑具都是用陶质瓦片搭建的。

上开门式电窑

上开门式电窑是小型个人工作室最常用的窑炉类型，因为它价格低廉且安装简便。许多陶艺家认为上开门式电窑降温速度过快，在很大程度上影响了作品的烧成效果。但是还有一部分陶艺家却认为这正是此种窑炉的优点所在，能够缩短烧窑时间。

前开门式电窑

与前文提到的上开门式电窑相比，前开门式电窑拥有更加坚固的金属发热装置，窑壁也更加厚实，这意味着此种窑炉的保温能力也更强。前开门式窑炉的价格相对较高，组装起来也比较麻烦，但是其耐用性能较好。

时，燃料中的各种元素会发生化学反应，导致分子重组，因此热量中会包含很多成分：一氧化碳、二氧化碳、烟灰和蒸汽。采用还原气氛烧窑时，热量中也会包含很多成分。燃料要想充分燃烧就必须获得足够的氧气，当氧气供给不足时就会生成一氧化碳。与二氧化碳相比，一氧化碳具有不稳定性。很多氧化物中都含有氧气，由于陶瓷坯料和釉料中就含有氧化物，所以在烧窑的过程中坯料和釉料都会挥发氧分子。热量将坯料和釉料中包含的氧分子分离出来，只留下诸如铁、铜等金属类物质。上述过程即为还原。同样一种釉料之所以能在还原气氛烧成环境中呈现出与之在氧化气氛烧成环境中截然不同的釉面效果，就是因为不同的氧气补给量对金属氧化物造成的影响不同。

由于电窑不使用任何有机类燃料（唯一的燃料来自于坯料原料和釉料原料在烧成过程中挥发出来的物质），所以其烧成气氛是纯氧化的。使用电窑烧窑时必须做好通风工作，有两方面的原因：一个是有机物的燃烧，另一个是某些原料会挥发出有毒气体。无论采用何种形式烧窑都必须做好安全防护工作——就算是使用设计最精良的窑炉烧窑也不能忽视这一点。参见下文"健康与安全"一节。

热量及温度

影响陶瓷原料的不仅仅是热量，还包括烧成时间。我们把烧成温度和烧成时间对于陶瓷的双重影响称为"热功"，深入理解这一概念非常重要。设想你置身于 37 ℃的闷热夏季，外出几分钟都会感到炙热难耐，甚至出一身汗。如果你在室外站上 2 h，你的感觉会完全不同，阳光刺痛着你的皮肤，蒸发着你身体内的水分，最终将你的能量消耗殆尽。当烧窑温度达到已预定的釉料熔点温度之后不采取任何降温措施，而是长时间保持这一温度的话，就算是再稳定的釉料也会起泡蒸发。

虽然测温计（一种安装在窑炉内部的测温装置）会直观地向你展示出窑炉内部的烧成温度，但是其测量数据也存在不确定性因素，之所以会出现这种情况，主要包括三方面的原因：首先，测温计测量的只是电热偶周边区域的窑温，而窑炉内部的烧成温度往往都是不均匀的，气窑尤为如此；其次，测温计本身具有一定的使用寿命，随着时间的推移其测量的精确性会逐步失真；最后，也是最主要的原因，测温计无法探测热功。如果抛却上述种种缺陷不谈，测温计对每一位陶艺工作者所提供的帮助无疑是巨大的，陶艺家不但能通过它掌控烧窑温度，还可以根据实际需要对烧窑方案进行改良。你尽可以通过测温计所测量的窑温数据对燃料使用量、氧气补给量及回压加以适当调整。

与测温计相比，测温锥的监测数据更加精确。测温锥是一种有色且体型小巧的三棱形测温

设备，测温锥本身也是由陶瓷原料制成的，它们只有在非常精确的温度点上才会熔融。因为其制作原料就是陶瓷原料，所以它能监测热功。例如，你采用快速烧成法烧制陶艺作品，若测温计上显示的监测数据已达到 6 号测温锥的熔点温度（1 222 ℃），但此时放置在窑炉内部的测温锥却依然保持竖直状态，那就说明窑内的实际烧成温度还远没有达到将坯料和釉料烧结的程度。在这种情况下你能做的就是持续升温直到测温锥熔融弯曲，这才意味着达到了预定的烧成温度，可以停止烧窑了。

窑身上设有观火孔，烧窑者可以通过它们观测窑炉内部的烧成情况。透过观火孔你能看到测

热电偶和测温计
通过这张照片你可以清楚地看到固定在窑顶上的热电偶（左下图）。记住千万不要触碰热电偶。电子测温计（左上图）与热电偶相连，会及时地将窑炉内部的烧成温度数值显示在仪表盘上。

温锥的烧成状态，对于你制定进一步的烧成方案有指导性作用。我们把放置在观火孔处的测温锥称为"见证锥"。见证锥与观火孔之间的距离不宜太近，否则极易受到窑外冷空气的影响，进而导致监测数据不准确。除了测温锥之外，你还可以在观火孔处放置一些其他类型的监测试片，比如颜色样本试片和釉料样本试片。上述方法可以帮助你深入了解窑炉内部的烧成情况。

测温锥通常都是成组的固定在一个由黏土制作的底座上。每组测温锥的数量不限，但不能少于三个，至少要包括防护锥、目标锥及导向锥。这三种测温锥的区别如下：目标锥的熔点温度即是你预定的烧成温度；导向锥的熔点温度仅次于目标锥的熔点温度；防护锥的熔点温度略高于目标锥的熔点温度。将两组熔点温度完全相同的测温锥分别放置在窑炉内部的不同位置是一个极其聪明的做法，它们能让你了解到窑炉内部是否存在温差。测温锥在其熔点温度开始熔融弯曲，当温锥的顶端碰触到底座的一刹那，就说明此时窑炉内部已经达到了你预定的烧成温度。

使用电窑烧制陶瓷作品时，为了杜绝过烧情况发生，必须在测温锥顶端碰触到底座的一刹那关闭电窑。老式电窑都设有温度控制器，当测温锥熔融弯曲后温度控制器就会自动关闭电窑。尽管从理论上来讲这一装置是安全可信的，但是在实际操作中却存在着极大的误差，因此我们不提倡烧窑者使用它。为了确保烧成质量，你必须时不时亲自检测一下窑炉内部的烧成状态，这样做有助于及时发现并处理烧成过程中出现的偶发性问题。除此之外，还必须养成做烧成记录的好习惯。依照前次的烧窑记录，确保烧成速度、烧成时间及烧成步骤严格一致，才能在日后的烧成工作中获得一模一样的烧成效果。

三棱形测温锥
测温锥会在窑内的烧成温度达到预定的熔点时熔融弯曲，将窑炉内部的烧成情况以非常直观的形式展现给烧窑者。由于测温锥本身就是用陶瓷原料制成的，所以它可以非常精确地感知烧成温度以及烧成时间对于窑炉内陶瓷作品的影响。

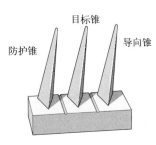

目标锥
防护锥　　　导向锥

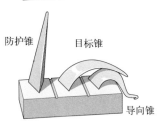

防护锥　　　目标锥

导向锥

烧成过程中的重要变化

深入理解烧成周期有助于烧窑者掌控整个烧窑过程，预防有可能出现的问题，并为日后的烧成工作打下坚实的理论和实践基础。右面这张图表中的数据是在升温以及降温阶段坯料和釉料的变化情况。由于热功的影响，这些变化不一定都出现在确切的温度点上，它们通常出现在一定的温度区间内。

华氏温度 (°F)	摄氏温度 (℃)	测温锥*	重要变化	说明
68~437	20~225	N/A	水分蒸发阶段：结合水蒸发	结合水是指化学结合在黏土分子上的水分。在此阶段大约只有3%~5%的结合水会汽化蒸发，要想将它们完全排除需要更高的烧成温度。坯体在这一阶段极易出现炸裂的现象，因此需要缓慢烧成
212	100	N/A	水分流失	必须在窑温达到100℃之前将附着在坯体上的水分全部排出。否则这些水分会因汽化膨胀而引发坯体炸裂
439	226	N/A	方石英在热量的作用下发生转化现象	
437~932	225~500	N/A	有机物被彻底烧尽	在此阶段会散发一些气味，特别是二手泥料尤为如此。此时可以加快烧窑的速度
932~1 063	500~573	N/A	坯体和釉层中的化学水分流失（对窑温的要求更加精确，出现在550℃左右）：开始烧结	此阶段又被称作偏高岭土形成阶段，坯体至此逐步硬化失去其可塑性
1 067	575	N/A	石英开始转化	石英转化阶段，随着陶瓷坯体的收缩，石英分子的数量会增加1%，黏土与石英的体量变化相互作用。全程需要缓慢烧成
1 300~1 700	704~927	019~09	碳、硫及其他杂质从坯体原料和釉料原料中挥发出来	在此阶段需要将烧成速度降至特别缓慢，这样做的目的是让气体有足够的时间排放出来，如若不然就会导致碳斑以及针眼等釉面缺陷
1 472	800	014	开始玻化	玻璃相的形成取决于釉料配方中所用到的原料类型及其颗粒大小，但不管怎么说玻化都是在此阶段开始出现的
1 562 以上	850 以上	012 以上	自由状态的石英转化为晶状的方石英	由于方石英具有极大的扩张率及收缩率，因此极易造成坯体爆裂。其结构会不断累积，因此复烧会对坯体造成损坏。烧窑数小时后（1 093℃以上）方石英开始形成
1 657~1 945	903~1 063	010~04	素烧温度区间	
1 922	1 050	04	常规釉料的烧成温度	04号测温锥的熔点温度通常被认为是典型的低温釉烧温度，也有很多陶艺家将05号测温锥的熔点温度以及03号测温锥的熔点温度作为他们的低温釉烧温度值
2 232	1 222	6	常规釉料的烧成温度	尽管烧成温度相差不大，但即便是极其细小的温差也会对陶瓷原料造成显著的影响，将陶艺作品放置在6号测温锥的熔点温度下烧制和将其放置在10号测温锥的熔点温度下烧制，二者的釉面效果截然不同
2 345	1 285	10	常规釉料的烧成温度	很多陶艺家都把10号测温锥的熔点温度设定为其理想的高温釉烧温度值。有些时候，陶艺家会把烧成温度定得更高，甚至采用13号测温锥的熔点温度烧窑，例如柴烧

* 图表中的这些测温锥，其熔点温度只取其近似值。

工作室常用原料

要想配制出烧成效果令人满意的釉料，首先要对工作室内常用的各类陶瓷原料有一个全面的了解，既要了解它各自的特性，也要了解它们在高温以及不同烧成气氛下相互作用的原理。若没有上述知识支撑的话，尽管有些时候盲目实验也可能会获得一些成绩，但是你永远也无法破解其中的奥妙。在烧窑的过程中也会遇到很多难题，所以要尽可能地去学习更多的知识，只有这样才能做到游刃有余。釉料实验起始于简单的称量原料，经过一系列的组合变化后衍生出丰富的釉色。

赫曼·赛格和他的分子式

在使用商业陶瓷原料配制釉料时，为了减少其烧成缺陷令配釉工作行之有效，德国人赫曼·赛格发明了一种以基于各类原料最基本的构成元素——分子为单位的表达形式。这种用于分析陶瓷原料的表述形式被称为联合分子式（UMF）。该公式以氧化物作为基本单元，并以此标示釉料配方中的各种组成元素。赛格发现当釉料配方中的各类原料比例超出公式给定的合理范围时（氧化钠过多或者铝太少等），该种釉料很容易出现诸如开片或者针眼之类的烧成缺陷。

该公式将硅认定为釉料配方中最主要的玻化剂，而铝是最主要的稳定剂。陶瓷助熔剂主要包括以下三种：碱性氧化物、碱土氧化物、金属氧化物。而硼是一种相对较为奇特的物质，它既是玻化剂也是一种强力助熔剂。当然，除了上述几种原料外，陶艺工作室内常用的原料还有很多，但是它们在釉料配方中起到的作用相对较小。

非此即彼：寻求合适的替代品

尽管遍布全球的陶艺工作室使用的陶瓷原料都是一样的，但是或许本书中介绍的各类原料在你的居住地却很少见。这种情况时有发生，一是因为远洋运输费用不菲，二来也许你居住地的附近就出产类似的陶瓷原料。要需求合适的替代品，最重要的就是看原料的主要成分。下文中的"陶瓷原料数据表"可以帮助你深入了解你自己使用的各类陶瓷原料的特性，这部分知识对于你配制出合适的替代品大有裨益。在分子式的帮助下，你尽可以将两种不同的原料进行拆解、分析和对比。学习使用电子分子式计算器（网上有很多相关资料）。要知道替代品极有可能改变原有釉料样本的烧成效果，因此必须做烧成实验。

当某种替代品无法达到满意的烧成效果时，你难免会萌生远洋购买的念头，但是请仔细思考一下，或许它的价格实在太高，又或许会因为很多不确定的因素导致该种原料特性改变，也无法配制出理想的釉料。因此，解决这一问题最合理的方式为尝试不同的釉料配方，或者借助当地的陶瓷原料重新制定配方。

釉料计算器

下面的这个图表列出了各类原料的组成成分，并依据赫曼·赛格发明的分子式对每一种原料的特性及其在釉料配方中的合理比例进行了分析，在它的帮助下你尽可以配制出烧成效果令人满意的釉料。

S	列标	1	2
	卡斯特（Custer）长石	100.00	20.00
	硅矿石		20.00
	3134号熔块		20.00
	EPK高岭土		20.00
	硅		20.00

氧化物	1	2
氧化钙	0.30%	13.77%
氧化镁		0.02%
氧化钾钠	13.19%	4.78%
二氧化钛		0.07%
三氧化二铝	17.36%	11.02%
三氧化二硼		4.62%
五氧化二磷		0.05%
二氧化硅	69.03%	62.68%
三氧化二铁	0.12%	0.18%

氧化物	1	2
氧化钙	0.03*	0.79*
氧化镁		0.00*
氧化钾钠	0.97*	0.21*
二氧化钛		0.00
三氧化二铝	1.05	0.35
三氧化二硼		0.21
五氧化二磷		
二氧化硅	7.11	3.35
三氧化二铁	0.00	0.00

2	氧化物	1

原料分类

依据赫曼·赛格发明的分子式可以将陶艺工作室内常用的原料分为五大类（右图），这为我们精确计算釉料配方奠定了基础。

原料分类				
助熔剂：碱性氧化物 (R_2O)	助熔剂：碱土氧化物 (RO)	助熔剂：金属氧化物 (RO)	玻化剂 (RO_2)	稳定剂 (R_2O_3)
钾 K_2O	钡 BaO	铅 PbO	硅 SiO_2	铝 Al_2O_3
钠 Na_2O	钙 CaO	锌 ZnO	* 硼 B_2O_3	
锂	镁 MgO			
	锶 SrO			

* 硼是一种相对较为奇特的物质，通常与氧分子结合在一起，它既是玻化剂也是一种强力助熔剂。

如今，很多机构和陶艺家都借助分子式计算釉料成分，用以获得特殊的釉面烧成效果。人们还通过这种方法分析某种釉料的配方，试图找到消除陶瓷烧成缺陷的手段。对于陶瓷企业和陶瓷工程师来讲，掌握釉料科学极其重要，因为釉料研发成功与否关系到企业的生存，攻克高精尖技术是陶瓷工程师的工作重点，可喜的是人类已经在陶瓷原料研究方面取得了惊人的成就，如今的陶瓷已经进入航天等高科技领域，世界上最锋利的刀具也是由陶瓷制成的。

赫曼·赛格发明的分子式为陶艺家提供了无限的探索空间。除了借助科学以及数学知识研究陶瓷原料外，很多陶艺家还将其与博大精深的陶瓷史料及自身的实践经验相结合，力图在创意和灵感等方面取得更大的进步。这种学习方法是值得肯定的，可以选择那些烧成效果稳定的釉料作为研究的出发点。因此必要性要深入学习陶瓷原料的计算方法、每种原料的特性及原料之间相互作用的原理，只有这样才能研发出烧成效果令人满意的釉料，才能让你彻底掌控釉料。首先要了解工作室内常用的各类基本氧化物。

尽管本书建议广大的陶艺爱好者要以实验作为经验积累的基础，但是在实际工作中还有很多深入学习分子式的方法。

化学家将整个地球上的物质归纳进一个简简单单的元素周期表中，但现实世界是丰富多彩的。元素通常与氧相结合，我们称之为氧化物。大多数陶瓷原料都是氧化物。有些时候，这些氧化物还会与二氧化碳结合重组，进而形成碳化物，碳化物也是常见的陶瓷原料。陶艺工作室内大多数常用原料都以与数目不等的氧分子相结合的形式出现，这与它们在自然界中的组成结构极其相似：最初是矿藏和岩石，随后受到诸如热、压力、风和水等外力的影响，经过移动和重组后最终形成独特的构成形式。

我们从了解陶瓷原料的最基本成分开始学习氧化物。陶瓷原料的基本组成成分为硅（氧化硅）、铝（氧化铝）以及水（氧化氢），还包括某些诸如矿物质、金属和有机物构成的"杂质"，其具体类型主要取决于该种陶瓷原料的构成情况。

长石的主要成分是硅和铝等碱性氧化物。陶艺工作室内常用的氧化助熔剂种类繁多，既有纯氧化物也有与其他元素结合的类型。例如下列三种原料都含有氧化钠：科纳（Kona）F-4长石、硼（四硼酸钠）及纯碱（碳酸钠）。上述三种原料都能起到助熔作用，但由于其组成成分不同，所以钠在整个原料中所占的比例也不同。

氧化物在釉料原料中所起到的作用除了助熔外还包括为釉料着色以及使釉面呈现乳浊效果。能让釉料达到乳浊效果的氧化物主要包括以下三种：氧化锡、氧化钛以及氧化锆。除此之外还有一些原料也能起到让釉料乳浊的作用，例如高岭土和长石，在釉料配方中大量使用上述两种原

元素周期表

首先让我们了解一下元素周期表。千万不要小看这个表格中的数据！各类元素是按照特性相近的原则依次排列的。表格的最左侧是最基本的助熔剂（包括锂、钠、钾），其后的一列是效果相对较弱的助熔剂，即碱土金属（包括镁、锶、钙）。表格的中间部分是各种金属类元素，有些可以作为助熔剂，还有一些可

以作为陶瓷原料着色剂（钛、钒、铬、锰、铁、钴、镍、铜、锌——这还仅仅是最上面的一行而已！）。铝和硅这两种陶瓷原料中最基本的元素位于表格的右侧，金属元素与准金属元素相结合，硅与其他酸性元素结合后性质变得更加稳定。硼位于铝之上，这两种元素互不相容。

氢	极贫金属					
碱金属	非金属					
碱土金属	稀有气体					
过渡元素	稀土					

1 H																	2 He
3 Li	4 Be											5 B	6 C	7 N	8 O	9 F	10 Ne
11 Na	12 Mg											13 Al	14 Si	15 P	16 S	17 Cl	18 Ar
19 K	20 Ca	21 Sc	22 Ti	23 V	24 Cr	25 Mn	26 Fe	27 Co	28 Ni	29 Cu	30 Zn	31 Ga	32 Ge	33 As	34 Se	35 Br	36 Kr
37 Rb	38 Sr	39 Y	40 Zr	41 Nb	42 Mo	43 Tc	44 Ru	45 Rh	46 Pd	47 Ag	48 Cd	49 In	50 Sn	51 Sb	52 Te	53 I	54 Xe
55 Cs	56 Ba	57 La	72 Hf	73 Ta	74 W	75 Re	76 Os	77 Ir	78 Pt	79 Au	80 Hg	81 Ti	82 Pb	83 Bi	84 Po	85 At	86 Rn
87 Fr	88 Ra	89 Ac	104 Rf	105 Db	106 Sg	107 Bh	108 Hs	109 Mt	110 Ds	111 Rg	112 Uub						

58 Ce	59 Pr	60 Nd	61 Pm	62 Sm	63 Eu	64 Gd	65 Tb	66 Dy	67 Ho	68 Er	69 Tm	70 Yb	71 Lu
90 Th	91 Pa	92 U	93 Np	94 Pu	95 Am	96 Cm	97 Bk	98 Cf	99 Es	100 Fm	101 Md	102 No	103 Lr

料，让它们不完全熔融就能获得乳浊效果。锌的着色能力极强，由于它具有结晶的特性，所以在釉料配方中大量使用锌也能起到让釉料乳浊的效果，而当其使用量较少时则可起到助熔的作用。锆加（Zircopax Plus）、超级派克（Superpax）和锆希尔（Zircosil）都是知名的锆元素品牌，硅酸锆是一种最常用的釉料乳浊剂。上述原料可以让透明釉呈现白色，根据这一特性，你也可以通过往釉料配方中添加着色剂或者次生黏土的方法获得釉面乳浊效果。

氧化着色剂在釉料配方中的主要作用是为釉料着色，但是其影响不仅仅如此。例如氧化

铜由于其熔点较低通常会起到助熔作用，而氧化铬由于其熔点较高通常会起到稳定剂的作用。不同的氧化着色剂具有不同的着色强度。氧化钴是一种着色能力极强的原料，仅需一点点就可以让釉料呈现出鲜亮的蓝色。往釉料配方中添加1%~2%的红色氧化铁，可以生成烧成效果极佳的影青色，当其添加量达到10%~15%甚至更高时，可以生成变化丰富的深褐色，其代表性釉料就是古代的天目釉。

虽然陶艺工作室内常用的氧化物仅有20多种，但是若把它们与天然的及人工合成的各类元素组合在一起的话，足可以给陶艺家提供源源

名称的由来

很多陶艺家都很好奇为什么同一种陶瓷原料会有不同的名称。众所周知，酒也有很多名称，就命名方式而言，陶瓷原料与酒非常类似。关于陶瓷，有太多知识等待我们去深入学习。陶瓷原料的命名形式多种多样，其类型包括以下几种：

- 其化学成分（例如碳酸钙）
- 其矿物学名称（例如石灰岩）
- 矿业公司为其取的名（例如钙）
- 以其开采地命名（例如康沃尔石，一种含钙的长石）

陶艺家按照自己的方式为其工作室内的常用原料分门别类，并发明了很多专业术语。本书主要以氧化物归类。由于命名方式多种多样，有些时候难免会造成认知上的混乱，但只要你对每一种原料有着足够的了解就可以避免这种情况。例如燧石，它是一种含有钙杂质的长石质岩石，曾在坯料以及釉料配方中广泛使用，其角色相当于硅，但现在很少有人使用燧石了。如今，我们从自然界开采出了纯石英矿，将其研磨成粉后加入釉料配方，其角色亦相当于硅。直至今日，燧石、石英、硅这三个词仍然都出现在陶瓷原料的名单上，其中最为精确的名称应当是硅。

不尽的实验原料。由于陶瓷原料种类繁多，要全面了解每一种原料的特性通常需要花费数年的时间，这一点让很多刚入行的陶艺爱好者感到无所适从。将各类原料分门别类是个不错的办法，随着实践一点一点地积累，这样做既节省时间也能增强你持之以恒的信心。

了解配釉原料

当你对陶瓷原料的成分有了一个初步的了解之后，可以将它们分为六大类：

- 黏土
- 助熔剂
- 玻化剂
- 着色剂
- 乳浊剂
- 添加剂

下文将详细介绍这些类别中的各种原料。每一种重要的氧化物都会围绕其主要性能详加叙述，例如熔点、可溶性以及毒性。学习这部分内容时可以对照参考下文"陶瓷原料数据表"一节。

金属氧化物

图片中的这些陶瓷原料是金属氧化物粉末（未经烧制）。很多陶瓷原料中都含有金属氧化物，只需在釉料配方中添加少量这类元素就可以生成丰富多变的釉面烧成效果。

二氧化镁

氧化镍（绿色）

红色氧化铁

碳酸铜

金红石

黑色氧化铁

陶瓷原料

本章介绍的各类陶瓷原料都是配制釉料时最常用到的，因此必须要做到熟悉和掌握。

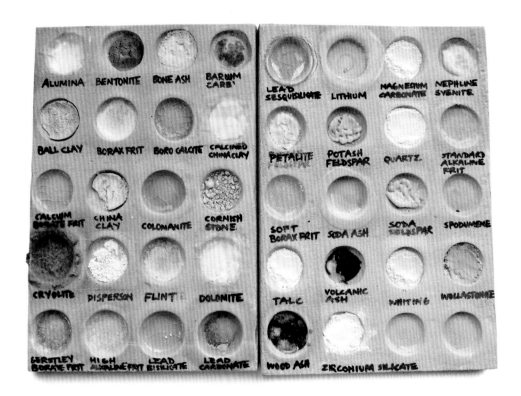

点状烧成实验

点状烧成实验可以让你了解各类陶瓷原料在高温环境中的变化和反应。照片中这些原料的实验烧成温度为6号测温锥的熔点温度（1 185 ℃）。作为学习的第一步，你可以将两种不同的原料混合在一起烧制，看它们会产生怎样的烧成效果。

黏土

黏土包括两大类型：原生黏土和次生黏土。原生黏土指矿藏在地表之下未被污染的黏土，具有极高的纯度。用于配制瓷器坯料的高岭土以及白度极高的黏土都属于原生黏土。次生黏土是指那些由于受到自然界中外力影响，其原始蕴藏地已经发生迁移的黏土，次生黏土中含有很多杂质。次生黏土的可塑性相对较好，黏土颗粒的体积也相对较小。次生黏土包括以下几种：球土、耐火黏土和陶土。

由于黏土的熔点较高，所以通常被作为稳定剂或者耐火剂添加到釉料配方中。黏土可以增强釉料的黏稠度，使釉料牢牢地附着在陶瓷坯体的外表面上。除此之外，黏土还可以增加坯体与釉料之间的适应性。

高岭土

高岭土属于原生黏土，其土质颗粒相对较大且可塑性较差。不过也有一部分高岭土属于次生黏土。高岭土是纯度最高的黏土，因为在其沉积成型的过程中从未受到其他矿物质（铁）的影响。高岭土的烧成效果极佳，完全瓷化后呈质地紧密的纯白色。未被任何金属氧化物杂质侵蚀的高岭土是绝好的"着色对象"。由于高岭土具有不错的稳定性，所以可以将其作为稳定剂加入釉料配方中，其发色不会因为其他着色剂的影响而发生改变。高岭土颗粒较大，可以增加釉料的强度。

常见的高岭土包括以下几种：

• EPK高岭土（即埃德加塑形高岭土）——次生高岭土

• 6号砖高岭土（Tile#6）——次生高岭土

• 格罗莱格（Grolleg）高岭土——原生高岭土

• 海默（Helmer）高岭土——原

生高岭土

球土

球土属于次生黏土，由于其颗粒极其微小所以具有绝佳的可塑性。在其迁移的过程中混合了很多杂质，这些氧化物的介入降低了球土的熔点。球土也是常见的配釉原料，与高岭土相比球土的白度相对较低，能在一定程度上提高釉料的明度。

常见的球土包括以下几种：
- 双 C 球土（C&C）
- 4 号 OM 球土（OM#4）
- 田纳西 10 号球土
- 双 X 匣钵球土（XX Sagger）

耐火黏土

耐火黏土的最大特性就是熔点极高。由于其具有良好的耐火性，通常都是与熔点较低的原料混合使用的，它能起到提高陶瓷坯体强度的作用。

常见的耐火黏土包括以下几种：
- 山楂胶（Hawthorn Bond）耐火黏土
- 黄滩（Yellow Banks）耐火黏土
- 高雪松（Cedar Heights）耐火黏土
- 林肯耐火黏土

陶土

在所有的黏土类型中，陶土最普通。陶土的纯度最差，含有大量矿物杂质，最主要的杂质是铁，铁使陶土呈现红色。由于陶土中包含的杂质过多，大大降低了它的熔点，因此陶土在低温烧成环境中就会玻化。而所谓"白陶"，其配方是经过特殊设计的，通常要加入诸如滑石、硅矿石甚至熔块才能令白色的陶土在低温烧成环境中玻化。

常见的陶土包括以下几种：
- 雷达特（Redart）陶土
- 利泽拉（Lizella）陶土
- 阿尔巴尼（Albany）泥浆替代品
- 巴纳德（Barnard）泥浆替代品

碱性氧化物：原生助熔剂

助熔剂的作用是降低釉料的熔点。常见的釉料助熔剂由不同比例的氧化物构成。有些氧化物与硅和铝结合在一起，还有一些与其他类型的氧化物结合在一起或者被碳化（氧化物与二氧化碳结合在一起）。碱性氧化物被认为是原生助熔剂。锂、钠和钾是构成长石的三种主要成分，而这些成分又往往是以混合的形

氧化助熔剂的特性

下表将帮助你了解各类氧化助熔剂的特征。其膨胀率和收缩率会对釉料及坯釉结合度造成一定的影响。当它的膨胀率和收缩率超过了一定的范围之后就会导致釉面缺陷。参见下文"常见的釉料缺陷及其补救措施"一节。

就单纯一种氧化物而言，其熔点确实是唯一的，但是不要忘了釉料配方中往往包含数种氧化物。当多种氧化物相互融合后，其熔融特性会大幅提升。当把各类氧化物按照适宜的比例混合使用时，可以降低釉料的烧成温度（混合后的原料熔点往往低于单一原料的熔点），我们把这一现象称为共熔。氧化物的助熔能力会在共熔条件下变得更加强大。本图表具有一定的参考价值。

氧化助熔剂		
膨胀和收缩 （差距值从大到小排列，顶端是最大的）	熔点 （温度值从低到高排列，顶端是最低的）	助熔强度 （强度值从高到低排列，顶端是最高的）
钠	硼	锂
钾	钠	铅
钙	钾	硼
锶	铅	钠
钡	锂	钾
铅	锌	钙
锂	钡	锶
锌	锶	钡
镁	钙	镁
硼	镁	锌

态构成陶瓷原料的，例如霞石正长石。所有的碱性氧化物都能生成浓郁的颜色。

氧化锂

氧化锂是三种碱性助熔剂中助熔效果最强的一个。假设某种釉料的烧成温度为 10 号测温锥的熔点温度，仅需往釉料配方中添加 5% 的碳酸锂，就能将该釉料的烧成温度降至 6 号测温锥的熔点温度；往釉料配方中添加 0.5%~1% 的碳酸锂可以让原本亚光的釉面变得光洁通透。（值得注意的是，釉料多方面的特性都会受到影响！）氧化锂在降温过程中的收缩率极小，适用于耐火器皿

的制作，但是当其在釉料配方中的比例过大或者在坯料中的比例超出了合理的范围时，就很容易引发釉面开裂。在钾含量较高以及钠含量较高的釉料配方中添加氧化锂通常可以起到预防釉面开裂的作用。由于锂能促进结晶的生成，具有卓越的助熔能力以及较低的黏稠度，所以通常可以形成变化丰富的釉面烧成效果。与其他种类的碱性氧化物相比，锂的反应相对更加活跃，对釉层的厚度更加敏感。锂属于有毒物质，所以在操作的过程中必须十分谨慎。

对颜色的影响：

一般来讲，氧化锂对颜色的影响极其明显，在此方面与含钠的氧化物以及含有钾的氧化物对颜色的影响相比尤为显著。氧化锂与铜混合使用时可以生成鲜亮的蓝色；与钴混合使用时可以生成粉色。

用于配制釉料的锂元素类型：

- 碳酸锂
- 锂辉石
- 锂磷铝石
- 锂云母
- 透锂长石
- 某些熔块

氧化钠

氧化钠具有极佳的助熔特性，与氧化钾非常类似，与后者相比，氧化钠的助熔效果略胜一筹，但是由氧化钠配制的釉料持久性较差。当釉料配方中的氧化钠含量过高时会导致釉面易碎，除此之外，由于氧化钠的黏稠度较低且张力较差，所以由氧化钠配制的釉料通常会出现流釉现象。当把氧化钠与釉料配方中的其他氧化物混合使用时，其膨胀率剧增，能引发釉面开裂。由于构成氧化钠的所有成分都具有可溶性，所以通常会将其作为长石或者熔块加入釉料配方中。

对颜色的影响：

同其他类型的碱性物质一样，氧化钠也能生成鲜亮光洁的颜色。氧化钠与铜混合使用时可以生成鲜亮的蓝色；与钴、锰混合使用时可以生成紫色。钠会在高温烧成环境中挥发，在坯体的外表面上形成一层光泽并生成从亮橙色到深红色等一系列颜色变化。盐烧和苏打烧就是利用了其这一特性。当苏打与铜挥发出来的气体相遇时可以生成粉灰色。

用于配制釉料的钠元素类型：

- 迷你晶石长石（Minispar）
- 科纳（Kona）F-4 长石
- NC4 长石
- 纯碱
- 小苏打
- 盐
- 硼砂
- 含杂质的木灰
- 焦硼酸钠
- 硅酸钠
- 霞石正长石
- 某些熔块

某些钾长石中也含有少量的钠，例如：卡斯特（Custer）长石、G-200长石、塑形维特长石（Plastic Vitrox）、康沃尔石、火山灰及硅藻岩。

氧化钾

氧化钾是一种碱性助熔剂，很多陶艺工作室常用的原料中都含有氧化钾。大多数钾长石中都含有或多或少的钠元素，反之亦然。有些时候钾长石和钠长石可以互相替代，在这种情况下配制出的釉料烧成效果区别并不大。钾长石和钠长石在特性上既有很多共同点又有很多差异：与钠长石相比，钾长石的稳定性更好，黏稠度更高，烧成范围更宽，由钾长石配制的釉料釉面坚硬、耐久性较好。钾长石的收缩率和膨胀率都很大，可以生成极好的釉面开裂效果。

对颜色的影响：

钾长石可以生成艳丽、光洁的颜色。将钾长石与小剂量的铁混合使用时可以配制出烧成效果极佳的影青釉。配方中含钾的釉料，其在陶瓷坯体边缘处会呈现出光亮的橘红色。

用于配制釉料的钾元素类型：

- G-200 长石
- K-200 长石
- 科纳 F-4 长石
- 卡斯特长石
- 康沃尔石
- 塑形维特长石
- 珍珠灰（碳酸钾）
- 硝酸钾
- 含杂质的木灰
- 火山灰
- 云母

大多数钠长石中都含有少量的钾，除此之外，诸如 3110 熔块以及 3124 熔块中也含有少量的钾。

碱土氧化物：次生助熔剂

碱土氧化物属于次生助熔剂，通常与原生助熔剂混合使用，其这样做的目的是提高其助熔效果。碱土氧化物亦会对颜色造成极大的影响。

氧化镁

在釉料配方中，氧化镁或者单纯的镁所起到的作用与钙所起到的作用极其相似，因此它们在元素周期表中的位置隶属于同一列。这两种元素通常都是共同出现在原料中的，它们都能起到增强釉料强度以及持久性的作用。镁能在高温烧成环境中显示出一定的助熔作用（与氧化钙混合使用时可以产生共熔效果），令釉料散发出一种质感极强的缎面亚光，或称油脂亚光。氧化镁在低温烧成环境中能起到提高熔点的作用，所生成的釉面亚光效果更加明显。镁的张力较强，它一方面能拓展釉料在陶瓷坯体外表面上的附着面积，使坯体的边缘更加圆润；但另一方面，一旦其使用剂量超过合理范围就会引发针眼、缩釉等釉面烧成缺陷。鉴于氧化镁的上述特性，你可以有意识地利用它配制一些具有开片特征的釉料，例如"苔藓"和"蜥蜴皮"。除了硼之外，氧化镁的膨胀率和收缩率是最小的，将其与钠一类的收缩系数较大的物质混合使用可有效预防釉面开裂。

对颜色的影响：

镁在釉料配方中的作用相当于乳浊剂，它会对釉面烧成效果造成很大的影响，能生成极好的亚光釉料。由于镁的助熔强度不是特别高，所以它对颜色的影响不是很大，但是当把它与其他元素混合使用时也能生成丰富多彩的釉色变化：与氧化钴混合使用时可以生成淡紫色；与少量铁混合使用时可以生成黄绿色；与氧化钛混合使用时可以生成粉色；与氧化铜混合使用并在还原气氛中烧制时可以生成从褐红色到淡粉色等一系列的颜色。

用于配制釉料的镁元素类型：

- 碳酸镁
- 白云石
- 滑石
- 某些熔块

硫酸镁（泻利盐）是一种可溶性物质，有些釉料配方中也含有该成分。

氧化钙

氧化钙是一种碱土助熔剂，其性质稳定，用氧化钙配制的釉料具有坚硬、持久的特性，能够抵御外力及酸性物质的侵蚀。氧化钙黏度适中，其收缩率和膨胀率都比较高，外表面的张力较大。氧化钙通常用于高温烧成，是最重要和最常见的辅助型助熔剂。

小剂量的氧化钙与氧化镁混合使用时可以生成共熔效果，但是当其用量较大时（25%以上）则会起到提高熔点的作用。钙在低温烧成环境中无法完全熔融，会生成亚光釉面效果。当采用6号测温锥的熔点温度烧窑时，钙的助熔效果稳定，可以生成光滑的、石材般的缎面效果釉料；当采用10号测温锥的熔点温度烧窑时，钙的助熔效果更加明显。当把某种配方中含有大量氧化钙成分的釉料用10号测温锥的熔点温度烧制时，该种釉料会呈现出独特的亚光流水纹釉面效果。鉴于其外表特征，这类釉料通常被称为"假木灰釉"（木灰的钙含量极高）。氧化钙会在缓慢降温的过程中生成大量结晶。

对颜色的影响：

氧化钙对釉料发色的影响并不大，具有微弱的"漂白"作用：让氧化铁的呈色转变为黄色；让氧化铜的呈色转变为蓝绿色；让氧化钴的呈色转变为淡紫色（当釉料配方中含有大量氧化钴时，其发色往往较深）。类似玉色的影青釉及诸如天目釉和番茄红釉等含铁量较高的釉料配方中都有氧化钙。

用于配制釉料的钙元素类型：

- 碳酸钙
- 硅矿石
- 白云石
- 某些长石
- 大多数熔块
- 焦硼酸钠
- 硬硼钙石（钙、硼）
- 硼钠钙石（钠、钙、硼）
- 骨灰（非人工合成的）
- 磷酸钙
- 木灰

氧化锶

氧化锶是一种碱土助熔剂，其特性与氧化钙以及氧化钡十分相似。由于其助熔强度不是很高，所以必须将其与助熔能力较强的氧化物混合使用。氧化锶的膨胀率、助熔能力与氧化钙差不多，氧化锶可以有效提升釉料的强度和硬度。氧化锶的黏稠度以及张力适中，缓慢烧成时能够生成稳定性较好、适用于多种烧成温度的釉料。当釉料配方中含有大剂量的氧化锶时，该种釉料会呈现出流淌的亚光结晶效果。由于氧化锶的产量相对于其他种类的氧化物而言较少，所以其售价相对较贵。鉴于这种情况，可以考虑用氧化钡代替氧化锶，但是后者有毒，存在一定的安全隐患。氧化锶本身无毒，但是在其开采过程中通常会混入一些氧化钙，有些时候还会混入一些碳酸钡，上述几种元素混合后会形成有毒的碳酸锶，所以在操作的时候一定要特别谨慎。

对颜色的影响：

氧化锶和氧化钡对于颜色的影响程度差不多，前者的影响力相对更加微弱。

用于配制釉料的锶元素类型：

- 碳酸锶

氧化钡

氧化钡是一种次生助熔剂，由于它具有结晶特性，所以能生成柔和的、丝绸般的亚光釉面效果以及多种鲜亮的颜色。虽然大多数乳浊剂（氧化铝、氧化钙、氧化镁）都能让釉料呈现出柔和的色泽，但是氧化钡却可以生成多种艳丽的釉色。由于氧化钡具有较高的黏稠度和适中的张力，所以它能起到增强釉料稳定性的作用，氧化钡与其他助熔物质混合使用时可以产生极强的共熔性，进而会导致釉面流淌。钡含量较高的釉料具有美丽的亚光结晶状外观，就算是流釉处亦如此。氧化钡无论是烧成之前还是烧成之后都具有很高的毒性。由于钡既具有可熔性（部分熔融）也具有毒性，所以在操作的过程中必须格外谨慎，且不适用于配制日用类陶瓷釉料。

对颜色的影响：

钡可以起到提亮颜色的作用，特别是当其与氧化铜以及氧化钴混合使用时，可以生成非常艳丽的绿色和蓝色。几乎所有的氧化着色剂与氧化钡混合后都能生成鲜亮的颜色：与氧化铬混合使用时可以生成黄绿色；与氧化镁混合使用时可以生成从粉色到紫罗兰色及紫红色等一系列颜色；与氧化镍混合使用时可以生成从紫红色到蓝色及绿色等一系列颜色；与氧化铁混合使用时可以生成从淡黄色到黄绿色等一系列颜色。

用于配制釉料的钡元素类型：

最常用的是碳酸钡。以下这些物质中也包含氧化钡成分：氯化钡、硫酸钡、某些熔块及碳酸锶。

金属氧化物

氧化铅

氧化铅是一种强力助熔剂，能生成均匀、光洁、无杂质的釉面效果，通常用于配制低温釉料。氧化铅的熔点较低，由它配制的釉料持久性能较好且色泽艳丽。总的来说，铅对釉料的影响是巨大的，其使用历史非常久远——不幸的是这种元素有毒！鉴于其毒性，大多数陶艺机构和个人工作室都不再使用纯氧化铅，但是熔块形态的铅却依然被广泛应用于陶瓷釉料生产领域，例如二硅酸铅。

与氧化铅相比，铅熔块具有下列几项特性：毒性较小、更稳定、溶解度较小，挥发性更小，但是一定要记住铅是有毒物质，因此在操作时必须特别谨慎。有时，光从肉眼上很难判断哪些原料中含有铅，因此在实际操作时一定要仔细阅读各类陶瓷原料的使用说明书，以确保万无一失。当某种含铅釉料配方中铅的比例超出合理范围或者未能完全熔融时，那么该种釉料即便是烧成之后也仍然有毒。鉴于上述原因，含铅

釉料绝不能用于装饰日用类陶瓷产品，除此之外，在实验过程中也必须全程做好足够的防护工作。氧化铅会在烧成的过程中挥发有毒气体，因此务必做好通风工作。

对颜色的影响：

氧化铅能起到提亮釉色的作用，使釉料呈现出柔和温润的烧成效果。概括起来：氧化铁可以生成上好的琥珀色、深红色以及铁锈红色；氧化铜可以生成多种绿色；氧化铬可以生成明艳的橘红色；氧化镁可以生成偏紫的红褐色；氧化钴可以生成柔和的蓝紫色。

用于配制釉料的铅元素类型：

- 硫化铅（方铅矿）
- 铅白（碳化铅）
- 铅丹
- 铬酸铅
- 硅酸铅：铅黄、一硅酸铅、二硅酸铅、三硅酸铅、倍半硅酸铅
- 熔块，包括以下几种型号：3304号、3403号、3262号（参见下文有关熔块的内容）

氧化锌

氧化锌是一种性质独特的次生助熔剂，适用于中高温烧成。小剂量使用时可以生成光滑、无斑、犹如丝绸般的釉面效果。其他种类的乳浊剂通常令釉面呈现干涩感，而氧化锌却可以令釉料获得乳浊效果的同时保持釉料原有的光泽。氧化锌可以增加釉料的强度、耐久性及弹性。氧化锌的热膨胀强度适中，可以减少釉面开裂；但当使用量较大时，其高收缩率会引发诸如开片、针眼等釉面烧成缺陷。解决上述问题的方法是将氧化锌煅烧一遍，这样做可以有效降低其收缩率。当釉料配方中含有大剂量的氧化锌时，该种釉料会在烧成的过程中生成大量结晶。但是必须牢记氧化锌这种物质是有毒的，因此在实际操作

中一定要非常谨慎。氧化锌不适用于还原气氛烧成，因为它会在这种烧成环境中挥发出有毒气体，进而对烧窑者的健康造成伤害。一般来讲，锌很容易与铅混杂在一起，因为这两种物质通常同时矿藏于火成岩中。

对颜色的影响：

氧化锌对釉料发色的影响极大，而这种影响有时候又是完全相反的。一方面，我们不建议在釉料配方中添加氧化锌，因为它能"吃掉"釉料的颜色；而另一方面，它又有显著改变釉色的功效——可以令原本明艳的釉色（由氧化铁、氧化镁及氧化铬配制的釉料）偏褐、变暗。氧化锌对铜红釉的发色影响极大。但是当其与下列物质混合使用时可以生成视觉效果极佳的釉色：与氧化钴混合使用可以生成品蓝色；与氧化铜混合使用可以生成蓝绿色；与氧化锡混合使用可以生成从粉色到褐色等一系列的颜色。

用于配制釉料的锌元素类型：

- 氧化锌
- 煅烧氧化锌

熔块

熔块是一种人造陶瓷原料，由多种陶瓷生料（多为助熔剂及玻化剂）煅烧加工而成。熔融玻化的熔块被猛地投入冷水中，由于受到热震的影响破裂成小碎块状，将其进一步研磨后作为助熔剂加入釉料配方之中。熔块的特性与其煅烧之前的各类组成物质的特性相同，唯一的区别是煅烧使各类物质以化学结合的形式出现在熔块中。煅烧可以达到多种目的：排出气体、减少釉面出现针眼等烧成缺陷的概率、减少各类陶瓷生料有可能引发的问题。以下这些都属于有可能引发釉面烧成缺陷的物质：氧化铅、氧化钡、氧化锌及氧化硼，而煅

烧则能从很多方面改善上述物质的特性——提高它们的持久性，降低它们的溶解度及毒性（此处不包括因配方比例失调，以及在烧成过程中产生的毒性）。与各类陶瓷生料相比，熔块因具有相对稳定的优点而被广泛应用于陶瓷生产企业中，它可以减少釉面烧成缺陷，令釉料更易掌控、更加稳定、釉面熔融更均匀。虽然商业生产的熔块有数千种，但万幸的是适用于陶瓷配方的熔块种类并不多。

对颜色的影响：

熔块会对釉料发色造成多种影响。主要取决于各类熔块中含有的氧化物成分。

用于配制釉料的锌元素类型：

- 费罗（Ferro）3110 号熔块（钠/部分钙）
- 费罗 3124 号熔块（钙/硼/部分钠）
- 费罗 3134 号熔块（钠/钙/硼）
- 费罗 3185 号熔块（钠/硼）
- 费罗 3195 号熔块（钠/钙/硼）
- 费罗 3269 号熔块（钠/硼）
- 费罗 3304 号熔块（铅）
- 佩姆克（Pemco）P-25 熔块（钠）

玻化剂

玻化剂是一种重要的釉料成分。其角色相当于釉料的"骨骼"，起着连结分子的作用。玻化剂会在烧成的过程中形成无序状结构，令釉料呈现出玻璃质感。

硅

硅或者二氧化硅是最主要的玻化剂，对釉料的形成起着至关重要的作用。硅是地壳中蕴藏含量最多（60%以上）的矿物质，与铝和水一起共同构成陶瓷釉料及坯料的主体。从其本质上而言，硅就是一种特殊的玻璃，但是它

的熔点温度比普通玻璃的熔点温度要高得多，这也是为什么必须往釉料配方中添加助熔剂的原因。数千种天然矿物内都含有硅，其中最纯净的当属石英岩。在陶艺工作室内，硅（此名称最精确）又被称为石英或者燧石。很多黏土、长石及硅酸盐矿物质（硅矿石——硅酸钙、滑石——硅酸镁）中都含有硅。硅属于致癌物质，会导致硅肺病。皮肤接触时不会对人体健康造成任何损害，但要避免吸入。因此在接触原料干粉时或者在尘土飞扬的环境中工作时，必须全程佩戴防毒面具，除此之外还要做好工作室的卫生清洁工作（参见下文"健康与安全"一节）。

对颜色的影响：

硅对釉料发色的影响不大。最主要的影响是提高颜色的纯度及让颜色呈现出一定的光泽。当陶瓷坯料或者涂抹在坯体外表面上的化妆土具有某种颜色时，覆盖于其上的含硅透明釉可以起到加重颜色的作用。还有一种不常见的情况：当釉料配方中的硅含量过高时，该种釉料会呈现乳浊烧成效果，釉料的发色强度也会随之减弱。

用于配制釉料的硅元素类型：

- 200 目硅粉
- 325 目硅粉
- 西科西（Silcosil）公司生产的各类原料（该公司位于美国，专业生产各种硅元素类原料）
- 燧石
- 所有的高岭土/黏土
- 所有的长石
- 硅矿石
- 滑石
- 硅酸锆
- 硅藻土
- 膨润土
- 叶蜡石
- 蓝晶石

- 碳化硅
- 沙子
- 云母
- 熔块
- 木灰

氧化硼

氧化硼是一种特殊的物质，因为它既是玻化剂也是助熔剂。在自然界中，硼通常都是以与其他物质（例如氧化钠、氧化钙、氧化镁）相结合的形式出现的。氧化硼的熔点较低，这也是该物质的优点所在。鉴于此原因，可以用氧化硼代替氧化铅配制低温釉料，这样做能有效避免氧化铅的毒性。由于硼具有较好的溶解能力，很多陶艺家都用它制作釉料熔块。硼的膨胀率和收缩率都较低，所以当釉料配方中的硼含量不超过10%时，可以起到预防釉面开裂的作用；但是相反地，当其含量超过合理范围时则会导致釉面开裂。由硼配制的釉料多具有光亮的外观效果，但有些时候会出现流釉现象，这是因为含硼釉料的外表面张力较差、黏稠度不高且熔点较低。

对颜色的影响：

将氧化硼与碱性原料混合使用时可以配制出很多亮丽的颜色。它能让釉料的发色偏蓝，使釉料轻度乳浊及呈现条纹状肌理。

用于配制釉料的硼元素类型：

- 焦硼酸钠
- 小湖硼酸盐
- 硼砂（四硼酸钠）
- 硼酸
- 硼酸钙
- 硬硼钙石
- 硼钠钙石
- 很多熔块

氧化磷

氧化磷是一种玻化剂，其在釉料

配方中的用量和作用与硅具有明显的区别。氧化磷的熔融状态独立于硅的熔融状态，二者互不相容。氧化磷的膨胀率和收缩率都较高，其熔融性能也较好。骨灰中含有大量氧化磷成分，它能起到提升骨质瓷坯体透光率和玻化程度的作用。

对颜色的影响：

氧化磷可以令釉料的发色偏蓝，使釉料呈现出一种胶状乳浊面貌，钧窑瓷器的釉色便具有这一特征。

用于配制釉料的磷元素类型：

- 骨灰（磷酸钙）
- TCP（磷酸三钙或者合成骨灰）
- 木灰
- 草灰
- 某些熔块

乳浊剂

乳浊剂的作用是让原本透明的釉料失去其通透性，让釉料的发色偏白。一般来讲，诸如高岭土等耐火性能较好的原料都可作为高温釉料乳浊剂。常见的低温釉料乳浊剂包括以下几种：氧化锡、氧化钛、硅酸锆，值得注意的是上述物质不但能使釉料呈现乳浊效果，也能在其他方面影响釉料的特性及发色。

氧化锡

氧化锡是最常用的乳浊效果最好的配釉原料，其在釉料配方中的使用量通常在15%以上。氧化锡的使用历史长达数百年，曾是低温锡白釉配方中的主要成分。在高温烧成环境中，氧化锡会失去其乳浊效果，使釉料呈现出灰暗的色泽。氧化锡的熔融温度偏高，这使得锡釉具有不错的稳定性。但是这一特性也会引发不少釉面烧成缺陷，例如开裂、针眼、缩釉等，其原因是锡在膨胀率及收缩率、表面张力、黏稠度等方面都较小。相对于其他种类的乳浊剂而言，氧化锡的价格比较高，但是由氧化锡配制的釉料在白度及品质等方面明显优于由其他物质配制的釉料。

对颜色的影响：

氧化锡可以生成视觉效果极佳的乳白色和青白色。将氧化锡和氧化铁混合使用时可以生成温润的成色及红色。将其与氧化色剂混合使用时可以生成铬粉色及铜红色。氧化锡会在烧成的过程中挥发，而这种气体会令铬粉色和铜红色具有闪光效果。

用于配制釉料的锡元素类型：

- 氧化锡
- 氧化亚锡
- 黑色氧化锡

氧化钛

由于氧化钛具有析晶的特性，而晶体可以折射光线，所以可以将氧化钛作为釉料乳浊剂使用。仅需1%~2%的剂量就可以生成趣味十足的釉面烧成效果。除此之外，由于氧化钛的熔点较高，所以它能有效提升釉料的硬度和附着力。当其使用剂量为2%~5%时，可以生成多种缎面般的亚光釉面效果，当其使用剂量超过20%时，可以生成色泽柔和的结晶釉面效果。而对于大多数乳浊釉料配方而言，5%的使用剂量就足够了。

对颜色的影响：

氧化钛可以生成从柔和的白色到革黄色等一系列釉色，其具体呈色情况取决于坯体的颜色，装饰含有铁的坯体时呈乳黄色。将氧化钛与各类着色剂混合使用时可以生成视觉效果极佳的釉色：与氧化钴混合使用时能生成柔和的绿色；与氧化铁混合使用时能生成从淡黄到橙色等一系列颜色；与氧化铜混合使用时能生成蓝色条纹；与氧化铜混合并用还原气氛烧制，可以生成富有珍珠光彩的蓝紫色。

用于配制釉料的钛元素类型：

- 氧化钛
- 金红石（铁、钛）
- 钛铁矿（颗粒状的铁和钛）

氧化锆

氧化锆是一种熔点极高的物质，即便是在高温烧成环境中也不能完全熔融，所残留的未熔颗粒就为釉料增添了乳浊的效果。与氧化锡及氧化钛相比，氧化锆的乳浊强度较差，其在釉料配方中所占的比例通常要达到15%左右才能令该种釉料生成乳浊效果。由于锡的价格比较高，所以为了降低成本通常都是将氧化锆和氧化锡混合使用的，氧化锡可以令锆的发色更加柔和。由于氧化锆的膨胀率和收缩率较低，所以既能有效预防釉面开裂，又能增加釉料的强度和耐用性。硅酸锆是最常用的釉料熔块，这两种物质结合后可以产生极好的助熔效果。

对颜色的影响：

氧化锆可以生成鲜亮的白色。对氧化着色剂的发色影响不大。借助硅酸锆熔块可以配制出多种具有乳浊效果的陶瓷色剂和釉料，且其特性稳定、持久耐用。

用于配制釉料的锆元素类型：

- 氧化锆
- 硅酸锆熔块：锆加、超级派克、依克塞洛（Excelopax）、尤图克（Ultrox）、奥帕克斯（Opax）、奥佩伦（Opazon），上述这些都是知名的锆元素品牌。

着色剂

陶瓷着色剂的种类有很多，但是最

主要的是金属氧化物，它能起到为釉料着色的作用。各类氧化物会对釉料造成不同的影响，其具体效果既取决于釉料的配方组成，也取决于下列几方面的因素：熔块的种类、烧成气氛及烧成温度。

氧化铬

氧化铬有剧毒，被视为危险废物。它具有极强的发色能力，可以生成深绿色。氧化铬的熔点较高，会令釉料呈现出干涩的外观效果，大剂量使用时甚至会导致釉面开片。氧化铬在釉料配方中的比例不宜超过2%，一般来讲，仅需要0.25%的剂量就足以影响釉料的发色。由于氧化铬属于有毒物质，且在烧成的过程中极易挥发，所以无论是在接触该原料时还是在烧窑的过程中都必须格外谨慎（佩戴手套及防毒面具）。即便是在低温烧成环境中，铬挥发出来的气体也会对周边釉色造成一定的影响——令氧化钡及氧化锡配制的釉料发色偏粉。尽管氧化铬多生成绿色，但是当它与不同的配釉原料混合时还可以生成很多种颜色：与氧化锌混合使用时能生成褐色及深褐色；与氧化锡混合使用时能生成粉色；与氧化铅混合使用时能生成橘黄色及红色。将少量氧化铬与氧化钡及氧化钠混合使用时可以生成淡黄色和黄绿色。与氧化钴混合使用时可以生成鲜亮的绿色；与氧化铁混合使用时能生成从灰色到蓝色等一系列颜色。将大剂量的氧化铬与其他氧化物混合使用时可以生成黑色。

用于配制釉料的铬元素类型：

- 氧化铬
- 重铬酸钾
- 铬酸铅
- 铬酸钡
- 铬酸铁

氧化钴

氧化钴是所有氧化着色剂中着色能力最强的一个，以其悠久的使用历史及可以生成各种蓝色而闻名于世。氧化钴的发色不会受到烧成气氛的影响，其熔点较高且极易熔融于釉料。通常，仅需0.25%的剂量就能为釉料着色，1%的用量就可以生成深蓝色。当剂量达到3%时，可以让釉料呈现出金属般的色泽。与氧化钴相比，碳酸钴的着色能力相对较弱，但是其呈色更加均匀。氧化钴与其他氧化物混合使用时可以生成很多种颜色：与碱金属及碱土金属混合使用能生成深蓝色；与氧化铅混合使用能生成墨蓝色；与氧化锌混合使用能生成灰蓝色；与氧化镁混合使用能生成从粉色到紫色再到蓝色等一系列颜色。将氧化钴与诸如氧化铁及氧化铬等其他着色剂混合使用时可以生成黑色。氧化钴属于有毒物质，所以在接触时必须佩戴手套。

用于配制釉料的钴元素类型：

- 氧化钴
- 碳酸钴
- 硫酸钴

氧化铜

尽管氧化铜可以生成多种颜色（在釉料配方中的比例为0.3%~9%，在此区间可以对釉料造成不同程度的影响），但是最有代表性的当属绿色和红色。氧化铜的熔点较高，易溶解于釉料，能在不同的烧成气氛中呈现出不同的面貌。氧化铜属于有毒物质，所以在接触的时候必须佩戴手套。除此之外，氧化铜还极易在高温烧成环境中挥发有毒气体，因此在烧窑时也要做好防护工作。这种气体会导致其临近的锡釉发色偏红或者偏粉。在氧化气氛烧成环境中，将氧化铜与其他氧化物混合使用时可以生成很多种颜色：与氧化铅混合使用能生成鲜亮的绿色；与碱性釉料混合使用能生成紫罗兰色、蓝绿色、天蓝色及紫色；与含有镁的釉料混合使用能生成粉色、橙色甚至灰色。在还原气氛烧成环境中，将氧化铜与小剂量的锡或者铁混合使用时可以生成视觉效果极好的红色。除此之外，氧化铜还能生成深绿色、紫色、黑色及金属光泽。

有关铜类型的说明：碳酸铜是适用范围最广的陶瓷着色剂，其呈色十分均匀。黑色氧化铜的颗粒大小不一，可以在釉面上生成斑点效果。红色氧化铜很难溶于水，因此其对釉料颜色的影响相对较弱。

用于配制釉料的铜元素类型：

- 碳酸铜
- 黑色氧化铜
- 红色氧化铜
- 硫酸铜

氧化铁

氧化铁是所有氧化着色剂中最普通的，同时它也是呈色范围最广以及对釉料发色影响最大的物质。除了硅和铝之外，铁是地球上矿藏量排名第三的矿物质，绝大多数陶瓷原料内部都含有铁，且比例较高。鉴于上述原因，即便是不往配方中添加氧化铁，釉料的发色也依然会受到铁的影响，因为构成釉料及坯料的某些成分中就含有铁。氧化铁的常规使用剂量为0.5%~12%，有时使用量更大。氧化铁在氧化气氛烧成环境中的作用相当于耐火剂，在还原气氛烧成环境中的作用相当于熔块，不同的气氛能让它呈现出完全不同的烧成效果。由于它具有上述特性，因此在陶瓷史上诞生了很多名贵的含铁釉料品种：蓝色影青釉及绿色影青釉（铁含量为1%~2%），品质更高的天目釉、兔毫釉及油滴釉。

有关铁元素类型的说明：适用于配制釉料的铁有很多种，最常用也是最好用的当属红色氧化铁。下面列出的这些原料由于其化学成分各不相同，所以对釉面烧成效果造成的影响也是多种多样的。

用于配制釉料的铁元素类型：

- 红色氧化铁
- 黑色氧化铁
- 黄色氧化铁
- 西班牙氧化铁
- 紫色氧化铁
- 磁性氧化铁
- 人工合成的红色、黄色、黑色氧化铁
- 钛铁矿（铁钛颗粒）
- 深色及浅色的金红石（铁钛颗粒）
- 硫酸铁
- 铬酸铁
- 番红铁粉（Crocus martis）
- 富锰煅棕土（铁、锰）
- 赭石
- 富铁赭石（铁、锰）
- 铁锈
- 陶土，包括以下类型：雷达特、阿尔巴尼、阿尔伯塔（Alberta）、巴纳德黑雀（Barnard Blackbird）、密歇根、兰格红（Ranger Red），上述这些都是知名的铁元素品牌。
- 易溶土

氧化锰

一般情况下，当氧化锰的使用剂量不超过 4% 时，可以生成从深褐色到黑色一系列等颜色。当其使用量较少时可以生成紫色、栗色、粉色（特别是碱性釉料）甚至黄色。大剂量使用或者与氧化铜混合使用时可以配制出具有金色金属光泽的釉料。氧化锰是配制熔块型黑色色剂的主要原料，可以用该种色剂为坯料着色。氧化锰在低温烧成环境中所起的作用相当于耐火剂，而在高温烧成环境中则具有强力助熔的功效，会导致釉面起泡甚至坯体胀裂。氧化锰属于有毒物质，在高温烧成时能挥发出有毒气体。因此在接触该物质时必须佩戴手套，在烧窑时必须佩戴防毒面具。氧化锰不适用于日用类陶瓷产品，万不得

已使用时则必须经过严格的实验。

用于配制釉料的锰元素类型：

- 碳酸锰
- 巴纳德黑雀，一种知名的锰元素品牌。
- 诸如富锰煅棕土（铁、锰）及富铁赭石（铁、锰）等矿物。

氧化镍

氧化镍是一种发色效果极强的矿物质，可以生成多种颜色，且这些颜色通常具有柔和的视觉效果，例如淡灰色、灰蓝色、绿色、褐色、黄色及粉色。将氧化镍与其他氧化物混合使用时可以生成很多种颜色：与氧化镁混合时能生成翠绿色；与氧化钡混合时能生成粉色及紫色。氧化镍通常用于为釉料着色及改变其他氧化着色剂（例如氧化钴、氧化铜）的呈色效果。将氧化镍与氧化锌混合使用时可以配制出绚丽的蓝色结晶釉。氧化镍在高温烧成环境中的特性不太稳定，在降温的过程中极易导致釉面失去光泽或者起泡。同其他类型的氧化着色剂一样，氧化镍也属于有毒物质，在高温烧成时也会挥发出有毒气体，因此在操作该物质时也必须做好安全防护工作。

用于配制釉料的镍元素类型：

- 黑色氧化镍
- 绿色氧化镍

金红石

与其他种类的氧化着色剂不同，金红石的所有组成成分都是氧化物。金红石是一种天然形成的氧化钛矿，其内部含有不同比例的氧化铁。金红石中的氧化铁含量为 15%，钛铁矿中的氧化铁比例为 25%。由于氧化钛和氧化铁的比例多有差别，所以由金红石配制的釉料多能呈现出效果各异的釉色外观。尽管氧化钛、氧化铁这两种物质无毒，但是金红石常会受到诸如氧化铬及氧化钒等

有毒物质的污染，所以在实际操作中也必须格外谨慎。金红石可以生成多种颜色和肌理，其使用剂量为 2%~14%。金红石生成的颜色类型与氧化铁生成的颜色类型相似，在氧化气氛烧成环境中可以生成白色、褐色、黄色、橙色；在还原气氛烧成环境中可以生成紫色和蓝灰色。将金红石与其他氧化物混合使用时可以生成很多种颜色：与氧化锰混合时能生成具有乳浊感的紫色；与氧化钴混合时能生成金色及绿色；与氧化铜混合时能生成黄绿色。氧化钛在釉料配方中的作用相当于乳浊剂，可以令釉面呈现出极好的亚光烧成效果，大剂量使用时能生成大量结晶，而这些结晶亦能起到折射釉面光泽的作用。颗粒状的金红石可以在釉面上形成褐色斑点。

用于配制釉料的金红石类型：

- 浅色金红石
- 深色金红石
- 颗粒状金红石
- 钛铁矿

其他不常用的氧化着色剂

下列氧化物都属于有毒物质，有一些特别危险！使用这些原料前必须对其特性有充分了解，在使用过程中务必格外小心，除此之外其使用剂量也不宜过大。商业釉料、色剂及釉上彩中极有可能包含这类有毒物质，因此在操作之前必须仔细阅读其使用说明书并做好安全防护工作。值得注意的是，这些有毒原料即便是在熔融之后也依然会对人的健康造成危害。

- 锑酸铅——在含铅釉料配方中生成黄色
- 氧化锑——在低温烧成环境中生成略显苍白的乳黄色；与氧化铁混合使用时生成艳丽的黄色
- 碳酸铬/硫酸铬——与低温釉料及釉上彩混合使用时生成亮黄色、橙色及红色；在高温烧成环

境中不发色

- 氯化金——生成粉色和紫色；用于配制光泽彩；价格昂贵
- 氧化钼——生成从黄色到黄绿色等一系列颜色
- 氧化镨——一种稀有氧化物，与氧化锆混合使用时可以生成亮黄色
- 氧化硒——在低温烧成环境中生成艳丽的黄色；与镉、铅、硫混合使用时生成橙色及红色；在高温烧成环境中不发色
- 碳酸银/硝酸银——生成柔和的黄色、绿色及用于配制光泽彩；与铋混合使用时呈珍珠般的色泽；与铜混合时生成黄色和绿色；价格昂贵
- 五氧化二钒——与锡混合时生成从黄色到橙色等一系列颜色；是一种强力助熔剂；具有挥发性，在高温烧成环境中挥发有毒气体

陶瓷色剂

商业色剂的配方是经过特殊设计的，具有着色效果稳定且发色范围广的优点。与生料相比，熔块状的氧化着色剂烧成范围更广、颜色更丰富、稳定性更好、着色更均匀。由于已经过煅烧和研磨，所以其发色极其稳定。色剂研发的主要目标之一是使那些有毒的原料适用于日用陶瓷产品。经过煅烧的有毒氧化物不易被人体吸收，也不易挥发。值得注意的是，当釉料熔融不彻底时，有毒原料即便是经过煅烧后也依然有可能析出毒素。

釉料添加剂

添加剂在釉料制备工艺中的作用是多方面的：在干燥过程中增强釉料的强度和持久性；让釉料更易涂抹；令釉料具有更好的悬浮性，从而达到均匀釉面

的目的。有些物质属于陶瓷原料，还有一些物质会在烧成的过程中化为灰烬。

釉料悬浮剂

悬浮剂在釉料制备工艺中的作用是防止釉料中的各类元素沉淀到釉桶的底部，令釉液始终保持悬浮状态。悬浮剂可以改变陶瓷原料电磁场中的电荷，让各类元素保持均匀的悬浮状态。除此之外，大多数悬浮剂还能起到黏结剂的作用，令未经烧成的釉料拥有更高的硬度及更好的持久性。先将悬浮剂溶于热水再将这种溶液加入釉浆，借此可以得到最佳的悬浮效果。

黏土类矿物质

- 膨润土——一种质地细腻且可塑性极强的矿物，是蒙脱石的主要组成成分，与水调和时膨胀率极高；膨润土是一种常见的陶瓷原料，可以起到增强釉料悬浮性及坯料可塑性作用；含有铁。
- 硅藻土——与膨润土非常类似，烧成后呈亮白色。

胶

- CMC（羧甲基纤维素钠）——一种具有降解性的溶水聚合物；胶可以令釉料的干燥速度减慢，形成垂釉效果（参见下文"媒介物"）。
- 羧甲基纤维素胶（Veegum）——胶状镁、铝、硅混合物；商业陶瓷用胶分为"T""Pro"及"Cer"三种类型。

絮凝剂

- 爱普森盐——硫酸镁，很多地方均有销售。
- 醋——能在数天内达到固液分离的目的。

抗絮凝剂

抗絮凝剂是一种添加到诸如注浆

泥浆及釉料等比较黏稠的液体中，能够起到增加该种液体流动性作用的物质。抗絮凝剂的工作原理是改变陶瓷原料电磁场中的电荷，让各类元素相互抵制。

- 硅酸钠——最常见的使用方法是与纯碱混合后加入注浆泥浆；抗絮凝效果显著。
- 纯碱——可溶于水；通常与硅酸钠调和后加入注浆泥浆。
- 达凡（Darvan）7号、811号抗絮凝剂——达凡为品牌名。硅酸钠的替代品，对石膏模具的损害相对较小；与硅酸钠相比，这两种物质的抗絮凝效果略差；保质期为2年；怕冻。

媒介物

一般来讲，用毛笔蘸着釉料往素烧坯体上涂抹时很难得到均匀的釉面效果，因为釉料中的水分很快就会被坯体吸干。往釉液中添加一些媒介物不但可以防止上述现象的发生，还能提高该种釉料在干燥过程中的强度。

- CMC胶（羧甲基纤维素钠胶）——一种具有降解性的溶水聚合物；先将其与热水调和成膏状，再一点一点地加入釉液中，借助毛笔进行测试直至达到满意效果为止。
- 甘油——液态甘油在药房内就能买到；除此之外，往釉液中加一些水也能取得行笔流畅的效果。
- 卡洛（Karo）牌糖浆、糖、白明胶——杂货店及药店均有售且效果显著；会发酵，有味道。

煅烧原料

经过煅烧的高岭土已完全失去可塑性，分子中残留的化学水分已被排除。将其加入釉料配方可以有效降低该种釉料的收缩率。

常见的釉料缺陷及其补救措施

陶瓷缺陷时有发生。令釉料出现烧成缺陷的原因是多方面的。在本章中我们将就一些常见的缺陷加以讲解、分析和探讨，旨在避免之。

釉料缺陷：成因及补救措施

技术不过关是造成某种釉料出现缺陷最主要的原因，这里所讲的技术包括配釉技术、施釉技术及烧窑技术，因此对于此类缺陷而言，改进技术就能避免缺陷。但是还有一些缺陷是由于原料本身的问题造成的，这类情况相对较难处理。下表列出了常见的釉料缺陷，其成因及补救措施。

缺　陷	表现形式	形成原因	解　救　方　法
釉料起泡	釉面上隆起大气泡，既有可能是封闭的气泡，也有可能是炸开的气泡	·从釉料及坯体中蒸发出来的气体试图穿越釉面 ·釉料在烧成前未完全干燥 ·底釉和面釉之间有气泡 ·釉料配方中的某种原料含量过高，例如氧化铬	·一般来讲，当窑温达到预定的烧成温度后放慢烧成速度可以令气体顺利排出，胀起的釉面恢复平整 ·尽量少用甚至不用有可能引发缺陷的原料 ·永远不要把志野釉当面釉使用
龟裂	釉面上的细小缝隙，其形成原因是坯体的收缩率与釉料的收缩率不一致	·釉料的膨胀率及收缩率远远高于坯体的膨胀率及收缩率	·对釉料配方作调整，尽量使釉料和坯体的膨胀率及收缩率一致 ·试着往釉料配方中添加一些氧化锂或者氧化镁
开片	釉料与坯体分离	·坯体的外表面上粘有灰尘或者油脂 ·外表面张力过大 ·釉层过厚	·施釉之前为坯体补水并让其充分干燥 ·对釉料配方做调整，降低其表面张力 ·降低釉层的厚度
针眼	釉面上出现一个个细微的凹坑，透过凹坑的底部可以看到坯体	·坯体的外表面上粘有灰尘 ·气体排出时形成的孔隙未能完全闭合	·施釉之前为坯体补水并让其充分干燥 ·当窑温达到预定的烧成温度后长时间保温，可以令气体排出时留下的细小孔洞合闭

关于复烧

如果某件作品对你来讲极其重要，但不幸出现了很多烧成缺陷时，可以考虑通过复烧的方式改善其外观效果。诸如爆裂、开片以及缩釉等缺陷是无法弥补的，但是诸如起泡或者针眼等缺陷却是可以通过往缺陷处补釉并复烧的方法修复的。

然而，有些时候复烧也会引发新的问题。釉料中的各类元素在复烧的过程中再次熔融，其外观会因此发生改变——流淌或者析晶。当然这也不一定是坏事，各类陶瓷原料再次经历高温和降温的历练，坯体变得更加坚固。复烧会增加方石英的生成量，坯体和釉料的膨胀率及收缩率剧增，进而导致作品爆裂。而有些时候，陶艺家正是利用其这一特性创作作品的！

缺　陷	表现形式	形成原因	解救方法
爆裂	釉面和坯体同时开裂，且断口整齐，有些时候整个坯体会裂成两半	·降温过快 ·坯釉结合不理想（太紧）	·放慢降温速度 ·通过调整釉料配方或者坯料配方使二者兼容
坯体起泡	坯体上隆起气泡	·坯体在烧成的过程中摄入有机物/碳 ·坯体开始熔融并挥发气体 ·过烧	·对于陶泥而言，可以先把坯体以较高的烧成温度素烧一遍，这样做能起到提前排出碳的作用 ·降低烧成温度
金属元素析出	这种缺陷并不常见，其主要成因为釉料原料本身的问题——不同元素混合后生成的效果。借助柠檬汁做实验（见下文）可以看出釉料发色及肌理的微妙变化。从这张照片可以看到蓝色的釉料已转变为黑色	·由于烧成温度太低或者釉料配方中各类成分的比例失调，导致某些原料未能充分熔融 ·有些原料，例如氧化钡和氧化铅，就算是釉料配方很合理也容易引发金属元素析出现象	·烧制这类釉料时需采用更高的烧成温度 ·调整釉料配方，以求得到更加合理的原料组合形式 ·不用氧化钡、氧化铅或者其他有毒物质（参见前文）配制日用陶瓷类釉料
缩釉	釉面开裂且与坯体分离，如同旧油漆一样（裂缝的另一侧）	·釉料的膨胀率及收缩率远远低于坯体的膨胀率及收缩率	·对釉料配方做调整，尽量使釉料和坯体的膨胀率及收缩率一致 ·当釉料配方中含有锂辉石时，尽量找一种膨胀率和收缩率适中的原料替代它

健康与安全

陶艺工作室首先应当是个安全的地方，在此前提下才谈得上创作。了解各类原料的危险性及各类设备、工具的正确使用方法，不但可以为陶艺家本人提供一个安全的工作环境，对于其朋友、家人及客户来讲也极有裨益。很多有关健康及安全方面的条例属于常识，而对于某些特殊的陶瓷原料安全方面的知识则需要深入学习。尽管做釉料实验是一件轻松愉快的事情，但是在实际操作时要务必注意各类原料可能引发的健康及环境问题。

呼吸设备
可以更换滤网的防毒面具（底图）相对更安全、更高效，它可以有效阻隔粉尘微粒，而一次性口罩（下图）并不能有效地阻隔矽尘（硅元素粉尘）。

清理卫生

清理卫生是保证陶艺工作室得以良好运行的一项重要日常工作。与陶瓷原料打交道，工作室内难免会到处是泥巴（我们就是干这个的！），因此必须做好清洁工作。每次工作完毕及时打扫卫生，不但能让工作室的面貌井井有条，对你的健康也极有好处。围裙和毛巾要定期洗干净，工作台面每天都要用湿海绵擦洗。只有将自己及工作室的卫生搞好了才能更好地工作。

粉尘

粉尘或许是威胁陶艺工作者身体健康的最大隐患。接触干泥及配釉原料时极易吸入矽尘，这种尘土随风飘散，被人体吸入肺部后逐渐积累且无法排出，能导致硅肺病等无法治愈的慢性疾病。所以，当你在粉尘环境中工作时必须佩戴防毒面具，而且要选择型号适宜、可以更换滤网的防毒面具。除此之外，还必须做好通风工作。值得注意的是，那种随处都能买到的一次性口罩并不能有效阻隔矽尘。购买型号适宜的防毒面具，男性陶艺家在佩戴防毒面具时还应当把胡子刮干净，这样才不会给粉尘留下任何的

侵入空间。

毒性

当陶瓷原料以粉尘的形式出现时无疑是有害的，但是除此之外它们还有很多危害人体健康的途径，对此陶艺工作者要务必重视。陶瓷生料会顺着皮肤上的毛孔侵入人体内部，引发诸如癌症等致命疾病。它们会通过皮肤上的毛孔及伤口进入人体的血液。深入了解各类陶瓷原料的特性，并向原料供应商索要"安全标号"可以有效保护自身安全。将安全标号悬挂在工作室的显眼位置，每接触一种新的陶瓷原料时就及时将其特性做以归类汇编，使安全标号系统不断地得以扩充（参见下文有关有毒原料方面的列表）。

皮肤及呼吸道敏感的人应当特别小心。儿童接触陶瓷原料时必须在成人的监控之下，除此之外，杜绝儿童接触有毒原料。

烟

陶艺工作室出现有毒烟雾的原因有很多。在原料燃烧的过程中及还原烧成的过程中，会生成大量有毒的碳基烟雾。当在烧成中使用苏打（碳酸钠）和盐（氯化钠）时，这两类物质会在高温状态下发生化学反应并挥发出有毒气体。盐烧气体含有盐酸，苏打烧气体含有氢氧化钠，这两种气体不但有毒，浓缩后还具有腐蚀性。鉴于上述原因，烧窑者最好佩戴防毒面具以最快的速度将盐或者苏打投入窑炉，待看

工作室防尘措施

- 混合坯料及釉料原料时，佩戴防毒面具并做好通风工作。
- 清理地面卫生时要用拖把拖，尽量别用笤帚扫，因为潮湿的粉尘不易随风飘散。当地面上粘有原料碎块时，先借助铲刀将碎块铲起并投入垃圾桶内，再用拖把拖地。不得不扫地时，可以使用各类"清洁粉"，这种物质是经过特殊配制的，它可以起到吸引粉尘防止其随风飘散的作用（其原理相当于用湿锯末扫地可以预防粉尘飘散）。
- 经常用湿海绵擦洗工作台，搞好工作区域的卫生。
- 经常清洗工作室内的抹布、围裙及毛巾等物品，把这些东西放在工作室内，不要带回家。
- 别在工作室内拍垫板、拍手、抖衬布及围裙、吹坯体外表面上的浮灰，上述这些动作都能导致尘土飞扬。
- 用湿毛巾及时擦掉粘在手上的原料干粉，避免它们粘到脸上。及时清洗带有粉尘的干毛巾。

工作室窑炉保护措施

- 在装窑及出窑的过程中谨慎操作，避免损坏窑具。
- 永远不要把可燃类物质放在窑炉周边。即便是不烧窑时，也永远不要把燃料（包括坯体垫板和手套）堆放在窑炉周围。
- 穿包脚趾的工作鞋，操作陶艺设备时把长头发扎起来，注意别让首饰和衣服卷入机器。
- 观测窑温时佩戴护目镜。
- 在烧窑的过程中，当窑炉冒出烟雾时及时离开烧窑区域、开窗通风或者佩戴防毒面具。
- 拆卸堵在气窑门口的耐火砖块时佩戴防尘面具。
- 定期更换防毒面具的滤网和工作室墙上的排风扇叶片。当防毒面具的使用时间过长时，积累在过滤网内部的粉尘会堵塞住网孔，进而影响其防尘效果。参考过滤网的使用期限说明书并及时更换。
- 别让电窑及其组件着水。
- 让燃料远离明火。
- 别让儿童及动物接近窑炉。

保护双手

上图中这种蓝色的橡胶质外科手术手套可以有效预防有毒物质侵入人体，配制釉料以及接触有毒原料时应该佩戴它。下图这种手套适用于烧窑，有了它的保护就可以从窑炉中端拿尚有余温的坯体了。

工作室防毒措施

- 佩戴防毒面具。
- 永远不要在工作室内吃东西、喝水。
- 吃饭、喝水之前将双手洗干净。
- 手上有伤口时或者接触有毒原料时必须佩戴医用手套。
- 佩戴防护型眼镜保护双眼。透明镜片可以隔离粉尘及在钻孔和研磨过程中飞迸出来的碎屑。有色护目镜可以避免烧窑者的双眼被炫目的强光灼伤，因为裸眼观察窑温极易对视网膜造成损害。

安全标号的解密及使用

安全标号为我们提供了有毒原料的信息，通过它可以将各类有毒物质归类储存。根据各类原料对人体健康的危害程度，分别以数字及符号的形式加以区分：无害（蓝色）、可燃（红色）、反应（黄色）、需特别注意（白色）。0~5 这 5 个数字中，0 代表无害，而 5 则代表极端危险。当某种釉料包含多种成分时，通常会以危害性最大的一种原料作为该种釉料的安全标号标准。必须把每种原料的安全标号粘在原料容器的醒目位置。每个国家的安全标号形式及原料储存、使用、处理规定都有区别，极有可能与上图中的标示方法不一样。

可燃
无害
反应活跃
需特别注意

保护眼睛

接触有毒原料时、使用某些工具时及观察窑温时，最好佩戴护目镜以保护双眼。

到原料开始冒烟时迅速离开烧窑区域。木柴燃烧时及乐烧时产生的烟雾对人体也有害。

在通风环境中接触光泽彩及釉上彩时必须佩戴防毒面具和手套，因为这些原料本身就包含有毒物质或者会与有毒溶剂混合使用。例如：石油醚、香蕉水、松节油、薰衣草精油及丁香精油，上述有毒溶剂很容易顺着皮肤上的毛孔侵入人体内部。除此之外，这些物质在烧成的过程中也极其危险，它们会挥发出有毒气体，因此必须在通风良好的环境中烧窑，或者在室外烧窑，只有这样才能减少其危害性。

工作室防毒烟措施

- 当窑炉冒烟时佩戴防毒面具。
- 当窑炉中排出有毒气体时远离烧窑区域。

苏打烧

还原烧成过程中将苏打水泼进窑炉。可以多次进行。

设备安全

一般来讲，在使用陶瓷设备之前必须仔细阅读每种设备的操作指南，甚至有必要培训学习。常见的陶瓷设备包括以下几种：拉坯机、练泥机、球磨机、窑炉。不恰当操作极易导致安全事故。在操作过程中要做好眼、手及身体的防护工作，不宜穿肥大的衣服，也不宜佩戴较长的首饰，长头发最好扎起来，以免卷入飞速运转的机械中。

窑炉

若安装及使用合理的话，窑炉一般不会出现安全问题。必须将窑炉安装在适宜的位置；必须遵守你工作地的法律和各项规章制度；选择适宜的窑炉类型：电窑或者气窑——只有这样才能营造出安全的工作环境。每次烧窑之前检查一下窑炉周围是否堆放着易燃物品，各类关火装置是否运行正常，除此之外还要把灭火器放在触手可及的位置。

窑炉安全

在烧窑的过程中必须妥善操作窑炉。窑炉会冒烟、发热、发光。你可以通过佩戴防毒面具或者时不时地离开烧窑区域的方法避开浓烟。每次烧窑时都必须做好通风工作。

近距离观测窑温时，从窑炉内部发出的炫目强光会灼伤你的双眼。佩戴隔离防护值至少

在家里做金属元素析出实验

在家里就能做金属元素析出实验，通过实验可以了解到某种釉料是否会受到酸性物质和碱性物质的腐蚀。做这项实验需要两块由同一种釉料装饰的试片。其中的一块试片不作任何处理以作为参照物。虽然这些实验不是在工作室内完成的，但同样能发现某些严重的釉料缺陷。为了得到确切的实验结论，可以将试片送到权威的实验室做鉴定。

醋（酸）

将一个试片彻底浸入白醋中，并放置三天，通过这种方法可以看出该种釉料是否会受到酸性物质的影响。三天之后将试片从醋液中取出来，如果釉料中的金属元素析出则说明该种釉料不适用于日用陶瓷。

柠檬汁（酸）

除了醋之外，还可以用柠檬汁做金属元素析出实验。将一片新鲜的柠檬放在釉面上24 h。如果釉料中的金属元素析出则说明该种釉料不适用于日用陶瓷。

洗洁精（碱）

将一个试片彻底浸入洗洁精中，并放置1个月。由于洗洁精属于碱性溶液，所以可以借此得到与上述两种实验截然不同的结果。

工作室常见危险原料

下表中列出的是一些常见的危险原料，接触此类物品时需格外谨慎，有些原料会对人体造成严重的损害，例如致癌。

原料	类 型	原料	类 型
氧化钡	碳酸钡 碳酸锶 （还有很多原料都含有氧化钡成分）	氧化铜	氧化铜 碳酸铜 硫酸铜
含镉色剂	商业釉料，特别是那些具有鲜亮、温润颜色的釉料	烧窑时产生的烟雾	蜡 硫黄 氯 氟 锌 铬 一氧化碳 二氧化碳 乐烧 盐 苏打
耐火棉	玻璃纤维 耐火砖 滑石	氧化铅	氧化铅 碳酸铅 铬酸铅 铅丹 铅黄（一氧化铅） 阿尔巴尼 泥浆 某些含铅替代品 某些熔块（包括3403号、3262号、3304号熔块） 氧化锌（其组成成分中包含一部分氧化铅）
氯化物	在盐烧过程中生成的盐酸	氧化锂	碳酸锂 锂辉石 锂云母 某些熔块
氧化铬	氧化铬 铬酸盐 铬矿 铬酸铁 铬酸铅 浅色、深色及颗粒状的金红石 重铬酸钾	氧化镍	碳酸镍 黑色氧化镍 黑色氧化铁（其组成成分中包含一部分氧化镍）
氧化钴	氧化钴 碳酸钴 硫酸钴	氧化锰	二氧化锰 巴纳德黑雀牌锰元素类产品 某些含锰替代品
		氧化钒	五氧化二钒

安全指南：

我们一再强调安全问题，因为它实在太重要了，同特性迥异的陶瓷原料打交道，一不留神就会酿成大错。例如，将碳酸钡与陶泥混合使用，可以起到防止坯体表面出现浮渣（盐分释出）的作用。尽管其添加量极少（0.5%），但是由其所转化成的硫酸钡也依然具有毒性。我们不建议使用这种原料，但不得不使用时请务必佩戴手套。

为每一种原料都贴上一个标签，简单明了地将其特性标注出来。通常来讲，商业生产的陶瓷原料出厂时都有标签，但是其表述方式却不易被陶艺家理解。所以极有必要自创一套标签体系。

为 1.73.0 的有色护目镜，可以有效预防强光对眼睛的损害。普通的太阳镜并不具备上述功能。

虽然窑炉外壁被厚厚的绝缘体包裹着，但是在烧窑及降温过程中依然能散发出极高的热量，会导致人体三度烧伤。搬动窑具及从尚未完全冷却下来的窑炉内取陶瓷作品时，必须佩戴防护型皮手套。在烧窑及降温过程中，千万不要让你的皮肤接触窑炉的外表面。

环境因素

由于陶瓷原料开采于大自然，所以人们通常会认为随意丢弃陶瓷废料不会有什么问题。然而，这是一个极端错误的认识。矿藏在地表之下的原料是非常纯净的，但当其被开采出来后，各类氧化物对其不断侵蚀并化学结合成各类有毒元素。对大多数泥料及某些釉料作填埋处理并不造成什么恶劣的影响，但是若将清洗釉桶时产生的污水直接排入下水道，就会导致整个日常生活供水系统被污染，会对人体健康造成极大的危害。

安全丢弃

对于那些有毒废料而言，正确的做法是准备一个"有害原料回收桶"，将各类有毒废料都收集到这个桶内，而且永远不要就着下水道清洗该桶。设置一个"废釉回收桶"或者在洗手池内放置数个桶，分别用于清洗毛笔及工具等。将这些桶定期换一遍，让接下来盛有废料的桶自然晾干。当沉积在桶底的废料结成硬块之后，把它们取出来并装袋扔进专门储藏有毒废料的垃圾桶。打电话咨询你所在地的垃圾站，依照他们的建议将这些有毒废料妥善处理。

除了上述方法外，还可以借助烧成的形式处理各类废釉。由于玻化的釉面会将所有有毒物质牢牢封锁在其内部，所以烧结后的釉片可以像普通垃圾一样丢弃。先把废釉倒进一个容器里，再将其放进窑炉烧制，务必确保该容器具有足够的强度，否则一旦出现开裂的情况，釉液就会流到硼板上，把窑炉内部弄得一塌糊涂。说不定还能无意间"发明"出一种具有奇特烧成效果的釉料呢！

原料的购买和储存

必须在各类陶瓷原料标签的显著位置标明其名称及使用时的注意事项。面对一瓶无任何标识的白色粉末，我们无法判断它到底是什么物质（除非你知道），因此只能将其以"有毒废料"处理掉。将各类陶瓷原料分类储存。

陶瓷原料通常用纸袋包装，常见的规格为 25 kg/ 袋，同时还具有笨重、包装易破损及怕潮等缺点。在使用过程中务必做好防潮工作及防污染工作。当为某种原料置换新容器时，务必要将粘在旧容器上的原料标签揭下来并粘在新容器上。"安全标号"不但有助于你了解每一种原料的属性，获得烧成效果理想的坯料和釉料，还能为你制定个性化的原料标签提供指导。

购买新原料

我们不建议购买二手原料，因为这类原料的标签通常都已丢失，使用这样的原料不仅存在安全隐患，还会因为其无法识别性而导致实验准备时间过长。不得不购买二手原料时，除了要确保供应商的信誉度外，还必须保证原料是原装状态的，未更换过容器。

有些原料，例如石膏是有使用期的，石膏会不断吸收空气中的水分并逐步硬化凝结，最终失去其可用性。大多数陶瓷原料永远不过期，因此可以依照此特性为各类原料安排储存位置：将不常用的原料放在相对较远的位置，常用的及诸如石膏之类有保质期的原料放在相对较近的位置。

避免使用有毒原料制作陶瓷餐具

如果你配制的釉料是用于装饰陶瓷餐具的，那么你必须考虑很多安全方面的因素。有些釉料不适用于日用陶瓷，因为它们要么有毒，会对人体健康造成危害；要么不卫生，当然这后面一条通常不会对人体造成严重的损害。

针对日用陶瓷卫生方面的考虑是出于以下原因：陶泥等质地相对松散的坯料或者有釉面烧成缺陷的釉料，很容易滋生细菌，进而通过被污染的食物影响使用者的健康。诸如开裂和针眼等釉面缺陷（参见前文相关内容），食物残渣很容易渗入其内部，这就相当于为细菌生长提供了温床。除此之外，那些带有结晶的釉料及未充分熔融的釉料，也会对食物造成一定的影响。但是，由于上述问题通常不会对人体健康造成显著地危害，所以这类釉料一直广泛应用于日用陶瓷产品。这种情况与人们对铸铁茶壶的看法差不多，很多人认为随着其使用时间的增加，壶体由于长时期吸附茶叶的原因，反而能令茶水的味道更加独特。鉴于上述原因，裂纹釉及由裂纹釉装饰的日用陶瓷产品都被视为是安全的。

缺陷应对措施

只有当某种釉料含有有毒物质，且该种物质会从釉面内析出并污染食物时，我们才视其为有害。未能完全熔融的釉料及配方成分中含有过多氧化物的釉料（氧化物的含量过高会导致釉料不能充分熔融）相对不安全。使用由这类釉料装饰的陶瓷器皿盛放食物时，未完全熔融的氧化物会从釉面中析出并转移到食物或者汤汁中，进而对使用者的身体健康造成危害。

釉料本身就是由各类元素（例如铅、铬、钴、铜、锰、镍、钡、锶、镉、锂）构成的，只要恰当使用就不会出现安全隐患。前文"工作室常见危险原料"表内列出了很多有害原料，只要其在釉料配方中的比例适宜也不会对人体造成伤害。我们知道，很多着色剂和熔块都包含有毒物质，之所以能安全使用是因为它们经过了煅烧处理，将不同原料混合并煅烧可以去除原料本身的毒性，其原因是不同物质会在高温的作用下化合，当把它们再次研磨成粉并加

入釉料配方后，熔融的釉面会将所有的成分牢牢地封锁住。不过有时，由于釉料配方中还包含某些特殊的成分，而这些物质却能"还原"煅烧原料的毒性。例如：氧化铜有助长有毒物质毒性的特征；氧化铅属于剧毒物质，就算是经过煅烧也依然不能排除其毒性；氧化钡也属于剧毒物质，完全不适用于日用陶瓷。

对毒性的预防

不要用有毒原料配制日用陶瓷釉料，以免对人体健康造成危害。乍听起来这似乎是最佳的解决方案，但是在实际操作中却是困难重重，因为太多的配釉原料中都含有有毒成分。比较可行的解决方法是选择一种基础釉，所选定的釉料必须满足以下几方面的要求：适用于各类坯料、最好是无色的、强度和耐久度较好、不易出现诸如开裂等烧成缺陷。将此基础釉作为参照物，逐步研发色彩更加丰富、烧成效果更加多变、安全方面有保障的其他釉料类型。

尽管从理论上讲，完全熔融的釉料可以将其所有成分都牢牢地密封在釉面之下，但实际上，不经过严格的测试就不能对任何釉料妄加定论。当你对某种釉料是否具有毒性心存疑虑时，一定要把釉料样本送到权威的实验室做测定。

安全储存

储存陶瓷原料最好的方法是将其放在密封的容器内，并在容器的外面粘上介绍该种原料成分及相关信息的标签。很多陶瓷原料都呈白色粉末状，没有标签的话仅凭肉眼是很难分辨其具体种类的。

储藏容器

各种形状和各种尺寸的带盖塑料容器。必须在容器的外面粘上介绍原料特性的标签。必须将容器密封起来，这样做的目的一是防止原料受到污染；二是防止原料溢出。

第二章
颜色

本章将带领你进入颜色的世界。我们将从以下几个方面深入讲解：颜色对人类身体及心理方面的影响；人类对颜色的认识史及应用史；色相环的发展史。在本章结尾部分，我们将重点讲述陶瓷艺术中涉及的颜色，特别是各种釉料的颜色，所涵盖的类型既包括新石器时代的陶器，也包括观念性现代陶艺作品。

釉料的颜色及陶瓷材质本身的颜色

从古埃及绚丽的蓝绿色釉和绿色釉到唐代的三彩杰作，再到闻名世界的明代青花，颜色无疑是釉料发展史上的核心因素。生活在不同地域、不同文化背景下的先民们，花费数个世纪的时间和精力钻研开发丰富多彩的釉料配方。即便是进入了 21 世纪，陶艺家仍然在努力探索，试图研发出独特的、有价值的、富有神秘感的釉料。

中国新石器时代的彩绘陶罐
这个罐子是世界上最早的彩绘陶器样本，远古先民先将水与氧化物调和在一起，然后借助笔将其涂抹在干坯的外表面上作为装饰。

用颜色装饰陶瓷坯体表面的历史比用釉料装饰陶瓷坯体表面的历史要长得多。借助红色颜料和黑色颜料在陶坯的外表面上绘制几何纹样及动物纹样，这种彩绘陶器出现在中国的新石器时期（距今 10 000 年前至 2 000 年前）。除了坯体外表面上的装饰纹样外，坯体本身的颜色也具有重要的审美价值。尽管在工艺上还很不成熟，但这种新石器时期的赤陶（暖橙色），以及同一时期日本的绳纹陶器（中性色调）都具有极高的审美价值，能打动观众的内心。其影响至今依然存在，陶艺家在选择原料时通常都会考虑这个问题：是选用带有"原始感"的陶泥，还是选用"古朴的"瓷泥呢？抑或是选用介于两者之间的泥料呢？

最古老的釉料

颜色釉的发展史可以说就是可熔性陶瓷原料的发现史。釉料的发展取决于那个时代人类的生活水平及所掌握的技术。公元前 5000 年，埃及人发明了世界上最早的釉料。不久之后，人们通过往碱性釉料配方中添加氧化铜的方法成功配制出了世界上最早的颜色釉——亮丽的蓝绿色釉。在接下来的几个世纪，古代近东人及亚洲人又发明了很多新釉色，到公元 1 世纪时，人们利用铜、锰、铁、钴等金属元素研发出了很多低温颜色釉（前面这四种金属元素分

别能生成翠绿色、棕色、橙色及蓝色）。汉代的中国人从亚述人那里了解到铅可以生成明艳、饱满、光滑的釉色，且其釉面不像碱基釉料那么容易开裂，因此铅熔块在汉代盛极一时。

釉料发展简述

中国古代的阶梯窑出现时间约为公元前 1500 年，由耐火材料搭建而成，可以烧高温。燃料是木柴，人们发现飘落在坯体表面上的木灰可以在降温的过程中形成一层具有玻璃质感的保护膜。木灰可以形成诸如绿色、黄色、褐色甚至蓝灰色等多种釉色，发色类型取决于坯料的组成成分、燃料的类别及烧成温度。

从汉代（前 206—220）开始一直到六朝（220—589）时期，由于使用了铜和铁，窑工又发明出了多种釉色。唐三彩上的釉色包括由低温铅釉生成的绿色、棕橙色及具有乳浊效果的白色；高温影青釉的配方中含有铁，可以模仿玉石的通透颜色，其呈色包括黄色、绿色、灰色及蓝色。从唐代开始，由于原料提纯技术的发展，中国陶工发明了瓷器。到了宋代（960—1279），陶工在陶瓷领域取得了非凡的成就，宋代瓷器具有以下优点：坯体内不含任何杂质，烧成后极具玻璃质感，釉色通透，呈色鲜艳。宋代的中国陶工在釉料方面也取得了空前的成就，他们配制出了众多历史上有名的釉色，包括钧

窑瓷器的代表性釉料——天青、亮紫；含铁量极高的兔毫、天目及釉层极厚的龙泉影青釉。

创新与发展

中国瓷器在东方闻名遐迩。明代（1368—1644）景德镇（在世界上享有瓷都的声誉）建起了规模各异的陶瓷企业，陶瓷艺术取得了空前的成就。首先，陶工生产出了白度和呈色极好的外销瓷。这些外销瓷先是进入伊斯兰国家，随后又进入欧洲市场，这类瓷器的坯料用的是陶泥，釉料是低温白色釉，以锡作为乳浊剂，以各类氧化物作为着色颜料，装饰纹样极其华美。在这之后，陶工又借助银及氧化铜在还原气氛中成功烧成了光泽彩瓷器。

就在同一时期，由普鲁士人发明的钴蓝装饰传入了远东地区，中国陶工利用该装饰技法生产出了闻名全球的青花瓷器。对陶瓷的狂热遍及近东及欧洲，上述地区的陶工努力探寻骨质瓷及轻质瓷的奥秘，并在锡白釉陶器（意大利）、代尔夫特陶器（荷兰）、彩陶器（意大利北部及法国）等以陶泥为坯料，以锡为釉料的陶瓷类型方面取得了一定的成就。上述陶器上的釉色主要包括：由铜生成的绿色；由钴生成的蓝色；由锰生成的紫色；由铁生成的橙色；由亚锑酸铅生成的拿浦黄色（锑黄色）。明代还成功烧制了高温铜红釉及由铁生成的一系列黄色釉料。

15世纪，在德国的莱茵河畔诞生了一种以盐釉装饰的炻器，灰褐色的坯体上绘有钴蓝色的纹样，釉面的肌理上带有一层光泽。这种盐釉炻器后来在英国及美国的殖民地时代盛极一时。

清代（1644—1911）的中国瓷器在低温釉上彩方面取得了很多成就，再一次影响了欧洲的陶瓷。当欧洲掌握了瓷器生产技术之后，涌现出了一大批著名的日用瓷及陈设瓷生产企业，例如德国的梅森瓷厂及法国的塞夫勒皇家瓷厂。代表性釉色主要包括：由金和氯化锡生成的粉色；由铬生成的黄色及绿色。18世纪，英国陶工用铬和锡配制出了粉色。

近代陶瓷业取得的成就

由于铅有毒，于是人们研发了很多替代品。

锌的助熔效果不错，但是其特性不太稳定：对某些颜色能起到提亮呈色的作用，而对某些颜色来讲却会令其转变为难看的褐色。作为铅的替代品，硼不会从根本上改变一种釉料的呈色，但却会令其发色偏冷。釉色研发工作历久而弥新。通过学习我们知道很多陶瓷原料都属于有毒物质，因此既要保证配釉环节的安全性，同时也要保证烧成后使用环节的安全性。最有代表性的一个例子是20世纪初期，人们用氧化铀配制出了鲜亮的黄色釉，不久之后科学界报道铀具有放射性，对人体健康的危害极大。

1845—1940年，人们又发明了很多新釉色。用诸如钕、镨、铒等稀土元素可以生成鲜亮柔和的粉色、紫色及具有霓虹视觉效果的黄色和绿色。同时还发现将钒和锆混合使用时可以生成亮黄色、绿色及蓝绿色；将镉和锶混合使用时可以生成适用于低温烧成的鲜红色、橙色及黄色。值得注意的是，钒和镉属于有毒元素，因此在接触这两种物质时必须做好安全防护工作。

最近200年来，各类釉料及陶瓷着色剂新配方层出不穷，而且随着全球一体化的速度不断加快，全球陶艺工作者的交流速度空前加快。现代陶瓷企业生产的着色剂不但呈色类别丰富，而且烧成效果极其稳定。尽管我们已经在陶瓷釉色方面取得了很多成就，但是直至今日各大陶瓷企业以及陶艺家们仍然在努力探寻新的釉色。陶瓷原料的神秘面纱还未被完全揭开，对于陶瓷颜色的探索工作还未结束。

青釉碗

这只碗生产于中国宋代（12世纪）。浮雕型装饰纹样在通透的绿釉映衬下显得极其华美。

贝拉明（Bellarmine）壶

这种酒壶是盐釉炻器的代表性器物。

关于颜色

颜色具有神奇的力量，它能触动我们的情感，吸引我们的注意力，影响我们的行动和欲望。颜色不仅能影响人类的心理，还能影响人类的健康。数百年来，人类致力于颜色研究工作，试图破解颜色对人类影响的奥秘。最简单的方式是观察色相环。色相环的进化史及人类对颜色的认识史是一个漫长的过程。

"颜色是光的种子和主体。"

——歌德

色相环的历史

古希腊的亚里士多德（Aristotle，前384—前322）是提出光学理论的第一人，他通过观察一天当中自然光线的变化情况，指出光是上帝从天堂派到人间的使者。他将一天中自然界出现的光归纳为几种颜色，位于最前面的一个是白昼的白色，位于最后面的一个是深夜的黑色，同时他还认为所有的颜色都与光有关。或许亚里士多德的这番言论在今天听起来太过浅显，但是它无疑开辟了光学理论的基础：一种被称为彩虹理论的全新的物理学理论。彩虹理论是一种非常抽象的理论，设想宇宙大爆炸还未发生，整个宇宙中充满了各类颜色的光波，这种状态周而复始永远也没有尽头。

回过头来再说色相环。在亚里士多德之后的几个世纪中又涌现出了很多种光学理论，直到17世纪，艾萨克·牛顿爵士（Sir Isaac Newton，1642—1726）基于科学发现提出了全新的色彩理论。通过实验，牛顿发现可以将白光分解为数种颜色，而相邻的两种颜色重叠之后又可以衍生出第三

种颜色，基于上述发现他提出可以用环状的色谱代替原有的条状色谱。在添加白色的情况下，将红色和紫罗兰色混合后可以生成品红（粉色）；在不添加其他颜色的情况下，将红色和蓝色混合后可以生成紫色。粉色是一种有趣的颜色，不会单独出现在色相环中，只有将颜色混合后才能生成该色。牛顿的色相环被很多色彩理论学家反复演绎，最著名的包括歌德（Johann Wolfgang von Goethe，1749—1832）、菲利普·奥图·隆格（Philipp Otto Runge，1777—1819）、威廉·奥斯特瓦尔德奥·斯华德（W.F.Ostwald）、阿尔伯特·孟塞尔（Albert Munsell，1858—1918）、约翰·伊顿（Johannes Itten，1888—1967）。

德国作家歌德从颜色对人类心理影响方面入手，提出了一个完全不同于牛顿色彩理论的新学说——色彩心理学。他认为颜色会刺激我们的大脑，极具感染力。该理论旨在探寻颜色的和谐法则，并将每种颜色对人类的生理影响做以归类分析。尽管牛顿的色彩理论在当时占主导地位，但是由歌德提出的这种颇具浪漫感的色彩心理学说轰动了整个艺术界及哲学界。与歌德同时代的德国画家菲利普·奥图·隆格发表了适用于绘画艺术的3D综合色相环模板。他将色相环立体化，以球形方式标示各类颜色变化，球体的最顶端是白色，球体的最底端是黑色，二者之间是由各种颜色组成的过渡色。像亚里士多德一样，隆格将象征性引入了他的理论，他把上述三种主要颜色与三位一体的神学理论融合在一起，白色代表高尚，而黑色则代表邪恶。

颜色系统的发展

20世纪初期，美国的一位艺术教授阿尔伯特·孟塞尔创建了颜色标准化系统，该系统基于色相、明度、纯度（又称

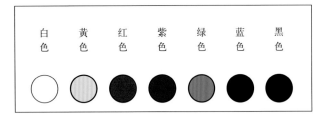

亚里士多德的颜色图表
白色，黄色，红色，紫色，绿色，蓝色，黑色。
亚里士多德通过观察一天中自然光线的变化情况，将颜色归纳为上述几种。

白色	黄色	红色	紫色	绿色	蓝色	黑色

伊顿的七种颜色对比概念

七种颜色对比概念不仅说明了颜色之间的关系，还说明了颜色之间的相互作用。

色相：色相是七种颜色对比概念中最简单的一个。红色、黄色、蓝色是所有颜色中发色纯度最高的三个，我们将其命名为三原色。三原色的对比强度最高。

明度（浅/深）：白色和黑色对其他颜色的影响是截然相反的，黑白二色之间是一系列灰调过渡色。明度变化使得颜色之间形成对比。

色温（冷/暖）：冷色（绿色、蓝色、紫色）与暖色（红色、橙色、黄色）之间存在对比。不同的色温能产生不同的物理效应（当人们看到冷色系的绿色会感到内心平和，而当看到暖色系的橙色会感到内心激动）。

互补：位于色相环对立面上的两种颜色反差极大。有趣的是，两种互补色混合后可以生成灰色，而两种相邻的颜色混合后其发色变化却并不大。

同时对比：这一概念与互补有关，当看见某种给定的颜色时，我们的眼睛会同时反映出该种颜色的互补色。这种现象会让人产生视幻觉：当把某种颜色与中性灰色并列摆放在一起时，我们会觉得原本呈中性色调的灰色仿佛沾染上了其相邻颜色的互补色。例如，放在橙色旁边的灰色看起来发灰蓝色，放在绿色旁边的灰色看起来发灰红色。

纯度（浓度）：纯色与非纯色之间存在纯度上的对比。可以通过以下方法破坏某种颜色的纯度：添加白色、黑色或者灰色，还可以添加该种颜色的互补色。

衍生性：这种对比源于将某种颜色与其他颜色混合后生成的新颜色种类，例如将一个新色衍生量非常大的颜色与一个新色衍生量极少的颜色进行对比。有时需要调节颜色的比例，有些颜色需要借助色板才能达到"平衡"。

伊顿色相环上最大、最完整的那一环上是纯度最高的颜色。

处于中心位置的几个环上是明度逐步提高的颜色。

伊顿的色相环

伊顿设计的这个色相环相当于把隆格设计的3D综合色相环横切出一个剖面，因此你可以同时看到所有的颜色。

处于外围轮辐状环上的是色相逐步变暗的颜色。

孟塞尔的颜色标准化系统

基于明度、色相以及纯度等基本概念，孟塞尔创建了这个不对称的树状色相环模型，树干的顶端是纯度最高的颜色。

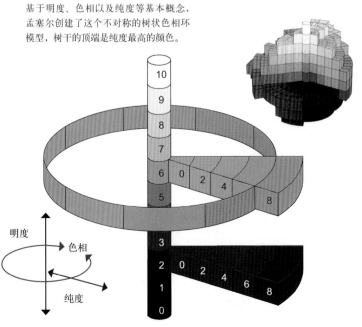

明度

色相

纯度

浓度），与牛顿提出的色彩理论相似。孟塞尔的颜色标准化系统为色彩知觉提供了研究基础，他将色环平均分成100份，每一份都贴上一个带有号码的标签。首先以"感知距离"作为划分标准将颜色归纳为10种色调，再将每种色调平均划分为10份（浅色，由浅到深，深色），颜色的纯度逐步产生变化。孟塞尔依据其颜色标准化系统绘制出了一个不对称的树状色相环模型。这种将颜色精确分类并标号的系统广泛应用于与颜色相关的企业，借助该系统人们可以精确表述每一种颜色。被现代企业广泛应用的知名颜色系统还包括以下几种：用于配制颜料的彩通配色系统（Pantone Matching System）、用于平面设计的楚曼兹色卡（TRUMATCH）及CIE颜色系统（CIE Color System）。CIE颜色系统精确度极高，是国际标准颜色系统。

20世纪，颜色系统不断发展，艺术界人士将色彩理论进一步发扬光大，成就最大的人物当属约翰·伊顿及约瑟夫·阿尔勃斯（Josef Albers，1888—1976），这两个人都是德国魏玛包豪斯学院的教师。伊顿是近代最著名的色彩学教师之一，他在著作《色彩艺术》中不但给颜色分了类，还提出了七种颜色对比概念，上述观点直至今日依然是艺术院校教授色彩理论课时的核心内容。阿尔勃斯在他的著作《色彩构成》一书中绘制了大量极简风格的画作，并以此对色彩进行实验分析，这种方法目前依旧广泛应用于色彩关系研究领域。上述两位艺术教育学者的研究成果，无论是在教育界，还是在艺术界，都产生了深远的影响。

颜色科学和人为因素

尽管有关色彩的理论有很多种，但是人类已经将其精炼地概括到色相环以及梯度中。虽然这些颜色系统具有一定的适用性，但是也无法解决所有的问题。在色彩科学方面取得的种种成就不仅有助于加深人类对颜色的认识，同时在艺术领域也起到了重要的指导性作用。

光物理学

·颜色来自于光：著名物理学家数学家艾萨克·牛顿爵士在1676年发现，借助玻璃棱镜可以将一束日光分解为七种颜色（与彩虹的颜色相同）——红色、橙色、黄色、绿色、蓝色、靛蓝色、紫色，我们将其称为"光谱色"。不同的颜色拥有不同的波长。

·光是一种能源：光谱色由不同波长的辐射能组成，其测量单位为纳米（1 m 的 10 亿分之一）。可见光谱（人类肉眼能看到的光谱）在电磁光谱中占有的比例极其微小。辐射能的类型十分丰富，包括紫外线、伽马射线、X线，上述几种波长要比可见光谱的波长短；除此之外还包括红外线、雷达、无线电波，后面这三种波长要比可见光谱的波长长。这些不可见光谱都有颜色，但是由于人眼无法看见它们，所以为颜色增添了不少神秘感。

现代颜色理论

颜色有三大要素：色相、明度、纯度。色相指颜色的特性，是颜色的命名依据（例如红色、橙色等），且其名称与可见光谱中该颜色独有的波长相符。纯度或称浓度，指的是颜色的发色强度或者纯净性。当某种颜色发色纯正时，我们形容该种颜色的纯度"极高"；反之，当某种颜色是由两种颜色混合后生成的，我们则形容该种颜色的纯度"较低"。在某种

颜色内添加其互补色（位于色相环对立面上的两种颜色）就能降低其纯度。明度又称为亮度，指的是白色或者黑色在颜色中所占的比例。往某种颜色中添加白色可以将该种颜色变淡；反之，往某种颜色中添加黑色则可以将该种颜色变暗。

在现代十二色相环的基础上将可见光谱分为六大类别，以便为色相环建立一定的秩序。十二色相环上最主要的颜色

颜色的协调

能让不同颜色产生协调或者不协调视觉效果的组合方式数不胜数。右面这些图例是七种基本的能让不同颜色产生协调感的组合方法。

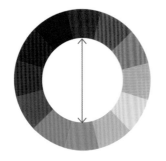

互补：将位于色相环对立面上的两种颜色组合在一起时能产生协调感，因为在视觉上互补色可以相互弥补并达到平衡。

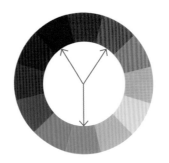

分割互补：这是互补协调的另外一种形式。取色相环上的一种颜色，再取其对立面上间隔相邻的两种颜色，把这三种颜色组合在一起时能产生协调感。例如橙色、蓝绿色及蓝紫色可以达成分割互补效果。

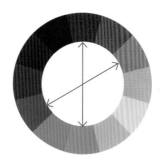

双分割互补：取色相环上间隔相邻的两种颜色，再取其对立面上间隔相邻的两种颜色，把这四种颜色组合在一起时能产生协调感。例如橙黄色、橙红色、蓝绿色及蓝紫色可以达成双分割互补效果。

加色和减色

无论你从事哪一种艺术门类，都要了解颜色对艺术的影响。在众多艺术门类之中，陶艺又是相对较为独特的一个。与绘画不同，陶艺使用的颜色是不能混合调配的，且陶瓷作品上的颜色会因为受到高温的影响而发生变化：具有透明、光洁的视觉效果。因此就陶瓷颜色而言，无法遵循加色以及减色规则。

加色：由投射光组成。不同颜色的光混合在一起的时候，颜色会变浅。我们将红色光、黄色光、蓝色光作为最基础的三种投射光，当把它们叠加在一起的时候会衍生出很多次生投射光：黄色光（由红色光和绿色光叠加生成）、品红色光（由红色光和蓝色光叠加生成）、蓝绿色光（由绿色光和蓝色光叠加生成），当把所有的光都叠加在一起的时候会生成白光。相反，没有光的时候会生成黑色。

减色：减色是多种颜色混合后达到的一种视觉效果。当一束光照在某一个物体上，物体会吸收一部分光色，而将另一部分光色反射回来。肉眼只能看到物体反射回来的光色。例如树叶之所以呈绿色，是因为它将光线中的其他颜色全部吸收了，只将绿色反射出来。黑色颜料或者黑色物体会将所有的光色全部吸收掉。相反，白色的形成是由于它会将所有的光色都反射回来，不同的光色混合在一起就形成了白色。

把不同的颜色混合在一起时能生成较暗的颜色。将三原色两两相混，能生成橙色、绿色、紫色。将三原色混合在一起理论上会形成纯黑色，但实际上所形成的颜色呈深灰色。

有三种：红色、黄色、蓝色，即三原色。三原色之间相互混合可以生成其他的颜色，而其他的颜色混合后却不能生成三原色。三原色混合后生成的颜色被称为次生颜色：橙色（红色与黄色混合）、绿色（黄色与蓝色混合）、紫色（蓝色与红色混合）。而三级颜色则是由次生颜色混合后生成的，例如蓝绿色和橙黄色。十二色相环由此得来。人眼可以识别上千万种颜色，所有的颜色都可以用色相环上的颜色调配出来，有些色调需要添加黑色及白色。

颜色绝少是单独存在的。即便是一个单纯的颜色也往往会受到其周边环境色的影响。将不同的颜色组合在一起时会产生动态感——协调或者不协调，还有一些颜色由于其特殊的组合方式会产生光学反应。

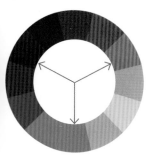

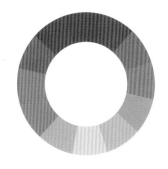

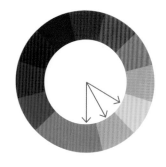

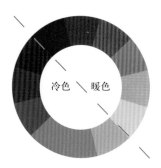

冷色　暖色

等距互补：取色相环上的等距离的三种对比性颜色，将其组合在一起时能产生协调感。例如红色、黄色及蓝色可以达成等距互补效果。

单色：当所有的颜色都源于同一色相（仅在明度、纯度、饱和度方面有所区别）时可以产生协调感。

类似色：类似色指位于色相环同一位置相邻的几种颜色。将两种或者更多的类似色组合在一起时能产生协调感。例如黄色、黄绿色及绿色。

色温互补：将位于色相环对立面上两种色温完全不同的颜色（纯色）组合在一起时能产生协调感。暖色包括红色、橙色、黄色；冷色包括绿色、蓝色、紫色。协调感的产生取决于互补色色温是否接近。有趣的是混合在一起的颜色常常带有一种与其原有色温完全对立的色调，例如"暖紫色"或者"冷橙色"。

颜色的影响以及视幻觉

约瑟夫·阿尔勃斯就色彩进行了大量科学实验，他在著作《色彩构成》一书中深入分析了色彩的影响，他认为色彩具有相对性。在讲色彩之前他做了一个著名的实验：先把两只手分别浸入热水及冷水中，两只手可以切实地感受到水温的差异，然后将两只手浸入温水中，于是两只手对水温的感受出现了鲜明的变化——原先浸在热水中的手觉到凉意，而原先浸在冷水中的手则感觉到暖意。这种现象与我们对颜色的感觉是一样的，我们眼中的颜色总是会受到其周边临近色的影响。阿尔勃斯在书中绘制了大量极简风格的画作，并以此对色彩进行实验分析，在此我们将其中的部分画作附上。

色差

当把一种颜色置于色温完全不同的两种背景颜色中，背景色会对中心位置的颜色造成极大的影响。例如位于深绿色背景中央的黄绿色块看起来黄色成分更多，绿色成分则较少，这是因为深绿色背景会弱化黄绿色块中的绿色调。黄绿色块的色相、饱和度及纯度等方面在视觉效果上都发生了改变。再比如将灰色置于不同的背景颜色中，灰色的纯度看起来也会发生变化，具体是变浅还是变深则取决于背景色的色相。根据上述实验，我们可以利用背景色让原本不同的两种颜色呈现出相同的色相。

背景转换

在这个实验中，阿尔勃斯依据互补原理（参见前文"伊顿的七种颜色对比概念"）深入讲解了背景色对颜色造成的影响。图片中两个相连的"X"形是同一种颜色（饱和度较低的颜色效果更好），但在不同亮度的背景影响下呈现出完全不同的视觉效果：亮黄色背景中的"X"看起来呈色较之原有色相明显变暗，而深灰色背景中的"X"看起来呈色较之原有色相明显变亮。

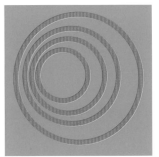

边界消失

当把两种色相不同但纯度接近的颜色组合在一起时就会出现这种视幻效果。其原因是两种颜色具有类似的纯度，所以颜色的边界就会在组合形体中淡化消失。

边界震动

当把两种亮度及纯度都相同的互补色组合在一起时就会出现这种视幻效果。其原因是人眼无法识别这两种颜色的差异，进而产生边界"跳动"的错觉。

陶瓷中的颜色

从古至今，无数科学家、物理学家、心理学家、哲学家、理论学家及艺术家都在不断探索颜色的奥秘，颜色是怎样形成的，不同的颜色具有怎样的作用。我们发现人类肉眼可以识别的颜色其实只是光谱中极其微小的一部分，同时，通过阿尔勃斯的实验我们还看到人类在颜色识别方面也存在不少局限性。各种颜色理论使得颜色本身颇具神秘感，这里提到的颜色不仅包括艺术创作中的颜色，还包括日常生活中的颜色。我们陶醉于夕阳的光辉中，沉迷于丰富多彩的布料上，沉醉于花园里的各色花卉中。尽管颜色让人类体会到的乐趣是无穷无尽的，但是颜色的意义却是相对简单的。

所有的艺术家都会与颜色打交道，不管是有意的还是无心的。陶艺家、画家、平面设计师、工匠，上述所有从业者都与颜色有着千丝万缕的联系。颜色会对艺术品产生极其重要的影响：颜色能强化艺术表现力；能为艺术品增添动态因素；能起到融合、突出、平衡、对比及形成空间感的作用。

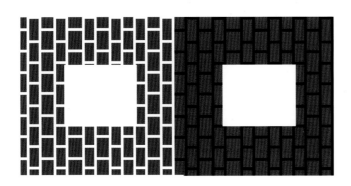

贝错路德效应

贝错路德效应（Bezold Effect），其命名源于其发现者——德国气象学家威廉·贝错路德（Willeelm von Bezold，1837—1907）。贝错路德效应是一种光学错觉，各种颜色交织在一起会产生"同化反应"，进而生成新的颜色。这里所提到的同化反应与前文讲的加色及减色原理具有本质上的区别。例如点彩画派就是利用贝错路德效应进行创作，不同的色点聚集在一起形成新的颜色。观察上面的两个图例可以发现：左边一幅图中的砖块颜色较浅，这是因为受到了砖缝中白色"灰浆"的影响；相反，右边一幅图中的砖块颜色较深，这是因为受到了砖缝中黑色"灰浆"的影响。

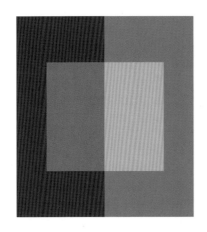

透明感及空间感幻觉

通过调节某种颜色的明度及暗度，可以让该种颜色呈现出一种类似于镀了一层膜一样的视觉效果。按照上述方法可以将一种颜色划分出若干层次，从而形成深度感及空间感。看这个图例，左边部分看上去就好像是蒙在一层深色薄膜下面一样。

继时对比

这种现象发生在人眼受到某种颜色的刺激之后。先盯着某种饱和度较高的颜色看一会儿，然后将视线转移到一张白纸上，你会发现白纸上会出现映射该颜色的互补色，产生这种幻觉的理论原因是人眼接收了某种颜色之后会在白纸上涌现出其互补色，以便达到视觉平衡的作用。继时对比与同时对比相反。先盯着上面的图例看一会儿，然后将视线放在其下面的白色方框内或者一张白纸上，白纸上会映射出上图中颜色的互补色：原来的红色部分变为绿色，而绿色的部分则变为红色。

颜色可以操控人类的感官，让平面的事物具有空间感，让某物体不可见或者让原本静态的东西具有动感。颜色之间相互作用，极大地扩张了人类的感官能力——延伸、震动、空间扭曲。

每一种艺术媒介在颜色的使用、控制及探索方面，都有其特定的规则和方法。基于绘画发展而来的各类颜色理论讲求对颜色的混合使用，而陶瓷艺术中的颜色却有所不同。除了色相、饱和度及纯度外，陶瓷釉色还涉及光泽度、透明度及肌理。

尽管可以将商业着色剂像绘画颜料那样混合在一起，并装饰在白色坯体的外表面上，但是这种由陶瓷生料混合而成的颜色极其不稳定，其原因部分来自原料中的氧化物会对颜色造成影响。陶瓷颜色不容易掌控，尽管我们已经从原料的最基本组成成分学起，但是在实际应用中仍然难以尽如人意。或许不确定性也是陶瓷原料的特性之一。

白色

迈克·德·格罗特（Mieke de Groot），参见下文"陶艺大师及他们所使用的釉料和颜色"一节。

尽管白色看上去无色，但实际上它却是光谱中所有颜色混合而成的。其形成是由于所有的光色都被反射出来，不同的光色混合在一起就形成了白色。提到白色，我们常用的一个词为"空白"，白色也因此象征着空虚、缺乏个性，甚至死亡。然而白色在西方语系中还有完全不同的意义，它还象征着洁净、纯洁及和平。医生身穿白大褂，诸如面盆及马桶等陶瓷洁具也都是白色的，在这里白色是无菌的象征。西方的新娘在婚礼上身穿白色衣裙象征着处子的纯真。晃动白旗象征着向对方投降或者请求停战。在 20，21 世纪，很多艺术家都将白色作为其作品的主体色调，例如极简主义雕塑家索尔·勒维特（Sol LeWitt）及其他当代设计师。

白色釉料的历史

9 世纪，伊朗陶工将氧化锡加入釉料配方，其初衷是为了仿制中国的白瓷。这种低温白釉的配制方法迅速传播开来，由白色釉料装饰的部分通常作为主体装饰纹样的背景颜色。用以下几种方法也能获得同样的视觉效果：借助有色泥浆或者有色釉料在白色的坯体上绘制纹样，然后再往纹样上面罩一层透明釉，以便增加其光泽度；除此之外还可以在透明釉面上罩一层低温釉上彩。著名的意大利锡白釉陶器用的就是这种装饰方法。诞生于日本桃山时代的志野釉呈乳浊状的白色，其配方中包含大量的长石及少量的黏土。

一千英里
这件作品的制作者是韩国陶艺家李在元。由白色和淡影青色飞鸟组成了巨大的浮云，呈现出一种柔软、易碎的特质。白色形体在白色背景及光影的映衬下给人以"稍纵即逝"的感觉。

> "白色位列各色之首……白色代表着光明，没有光就没有其他颜色；黄色代表着大地；绿色代表着流水；蓝色代表着天空；红色代表着火焰；黑色代表着暗夜。"
>
> ——莱昂纳多·达·芬奇（Leonardo da Virci）

迈克·德·格罗特，参见下文"陶艺大师及他们所使用的釉料和颜色"一节。

折叠盘

这两件作品的制作者是陶艺家兰迪·约翰斯顿（Randy Johnston）。先在坯体上涂一层含铁泥浆，再往泥浆上罩一层由艺术家本人配制的努卡（Nuka）釉，釉料加深了纹样的呈色。整个盘面看上去就像一个打开的窗户，透过窗口可以看到外面层层叠叠的白色暴风雪。

白色的制备

如今，只需在透明釉配方中添加一些乳浊剂就能生成白色。氧化锡、二氧化钛以及各种硅酸锆类陶瓷原料都是现代陶艺家常用的乳浊剂。乳浊效果的形成原因包括以下两种：乳浊剂浮于釉层表面〔例如由日本陶艺家平井明子·科灵伍德（Akiko Hirai Collingwood）配制的白色釉料，该釉料配方中含有大量黏土，参见下文"陶艺大师及他们所使用的釉料和颜色"一节；釉料内部或者釉层表面在降温阶段生成结晶。现代陶艺家和现代陶瓷企业通常会通过往白色坯体上罩透明釉的方法令作品呈现出白色外观效果。陶艺家杰弗瑞·曼（Geoffrey Mann）及陶艺家贝思妮·克鲁尔（Bethany Krull）都是这种装饰方法的代表性人物（参见下文"陶艺大师及他们所使用的釉料和颜色"一节）。

关联

这件作品的制作者是陶艺家巴伯·安伯格（Barbro Aberg）。作品呈纯白色，通体布满波纹及网孔，结构错综复杂，跟海绵差不多。白色令作品散发出一种纯洁、解析、宁静的味道。

克里斯蒂娜·科多瓦 (Cristina Cordova)，参见下文"陶艺大师及他们所使用的釉料和颜色"一节。

黑色

　　黑色颇具神秘感。其形成是由于所有的光色都被吸收了，由于没有光便形成了黑色。将所有的颜色混合在一起也能生成黑色。黑色是西方葬礼上的主打色，它象征着空虚、阴暗、神秘、邪恶。黑色的象征意义与白色的象征意义刚好相反。但是，黑色也代表着思想深度，是成熟老练的标志。鉴于此，法官的袍子是黑色的；领结是黑色的；牧师的制服也是黑色的。黑色的衣服能让穿着者的身材显得更瘦，在时尚方面黑色代表了冷酷、高档及优雅。不过，黑色也能让物体看上去显得重一些。黑色能增加空间的纵深感，同时减弱物体的可见性。

黑色釉料的历史

　　将锰等氧化物绘制在陶瓷坯体上，就可以得到黑色的条纹及图案，在历史上采用上述方式装饰陶瓷坯体的包括新石器时代的中国陶器、北美土著居民制作的明布雷斯陶器及其他地区的陶器。公元前700年由希腊陶工制作的黑色浮雕纹饰双耳瓶，纯黑色剂是由赤陶泥提炼成的。中国及日本的陶工也配制出了很多含铁量极高的黑色釉料和褐色釉料，例如油滴釉、天目釉、柿黄色釉、茶叶末釉，上述釉料由于其配方中含有不同比例的铁，发色呈黑色或者褐色，并带有橙色条纹。16世纪的日本窑工配制出了濑户黑釉，这种釉料的配方中含有大量铁。乐烧及坑烧法是当烧成温度达到预定的熔融温度后，立即将炙热的坯体从窑炉中取出来，并放在不易燃的材料中熏烧。其原理是强还原气氛会令釉料因缺氧而碳化，并形成黑色。

石头和黑麦
这件作品的制作者是陶艺家阿德里安·萨克斯 (Adrian Saxe)。阿德里安在坯体上装饰了一层富有金属光泽的黑色釉料。器型上部那个倾斜的型体在金属光泽的映衬下竟显得有几分像枪。黑色主体与具有乳浊效果的贴花装饰相映成趣，作品让我们联想到了现代人放纵、贪婪的嘴脸。

黑色的制备

　　很多基础釉与其他陶瓷原料混合后都能生成黑色。其中以含铁釉料的呈色最黑。将铁与氧化钴、氧化锰、氧化铬混合，或者将后三种原料混合后就能生成黑色。与其他颜色的着色剂相比，黑色着色剂比较好配制，但是其价格也相对较高。陶艺家大卫·艾奇伯格（David Eichelberger）及陶艺家瑞贝卡·卡特尔（Rebecca Catterall）都是善用黑色着色剂进行陶艺创作的高手（参见下文"陶艺大师及他们所使用的釉料和颜色"一节）。阿尔巴尼泥浆（现已很少见）和阿尔伯塔泥浆中富含铁，将上述两种泥浆与霞石正长石混合后并进行高温烧成，可以生成纯度极高的黑色。

乔哈尼斯·纳格尔（Johannes Nagel），参见下文"陶艺大师及他们所使用的釉料和颜色"一节。

"黑色是伦勃朗绘画作品中的主色调，黑色为画面营造出了空间感……但是如今整个世道都是黑暗的！"
——马克思·多奈尔（Max Doerner），《艺术材料及其在绘画中的应用》

阴影中的玄武黑陶
这件作品的制作者是陶艺家哈利玛·卡塞尔（Halima Cassell）。作品呈石质亚光状。高光与阴影突出了器皿内部的几何状肌理。

交叉 4 号
这两件作品的制作者是陶艺家鲁特·拉勒曼（Lut Laleman）。器型内部的珠状纹样与编织纹类似。通过这两件作品你能感觉到黑色所营造出的那种庄重感和威严感。圈状内部纹饰被器皿的边缘一分为二。

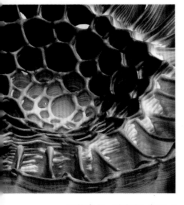

西德赛尔·哈努姆（Sidsel Hanum），参见下文"陶艺大师及他们所使用的釉料和颜色"一节。

蓝色

蓝色是人类最喜欢的颜色之一，它能让人感受到舒适、清凉及洁净。蓝色的象征意义通常都是正面的，例如力量、智慧、安宁和尊贵，不过在美国蓝色也象征着心情低落。深蓝色在韩国象征着哀伤。当我们面对蓝天及湖水时，内心会充满平静和振奋的情绪。在各国国旗的用色上，蓝色的选用率多于其他颜色；蓝色牛仔裤风靡全球；蓝色也是男性的象征。

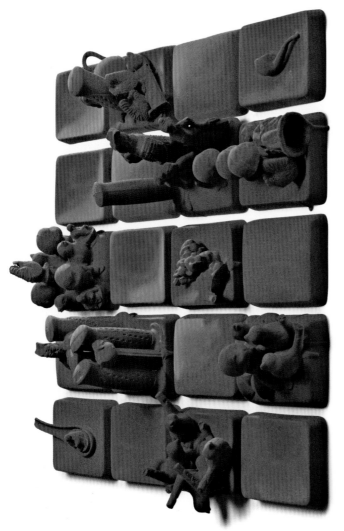

蓝色釉料的历史

埃及釉陶上的蓝色釉料是世界上第一种知名蓝色釉料，其发色呈不同深度的蓝色——9世纪，当伊朗陶工发现用钴可以配制出蓝色釉料之后，这种配釉方法迅速传遍整个东方世界。遍及世界各地的青花陶器（用含有钴的着色剂装饰陶泥坯体）起源于伊朗和中国。世界各地的人都被青花的典雅魅力所折服，也衍生出了各种颇具地方性色彩的装饰风格，其中最著名的当属中国的青花瓷器及土耳其伊兹尼克（Iznik）地区生产的以花卉为主要装饰题材的青花瓷器。除此之外，德国、英国及美国的陶工还生产了大量由钴料装饰的盐烧炻器。蓝色影青瓷器在中国有着悠久的历史，这种含有铁的高温瓷器至今仍具有极高的收藏价值。蓝色影青瓷器的成交价堪比天价，美国曾在20世纪60~80年代掀起了一股蓝色影青瓷器收藏热，这种瓷器由于其高昂的价格一度被收藏者称为"手工艺之大成"及"现金蓝"。

克莱因蓝色（Klein Blue）拼贴画
这件作品的制作者是陶艺家埃莉诺·威尔逊（Eleanor Wilson）。这件拼贴作品用地是亚光蓝色钴料，饱和度极高的蓝色深深地渗透到作品的每一个组成部分中。每一块陶板上都带有圆雕纹饰，看上去极富叙述性。

"蓝色的飞鸟将整个天空都驮到它的背上。"

——亨利·大卫·梭罗（Henry David Thoreau）

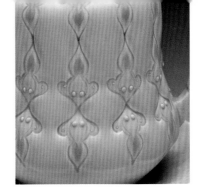

克里斯蒂·凯弗尔（Kristen Kisffer），参见下文"陶艺大师及他们所使用的釉料和颜色"一节。

蓝色的制备

钴是配制蓝色釉料的主要成分〔参见下文"陶艺大师及他们所使用的釉料和颜色"一节中有关陶艺家安纳贝斯·罗森（Annabeth Rosen）及陶艺家乔哈尼斯·纳格尔的部分〕。借助钴可以轻而易举地配制出蓝色釉料，其呈色丰富多样且适用于各种烧成温度，钴与绝大多数基础釉混合后都能生成蓝色。钴的发色能力极强，其常规使用量为0.25%，最多也不超过1%。将钡和氧化铜混合后也能生成蓝色，但是这种蓝色却具有金属元素析出的缺陷，因此用上述两种元素配制的蓝色釉料在使用之前一定要做金属元素析出实验，否则会对使用者的身体健康造成危害。将金红石与深褐色、褐色及粉色混合后也可以生成蓝色，且这种蓝色具有流动性，适用于还原烧成气氛的蓝色影青釉配方中含有少量铁（1%~2%）。陶艺家安迪·肖（Andy Shaw）及陶艺家布莱恩·霍普金斯（Bryan Hopkins）用含有杂质的蓝色影青釉创作了大量精美的陶艺作品（参见下文"陶艺大师及他们所使用的釉料和颜色"一节）。

旋转

这组作品的制作者是陶艺家罗伯特·达沃森（Robert Dawson）。用现代电子技术将传统的青花纹样加以改造和重组。盘子上的纹饰由于旋转变形而呈现出不同的清晰程度。

另一个时空

这件作品的制作者是陶艺家李扬·斯蒂文（Steven Young Lee）。在史前系列作品中，艺术家将不同的时空融合在一起，给予观众以极大的想象空间。在坯体上用钴料和影青绘制出传统的长卷式装饰纹样，作品散发出一种文化气息。

"雷诺·达科塔（Reno Dakota），你是多么的残忍。我全身心地迷恋你，而你对我却不屑一顾，我的心都碎了。潘通色卡2-90-2（蓝色在潘通色卡上的标号）。"

——磁域（美国独立流行乐团）

绿色

马特·维德尔（Matt Wedel），参见下文"陶艺大师及他们所使用的釉料和颜色"一节。

绿色象征着新生、春天、大自然，同时还具有和谐、希望和平静的寓意。在西方文化中，三叶草代表着好运；全世界的绿色交通指示灯都有安全通过的意思。但是在历史上绿色的含义颇有趣。在英语词汇中将新入行的人称为"绿人"，因为绿色象征着生长及富饶，但是"绿人"在天主教的词汇中却含有异教徒的寓意。

绿色釉料的历史

绿色釉遍及各个时代和各个地域。埃及釉陶是世界上最早使用绿色作为陶器装饰的品类之一，这种陶器的坯料中含有铜，烧成后具有一定的光泽。古代的中国陶工发现将木灰与石灰岩及溪水调和并高温烧成，可以生成视觉效果极佳的绿色釉料。唐代的三彩器是在铅釉中混合铜并低温烧成，所生成的绿色与其周边的白色及琥珀橙色交融在一起形成十分美艳的流动性装饰纹样。波斯及欧洲的陶工也生产了大量绿色锡釉陶器。到了宋代，中国陶工配制出了玉石一般的影青绿釉，广受瞩目。日本的绿色织部釉样本呈色各异：淡淡的水绿色、浓艳的金属绿色、具有乳浊效果的绿色。现代陶艺家借助各种烧成温度和烧成气氛、各类窑炉、乐烧及高温柴烧等方式烧制由绿色装饰的陶瓷作品。

绿云 0904 号
这件作品的制作者是陶艺家本特·斯基特伽德（Bente Skjottgaard）。这件实验型作品的上部是极富韵律感的绿色结构，浓郁的绿色让人联想到树。

沃特·达姆（Wouter Dam），参见下文"陶艺大师及他们所使用的釉料和颜色"一节。

绿色的制备

很多氧化物都能生成绿色，例如氧化镍、氧化铬〔参见下文"陶艺大师及他们所使用的釉料和颜色"一节中有关陶艺家克莱尔·海顿（Claire Hedden）的部分〕、氧化铁，但是铜（特别是碳酸铜）是最主要的绿色生成剂〔参见下文"陶艺大师及他们所使用的釉料和颜色"一节中有关陶艺家安东·瑞吉德（Anton Reijnder）的部分〕。在影青釉配方中加入少量的氧化铁并高温烧制可以生成淡绿色〔参见下文"陶艺大师及他们所使用的釉料和颜色"一节中有关陶艺家杰夫·卡帕纳（Jeff Campana）的部分〕，除此之外，借助很多着色剂都能配制出绿色的釉料〔参见下文"陶艺大师及他们所使用的釉料和颜色"一节中有关陶艺家沃特·达姆的部分〕。

大陆漂移
这件作品的制作者是陶艺家安德鲁·马丁（Andrew Martin）。器皿上的纹样熔融流淌并交汇在一起。两种不同色调的绿色营造出一种生动的、水波般的感觉，黑白元素与光影结合在一起，打破了形体的对称感。

陶瓷电扇
这件作品的制作者是陶艺家马腾·巴斯（Maarten Baas）。作品的底部是手工捏制的陶瓷支架，上部是电机配件，整个作品给人以不安全感及超现实感。鲜亮的绿色为作品增添了趣味性。

"由于陶瓷作品具有深度、反光性及可触性，能深入影响观众的视觉和触觉感受，所以即便是用同一种绿色装饰的陶瓷作品也往往会呈现出多种视觉效果。"

——卡雷斯·哈德（Charles Harder）

黄色

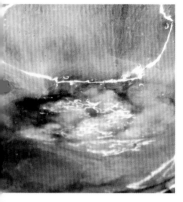

大卫·海克斯（David Hicks），
参见下文"陶艺大师及他们所
使用的釉料和颜色"一节。

黄色能引发多种反应。黄色是所有颜色当中最鲜亮的一个，因此很多宗教都将其赋予一种神性。在阳光的照射下黄色颇具暖意，能给人带来愉悦感。黄色笑脸标志象征着快乐；黄色玫瑰象征着友谊和快乐。从物理学的角度讲，人眼对黄色的捕捉率是所有颜色之中最快的一个，它能在第一时间受到我们的关注。在车流中黄色的出租车总是显得那么扎眼；黄色警告标识让人过目难忘。黄色的服饰对于很多人来讲都是难以驾驭的；当人们处于黄色空间时会感到不自在。

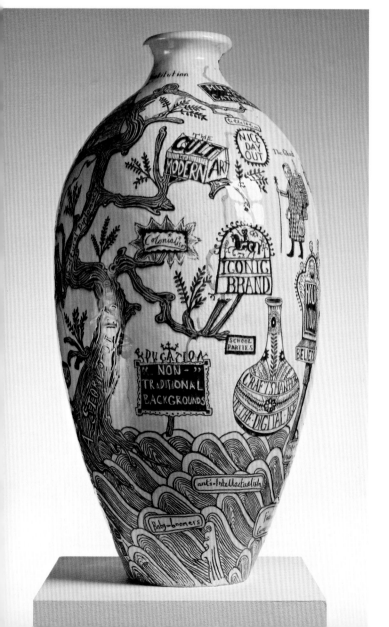

黄色釉料的历史

明代中国御窑厂的陶工用氧化铁配制出了适用于高温烧成的鲜黄色釉料、饱和度极高的黄色釉上彩及淡黄色釉料。当亚锑酸铅从远东传入近东后，陶工们用这种原料配制出了著名的拿浦黄色釉，并借助这种釉料烧制了大量低温锡釉陶器。17世纪的欧洲陶工用氧化铁配制黄色釉料。18世纪，法国塞夫勒皇家瓷厂的陶工用氧化铬配制黄色釉料。

罗塞塔花瓶

这件作品的制作者是陶艺家格雷森·佩利（Grayson Perry）。花瓶上的主体纹样来源于罗塞塔石碑，借助青花料将石碑上的部分纹饰以颇具诙谐感和创新性的形式绘制在坯体上。青花纹饰中有一句话是"无传统背景"，这句话在亮黄色背景的映衬下显得极其醒目，作品的象征性意义也因黄色而得以提升。

黄色的制备

20 世纪，陶工用氧化铀配制出了类似于蛋糕的黄色，作为高温着色剂，氧化铀曾盛极一时，但是科学家发现这种元素具有放射性，对人体的危害极大，所以后来陶工便不再用氧化铀配制黄色釉料了。其他氧化物，例如氧化镍、金红石、氧化铬、氧化锰、氧化钒、氧化钛等，将它们混合后都能生成黄色。现代的黄色釉料中含有氧化铁，但黄色商业着色剂更受青睐。下文"陶艺大师及他们所使用的釉料和颜色"一节中会介绍到很多借助黄色进行陶艺创作的陶艺家，包括大卫·海克斯、马特·维德尔、夏德拉·德布斯（Chandra DeBuse）、泰霍恩·凯姆（Taehoon Kim）。过量使用黄色着色剂能让作品呈现出一种"土质"感。由稀土元素氧化镨生成的黄色具有极高的饱和度。

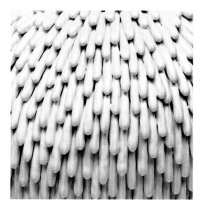

琳达·洛佩兹（Linda Lopez），参见下文"陶艺大师及他们所使用的釉料和颜色"一节。

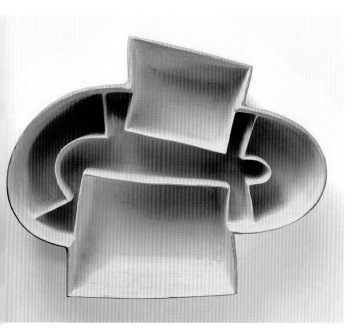

黄色空间
这件作品的制作者是陶艺家达芙妮·克雷根（Daphne Corregan）。这件颇具构成感的作品通体布满鲜黄色。艺术家借用黄色牢牢地抓住了观众的眼睛，黄色为作品增添了趣味性、暖意及吸引力。

陶瓷编织 01 号，亮光黄色
这件作品的制作者是陶艺家斯坦恩·叶斯柏森（Stine Jespersen）。就像一幅黄色调的极简主义绘画作品，位于其下方的隔板上还放置着一个容器，整个作品在空间中显得极其抢眼。观众先是被亮黄色所吸引，紧接着又被极富韵律感的编织结构所吸引。

"有些画家用黄色来描绘阳光，但还有一些极有天赋和艺术表现力的画家用阳光来描绘黄色。"

——巴勃罗·毕加索（Pablo Picasso）

橙色

橙色通常象征着温暖、兴奋、欢乐。橙色也象征着秋天、大丰收及万圣节。鲜亮的橙色会刺激人的眼睛。与其他颜色相比，橙色显得格外瞩目，因此交通障碍物、救生艇、警察的背心及警告标识都是橙色的。橙色的衣着容易引起别人的注意，所以某些囚服是橙色的；猎人穿橙色衣服同样是为了引起其他猎人的注意，以避免不必要的伤亡。

保罗·艾瑟曼（Paul Eshelman），参见下文"陶艺大师及他们所使用的釉料和颜色"一节。

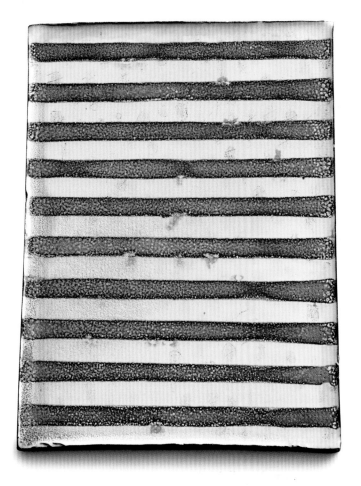

盘子
这件作品的制作者是陶艺家妮娜·玛特鲁德（Nina Malterud）。亮橙色线条的边缘与白色背景融合在一起，为盘子增添了立体感和典雅感，给观众留下深刻的印象。

橙色釉料的历史

史前的赤陶呈橙红色，尽管看上去更像"砖红色"。罗马人、伊特拉斯坎人、北美原住民、美洲中部居民及秘鲁人都擅长制作低温赤陶（由红色陶泥泥浆化妆土装饰的陶器），先将红色陶泥泥浆涂抹在坯体的外表面上，待半干后抛光并烧制，可以在坯体表面上形成一层坚硬的、不透水的壳。世界上最早的橙色釉是唐代的琥珀橙色三彩釉，这种低温铅釉的配方中含有铁。1936年，费斯塔（Fiesta）瓷厂配制出了饱和度极高的橙红色釉料，该种釉料深受广大消费者的喜爱。但不幸的是这种釉料的配方中含有氧化铀，于是这些由氧化铀配制的橙色及红色釉料很快就被取缔了。

"橙色是最快乐的颜色。"
——弗兰克·辛纳屈（Frank Sinatra）

橙色的制备

相对于其他颜色来讲，橙色不好配制。将金红石与氧化物混合后可以生成无光橙色，除此之外还包括一些商业着色剂以及密封着色剂。有些原本发其他颜色的釉料也能转化为橙色釉料，例如含铁量极高的志野釉中就有一种柿黄色釉料，其发色既可以是黑色，也可以是乳黄色，有时还会发橙色。当釉料配方中含有铁及其他黏土、泥浆类杂质时，借助盐烧、苏打烧及柴烧就能得到视觉效果极佳的亮橙色。格蕾丝·古斯丁（Chris Gustin，参见下文"陶艺大师及他们所使用的釉料和颜色"一节）借助柴烧志野釉的方式创作了大量橙色陶瓷作品。赤陶呈亮橙色，除此之外还包括由红色陶泥泥浆化妆土装饰的陶器，由于坯体中含有大量铁，所以在烧成后外观颇像橙色釉料。低温氯化铁匣钵烧成亦能生成不同的橙色色调。

瑞恩·哈瑞斯（Rain Harris），参见下文"陶艺大师及他们所使用的釉料和颜色"一节。

威士忌酒瓶
这件作品的制作者是陶艺家马特·隆格（Matt Long）。苏打烧。瓶体上涂了数道厚厚的泥浆，由于受到火焰的影响，橙色纹样呈现出丰富多彩的视觉效果。

发光罐
这件作品的制作者是陶艺家霍利·瓦尔克（Holly Walker）。罐身由两种橙色釉料装饰，罐口由红色陶泥泥浆化妆土装饰。作品极具趣味性，手工捏制的大盖子端坐在底座上，给人以明快、随意的印象。

红色

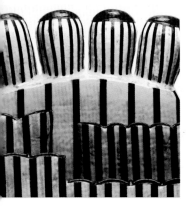

瑞贝卡·夏贝尔 (Rebecca Chappell)，参见下文"陶艺大师及他们所使用的釉料和颜色"一节。

　　尽管不同人对红色有着不同的看法，但是红色终究能让人联想到血液的颜色，红色能对人的感官造成极其有趣的影响。从生理学的角度上讲，红色能让人感到兴奋和振作。红色能提高人呼吸及脉搏的频率；加快人的新陈代谢；提高人的血压。红色能鼓舞人的斗志和信心，能让人战胜恐惧。基于上述原因，我们就不难理解为什么在某些文化中，红色既代表着死亡也代表着生命：它象征着强烈的爱和热情；象征着火焰和感情的力量；象征着愤怒和杀戮的破坏性。

红色釉料的历史

　　纵观整个陶瓷史，红色是极难配制的一种釉色，通常是皇权的专用色。美洲的陶工在胭脂虫的体内提取红色。数个世纪以来，这种充满血腥气息的红色被广泛应用于纺织、绘画及化妆领域；直至今日，这种红色仍然被用于食品及饮品着色方面。配制红色釉料的原料包括红色赭石矿、铅丹及朱砂。

宿命

这件作品的制作者是陶艺家杰森·瓦尔克 (Jason Walker)。红色象征着强权，与黑白主体颜色形成强烈的对比。瓷泥釉下彩绘，由红色、黑色和白色绘制的纹样看上去就像报纸上的油墨。

"当某人提到红色时，每一个听到该词汇的人都会在脑海中涌现出一幅景观，尽管这些景观源于同一个词但却是千差万别的。"

——约瑟夫·阿尔勃斯 (Josef Albers)

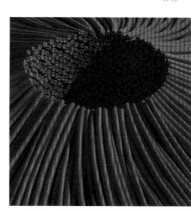

红与黑

这件作品的制作者是陶艺家拉斐尔·佩雷兹（Rafael Peraz）。作品上装饰着多层黏土、泥浆和釉料，经过反复烧制后呈现出一种优雅的气质。红色的釉料开片脱落并露出釉层下面的坯体，看上去就像一个生锈的农具在风和阳光的侵蚀下逐步解体。

比恩·费娜安（Bean Finneran），参见下文"陶艺大师及他们所使用的釉料和颜色"一节。

红

这件作品的制作者是陶艺家罗伯特·希夫曼（Robert Silverman）。陶砖上的红色釉料极厚且具有流动性，在字体的下方形成条纹状肌理。生动有力，既强调了颜色本身的纯洁性，也带有一种玩世不恭的态度。

红色的制备

将各类氧化物混合在一起就能配制出适用于各种烧成温度和气氛的红色釉料。大约在 14 世纪，中国明代陶工配制了视觉效果极佳的铜红色釉料，该釉色具有无穷的魅力。铜红釉的配方中含有氧化铜，只有在高温还原气氛中才能烧成，参见下文"陶艺大师及他们所使用的釉料和颜色"一节中由陶艺家托马斯·勃勒（Thomas Bohle）创作的铜红釉陶瓷作品。铜红釉的种类很多，包括牛血红（饱和度高、颜色较深、有光泽）、桃花红（颜色较淡，带有透明感的绿色斑点与粉色、红色交织在一起）、祭红（颜色艳丽，带有蓝色及紫色斑点）。

除此之外，日本的陶工也配制出一种著名的红色釉料——柿子红釉，其别称有很多种，中国人将其称为番茄红釉。这种釉料的配方中含有大量的铁及骨灰，釉色浓重、有光泽、有红褐色斑点。

陶艺家瑞贝卡·夏贝尔及陶艺家保罗·艾瑟曼使用低温和中温着色剂创作了大量红色的陶瓷作品（参见下文"陶艺大师及他们所使用的釉料和颜色"一节）。密封着色剂可以生成鲜亮的、均匀的红色。经过煅烧的红色着色剂可以生成柔和的亮红色；由镉和硒配制出来色红色有毒；氧化铅可以生成浓郁的、类似于祭红釉的红色。

博瑞达·奎尼 (Brenda Quinn)，
参见下文"陶艺大师及他们所使
用的釉料和颜色"一节。

粉色/紫色

　　粉色即浅红色，但人们通常将粉色作为一种独立的颜色，且赋予其独特的含义。粉色象征着愉悦、美味、风趣、青春，粉色是女性的象征。研究发现，人在粉色的房间中会感到平静和放松。不过在日本人看来粉色是男性化的象征，从树枝上飘落的花瓣是阵亡将士的化身，粉色在日语语系中带有生命无常的寓意。

　　紫色象征着皇权、创造力、魔力及智慧。紫色具有凝神功效，特别是薰衣草，薰衣草呈淡紫色，常用于芳香按摩，能使人感到舒缓。不同色温的紫色能让人感受到不同的情绪：乡愁、浪漫、抑郁、失落。

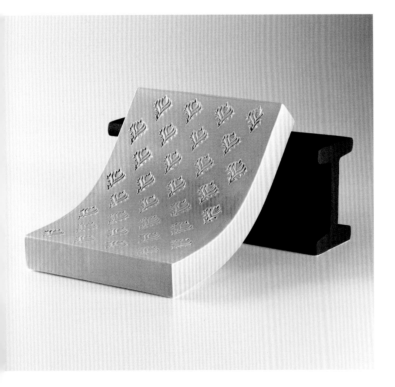

生活保障
这件作品的制作者是陶艺家达文·尤尔 (Dawn Youll)。这件雕塑型陶艺作品由极其简单的结构组成，无论是形体还是颜色的寓意都很模糊，留给观众以极大的想象空间。

粉色及紫色釉料的历史

　　历史上的粉色、紫色釉料并不多。清朝雍正年间，陶工配制出了玫瑰粉色釉上彩料，这种彩料以金作为发色剂。大约在 18 世纪，英国陶工发现将铬与氧化锡混合后可以生成粉色。法国塞夫勒皇家瓷厂的陶工配制出了著名的蓬巴杜尔粉色釉，这种釉料是专门为国王路易十五的情人蓬巴杜尔夫人配制的。紫色釉料诞生于中国，在铜红釉配方中加入钴就能生成紫色，宋代钧窑瓷器上的紫色呈乳浊状。近东及欧洲的陶工将氧化锰与锡釉混合在一起配制紫色釉料。

　　"当火烈鸟开始舞动时，我就会出现，在猫头鹰的注视下、在幼猫的嬉闹声中啜饮。"

——加洛德·凯恩兹 (Jarod Kintz)，
《无论你在哪，我都会等你》

"踏在紫罗三上的脚沾
满芬芳，这就是宽恕。"
——马克·吐温（Mark Twain）

莫腾·隆勃内·伊思珀森（Morten
Lobner Espersen），参见下文"陶
艺大师及他们所使用的釉料和颜
色"一节。

粉色及紫色的制备

　　和其他颜色一样，市面上有很多粉色及紫色的商业着色
剂和密封着色剂。将氧化钴与白云石或者滑石混合在一起就
能生成具有亚光效果的紫色。在铜红釉配方中添加氧化钴可
以将红色转变为紫色；在铜红釉配方中添加氧化钛可以将釉
色转变为粉色。用金红石和氧化锰也能配制出粉色及紫色的
亚光釉料。在锡白釉配方中添加氧化铬可以生成粉色。下文
由陶艺家艾米丽·施罗德·威利斯（Emily Schroeder Willis）
及陶艺家艾娃·王（Eva Kwong）创作的作品上都带有粉色
及紫色装饰元素。

对比，性别
这件作品的制作者是陶艺家杰勒
娜·伽兹沃达（Jelena Gazivoda）。
器型基于历史上经典的雕塑造型。
艺术家用蓝色和粉色指代男性和女
性，色彩在这里很好地诠释了既亲
密又对立的两性关系。

带有深蓝、粉红及黄色装饰的口杯
这件作品的制作者是陶艺家布莱
恩·泰勒（Brian Taylor）。杯壁一侧
涂着一层粉色，与深蓝色形成对比。
底部用黄色点出几个"指纹"，不同
于传统的釉面装饰。

第三章
釉料的配制及测试

　　本章中介绍的信息对配釉工作极有帮助。内容包括如何混合釉料原料、如何称量实验原料、如何转变釉料配方、如何将成熟的配方投入应用、施釉方法及烧成方法，系统化的讲解必能增强广大陶艺爱好者的信心。

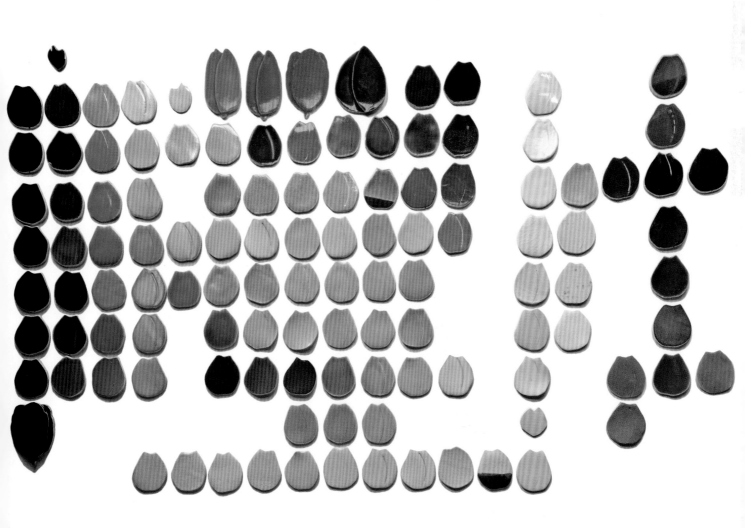

釉料测试

下文中的内容会启发你的创作灵感，帮助你配制出理想的釉面效果。在正式开始之前有几点注意事项需要说明。第一步是实验。

釉料试片

借助挤泥器挤一根空心泥管并将其分割成数段，用这些泥管做釉料烧成试验，这种方法既有效又快捷。图片中的这些管形试片规格各异，有些上面只浸了一层釉，有些则浸了两层釉，借此可以非常直观地了解到该透明釉的烧成效果。

首先，我们要明白导致釉料烧成效果发生改变的因素有很多。这些因素包括以下几种：坯料及窑炉的类型、烧成温度、烧成时间及降温时间、配釉用的水中含有何种成分。曾经出现过这种情况：同一位陶艺家，使用同一种釉料和同样的施釉方法创作作品，而烧成后的釉面效果却与之前的烧成效果差异很大，究其原因仅仅是因为水中的成分发生了变化，进而影响到釉料的配方组成。鉴于此，做烧成实验极有必要，即便是对某种相对稳定的釉料也要做实验。本书中讲到的这些釉料配方，或许在你居住地完全烧不出来，或许其烧成效果更好，又或许其釉面效果与图片中的釉面效果一模一样。

很多人认为学习应当从模仿开始，在实践中逐步将他人的方法转变为自己的方法。此观点对于初学者而言极其有道理，通过研究大师的作品及模仿他们的技法，逐步提高自己的能力。等达到了一定高度之后，就会形成自己的风格。通常来讲，先要从原料、步骤及技法学起，随着各方面知识的不断积累，最终会结出硕果。探索的过程何其辛苦，而回报又是何等丰厚。

工作室制度

建立一套制度并在工作时严格遵守极其重要。无论现在的你在业内处于什么样的位置，制度都不能只是存在于头脑中，而是必须将它们写出来、挂起来：你要做什么；为什么要这么做；釉液要达到什么样的浓稠度；釉层要达到怎样的厚度；你要用什么样的烧成温度烧窑；烧成时间是多长等。上述条例看似简单，但它们却是成功的有力保障。当然，有些人会觉得没有上面这些制度也能烧出好的釉色，但是如果你的目标更高，要研发出一种全新的釉料品种，那么制定并遵守制度就显得格外重要了。制度一方面会对你的工作形成制约，而另一方面也是你工作得以顺利进行的保障。

素烧温度

做釉料实验之前先做坯料实验。把你用的泥素烧一下。常用的素烧温度为010号及04号测温锥的熔点温度，此烧成温度适用于绝大多数坯料，经过素烧的坯体具有一定的强度及透水率，可以进一步釉烧。炻器坯料的素烧温度通常为08号测温锥的熔点温度，但有些时候也会将010号测温锥的熔点温度设定为炻器坯料的素烧温度，这是为了达到更好的坯釉结合效果；不能满足上述素烧温度的坯料是不适用于陶艺创作的，因为其坯体强度太差，很容易破碎，此外这种坯料也不适用于釉烧，因为极有可能出现坯体坍塌的现象。有些陶艺家将04号测温锥的熔点温度设定为低温坯料的标准素烧温度。该烧成温度可以将坯料中的碳全部烧尽，进而避免了釉烧环节中可能出现的问题（碳释放会引发釉面起泡等烧成缺陷）。还有一些陶艺家会采用较高的素烧温度烧制瓷器坯料，这样做可以增加坯体的强度。

严格控制确保一致

无论你采用何种烧成温度做坯料烧成实验，都务必要保证每一次的烧成时间及熔点温度严格一致，这一点至关重要，因为它会对坯体的透水率及坯釉结合能力造成极大的影响。严格掌控烧成时间及熔点温度对于釉料烧成实验来讲亦很关键。使用带有电子测温设备的电窑做烧成实验相对较简单。但是使用没有任何测温

颜色及流动性实验
当对某种不熟悉的原料进行烧成实验时，需要制作这种特殊的试片，在水平放置的泥板上黏结一个竖直的泥板，万一该种釉料熔融流淌也只能流到底座上，从而可以达到保护窑具的目的。

设备的气窑做还原烧成实验却不是一件简单的事情，需要将每一次烧成时火焰的颜色变化、气体的排放情况等信息都严格记录在案。每次烧窑时都要遵循相同的烧成步骤，因为热功（烧成温度及烧成时间的综合体）会对釉面烧成效果造成很大的影响。例如做结晶釉烧成实验，由于这种釉料只能在特定的烧成温度及特定的保温时间内生成结晶，所以其烧成步骤相对比较特殊。

调配釉液

必须让釉液始终保持一定的黏稠度，所以在不使用釉料时务必将储存釉料的容器密封好，以防止水分蒸发导致釉液过稠。除了按照一定的比例往釉料配方中添加水外，还可以通过目测的方法调配釉液——将水一点一点地添加到釉料配方中，直到达到理想的黏稠度为止。不同的施釉方法需要不同的釉液浓稠度，所以在调配釉液时要灵活处理。

施釉

准备一块具有吸水性的试片，再将釉液调配至理想的黏稠度，接下来就可以为试片施釉了。釉液的黏稠度及记录工作很重要。不同的施釉方法会对釉面的烧成效果造成不同的影响：施釉是一门技术，哪怕是在施釉的过程中留下一个手指印都有可能显现在烧成后的釉面上。釉层的薄厚会影响釉料的发色、光泽度及流动性。有些釉料在厚度方面非常敏感，例如某些透明釉一旦釉层过厚就会转变为乳浊釉。上述特质都会展现在试片上，为你配制出理想的釉料提供有价值的信息。

探索

世事难料，尽管遵守制度对于釉料烧成实验而言很重要，但是当结果不尽如人意时也不必气馁。陶瓷是一种潜力无限的材料，其研发工作本身就拥有无尽的可能性。艺术家可以借助陶瓷材料创作出美丽的作品，对于陶艺家而言，世界上最激动人心的事情就是在打开窑门的那一刻看到前所未见的釉面效果。

试片墙
将各种试片整齐地排列在一起并固定在墙壁上。横排为其他釉料覆盖某种釉料；竖列为某种釉料覆盖其他釉料。

对于配方的理解及如何调配釉料

釉料配方的组成结构与烹饪配方的组成结构极其相似。釉料配方包括以下几个组成部分：最上面一行是该种釉料的名称及烧成温度，左面一列是各种原料，右面一列是各种原料的使用量。硅、黏土及长石通常位于原料列的顶端（最基本的组成元素），而各类添加剂（着色剂或者能让釉料呈现出某种特殊效果的物质）则位于一条横线之下或者其前面会带有"+"形标识。在绝大部分釉料配方中，各类组成成分的总使用量为100。这种设定方式有两个好处：一是方便不同釉料之间进行对比；二是将各类原料在配方中的使用量百分比化。下面我们将通过分析几个釉料配方中各类原料所占的比例，来学习如何增减釉料的总量。

称量原料

有时候需要按照实际需求量增加或者减少釉料的总量。通常我们会用"实验用量"这个词来形容实验用釉料的总调配量。要想调配出更多的釉料，只需要将配方中各原料所占的比例成倍增长即可。参见以下例子。

要配制1 500 g由陶艺家布莱恩发明的FPM釉料，只需将各原料的使用量乘以15就可以了。将总量向前挪两位小数点就得出了倍数。（要配制5 000 g时，乘以50；要配制250 g时，乘以2.5。）

布莱恩 FPM 釉料

3124 号熔块	40×15=600
硅矿石	25×15=375
EPK 高岭土	20×15=300
燧石	15×15=225
总计	100 *1 500

*将各类原料的使用量再仔细加一遍，确保总使用量为1 500。

将"份"转换为质量，进而转换为比例

有时，釉料配方是以"份"为单位的。由于这种表述形式很难将各类原料的总使用量归结为100，进而导致无法与其他釉料配方进行对比。鉴于此，我们必须通过称量某一种原料质量的方法将"份"转化为比例。

亚光基础釉

3 份 EPK 高岭土

2 份长石

1 份硅

首先，称量一下1份（$\frac{1}{4}$茶匙）EPK高岭土的质量并记录下来。接下来再用同样的方法称量一下长石及硅。

例如：

$\frac{1}{4}$茶匙的 EPK 高岭土 =1.1 g

$\frac{1}{4}$茶匙的长石 =1.3 g

$\frac{1}{4}$茶匙的硅 =1.6 g

现在按照其份数计算出各类原料的使用量：

3 份 EPK 高岭土 =3.3 g

2 份长石 =2.6 g

1 份硅 =1.6 g

各类原料总量相加为7.5 g。先把各类原料的使用量除以7.5，再把所得出的数字乘以100就能计算出原料在配方中所占的百分比：

3.3EPK 高岭土 ÷7.5=0.44×100 =44.0

2.6 长石 ÷7.5=0.347×100 =34.7

1.6 硅 ÷7.5=0.213×100 =21.3

100

到此为止，以"份"为单位的釉料配方已经转化为以百分比为单位，比之前好用多了。

调配釉料

在正式开始之前，先检查一下手边是否已经备齐了下列物品：

- **配方**：把配方清清楚楚地写在一张纸上，根据实际需求调整各类原料的使用量。
- **安全设施**：防毒面具、手套、护目镜、围裙及排风扇。参见前文"健康与安全"一节。
- **原料干粉**：对照配方把所有要用到的原料都检查一遍，确保供应充足。
- **干净的铲子**：各种规格的金属铲子或者塑料铲子，需借助它们将原料放进天平的托盘中。
- **两个干净的桶**：在一个桶中调配釉料，然后将釉液过滤到另一个桶中。要选择容量大一些的桶，因为原料干粉与水调和时需要占用较大的空间。把配好的釉液倒进容积适宜的桶中。
- **天平及测量容器**：既可以使用电子天平也可以使用杆式磅秤，但所使用的仪器最好具有去皮重的功能，以便在称量原料时将容器的质量减掉。所选用的天平或者秤既要能称量微弱的质量，也要能承受一定的质量。
- **搅拌器或者搅拌机**：必须借助一定的工具才能将水和各类原料彻底搅拌均匀。可以是干净的棍子，也可以是搅拌器甚至电动搅拌机。上述工具都行，但最好多准备几个，因为这样可以同时搅拌多种釉料。
- **60目过滤网**：过滤网不仅能够过滤掉釉液中的杂质，还能使原料更加均匀地分布在水中。不同目数的过滤网可以过滤掉不同直径的杂质。过滤网的样式有很多种。有些过滤网适用于5加仑（约19 L）的桶，还有些过滤网适用于实验杯。根据你使用的原料购买适宜的过滤网。
- **水**：用普通的自来水就能调配釉料。如果你工作地的自来水中含有大量矿物质，那么就必须购买蒸馏水了，因为矿物质会影响釉料的配方组成。

调配釉料

调配釉料时需要一定的耐心及细心。疏忽会导致配方不精确，尽管有时也会出现意想不到的好结果，但更多时候则可能导致失败。确保各类安全设备都正常运行，在通风的环境中称量实验原料。

1. 先将盛满原料的容器放在天平上，然后去掉皮重。从配方中的第一种原料开始称量，务必保证其精确性。将称量好的原料倒入桶中并用笔在该种原料的名称下画一条短线，表示这种原料已经称量完了。按照上述方式将其余的原料依次称量、倒入桶中、画线。当把所有的原料都倒进桶里后，借助搅拌工具轻轻地把它们搅拌均匀。

2. 加水。先加少量的水（约为原料干粉总量的$\frac{1}{3}$）。一边搅拌一边加水，直到釉液看起来呈酸奶状为止。将所有的硬块都打碎，将釉液彻底搅拌均匀。由于水的添加量是靠眼睛来判断的，所以千万不要加过量，因为稠的话只需要加水调和就可以了，而稀的话则很难将水从釉液中分离出来。

3. 当把釉液彻底调和均匀后就可以过滤了。把60目的过滤网放置在另一个桶上，然后将调配好的釉液过滤一遍。由于不同的釉料配方中含有不同的原料，所以有些釉料在过滤时极易通过筛网，而有些釉料却很容易阻塞筛网。当过滤网上的孔洞被堵住时，可以借助橡胶刮片或者塑料刷子将堵在网眼上的原料拨开。

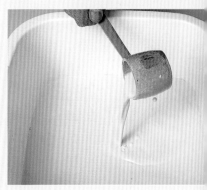

4. 检查釉液的黏稠度。调配好的釉料当时就能用，暂时不用时可以将其密封保存。

试片上必须预留出标记名称的位置。

试片

在将某种釉料正式应用于陶艺创作之前，应当做试片并做烧成实验，以便提前了解该种釉料的烧成效果。做试片烧成实验具有以下几点好处：直观、快捷、投资小、免除了作品要承担的风险。

每个陶艺家制作的试片都不一样。陶艺家们都按照其独特的需求设计和制作试片。有时，陶艺家会将试片做得极其简单，而有时却又将其做得极为复杂，好像一件艺术品一样。不管是什么样式的试片，它都可以帮助我们了解某种釉料的特性及施釉方法。

跟前文中讲到的颜色样本差不多，试片会将釉料的烧成效果以极其直观的形式展现出来。把试片收集起来集中研究，可以大幅度提高你对釉色及施釉方法的认识。对于某些特殊的釉料而言，需要经过多次实验才能令其烧成效果稳定下来。试片的规格应当是一致的，而施釉方式则应当按照不同的釉料及着色剂的特性做分析处理。

为试片编号

有很多种标号方法，但无论采用哪一种都务必要挑选一个不被釉层覆盖且釉料不宜流淌到的位置。

不少陶艺家用红色氧化铁标号，因为这种物质呈色较深、无毒、不宜与釉料发生反应，用水将其调和成液态后借助毛笔标注在试片的表面上。最好选用细毛笔，也最好少蘸点氧化铁溶液，因为毛笔太粗或蘸的料太多时会在试片上形成一大团模糊不清的印记，难以辨认。有些陶艺家会在氧化铁溶液中添加一点点胶，这样做可以增强标号的持久性，不易在端拿移动的过程中划花。可以选用羧甲基纤维素胶，先用热水将其调和一下，再放到一边闲置数小时。可以提前准备几种胶，将它们密封保存在容器中，用的时候用热水一调就可以了，当然也可以不添加胶。

设计试片的样式

不同的实验目的需要不同样式的试片，必须量身打造。下图中的这5种试片是比较常见的，各具特色，为你做试片提供了一定的参考。

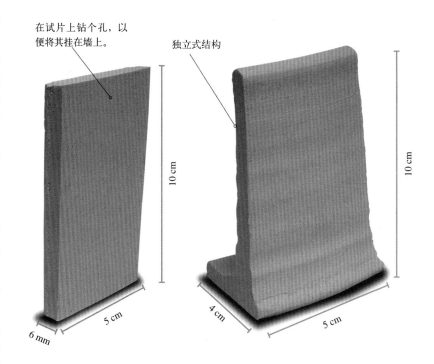

在试片上钻个孔，以便将其挂在墙上。

独立式结构

10 cm

10 cm

6 mm

5 cm

4 cm

5 cm

平板试片

擀一张6 mm厚的泥板并借助刀和尺子在泥板上切割出试片的形状。保证试片上有足够的标号空间，还可以做肌理。在试片上钻一个洞，以便将来能把它悬挂在墙上。既可以平烧也可以竖烧（竖烧时需借助其他物体支撑，可以观测釉料的流动性）。

拉坯试片

在拉坯机上拉一个高度为10 cm、直径为30 cm的无底圆环，在圆环的底部拉一个相当于底座的支撑结构。借助刀将圆环从顶到底切断，并截取一段5 cm长的试片。这种独立式试片适用于观测釉料在拉坯器型上的烧成效果。

基础型

- 试片的外表面必须与作品的外表面相同，只有这样才能预测到釉料的确切烧成效果。例如为瓷砖类作品做平板型试片；为立体型作品做垂直型试片等。
- 用于制作试片的坯料必须与作品的坯料相同，此外试片的厚度也要与作品的厚度相同。
- 试片不宜过小，必须有足够的展示釉料烧成效果的空间。常见的试片规格为：厚度 4~5 cm、长度 8 cm、高度 10 cm。
- 烧成后你打算怎样展示及储存试片？在试片上钻一个孔，以便能将其悬挂在墙壁上，将试片制作成统一的规格，以便于堆放储存。

在试片的外表面上做肌理

- 在试片上做一些凸起形及一些下凹形，以便观察釉料在这些肌理处的烧成反应。
- 在大面积肌理中留一些空白，以便观察釉料在不同部位的烧成反应。
- 在试片上涂抹一些白色泥浆作为化妆土装饰层，借以观察釉料在不同纯度泥料上的烧成反应。
- 为了获得更加准确的釉料烧成信息，可以把作品上的各类装饰元素都做到试片的表面上。

标号

- 在试片上选择一块区域标号，该位置不要施釉。
- 标号要能简明、清晰地概括出釉料配方的特性。
- 选用压印法为试片标号时需要趁着泥板未干时操作；而对于素烧过的试片而言，则需要借助专业的釉下铅笔或者红色氧化铁溶液标号。
- 在试片上预留出一块空白的区域，以便在烧成后将釉料配方写在该位置。

施釉

- 用将来作品上的施釉法为试片施釉（浸釉、涂抹、喷釉）。
- 使用流动性较大的釉料时，必须在试片上预留出足够的流釉空间，此外还可以考虑在试片的底部垫一层窑砂以防釉料粘板。
- 在试片上多涂几层釉，以便观察不同的釉层厚度会对釉面烧成效果造成何种影响。

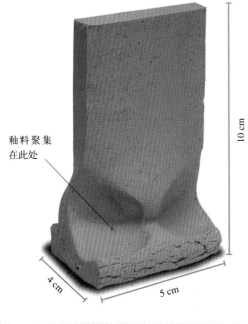

釉料聚集在此处

10 cm

4 cm

5 cm

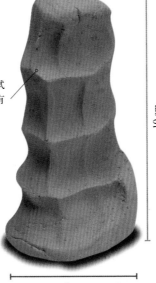

有机形为试片增添了有趣的肌理。

10 cm

4 cm

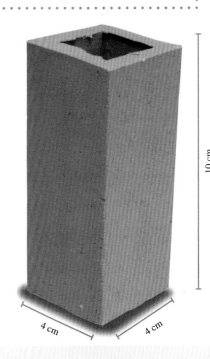

10 cm

4 cm

4 cm

软泥板试片

用刀在一张软泥板上切割出一块高度为 15 cm、长度为 5 cm 的试片。将试片垂直立起并将其下部按压成一个底座形。手指按压的部位形成一个凹坑，既能观测釉料聚集的效果，也能观测手工捏制的效果。

捏塑试片

先搓一根直径为 4 cm、高度为 10 cm 的泥条，然后将其握在手心中使劲挤压，借助这种快捷的方法可以做出一个非常生动的捏塑形试片。这种试片的优点是可以观测多种釉面烧成效果；其缺点是可供标号的空间极小，且储存及展示都较麻烦。

挤压试片

借助空心冲模法可以冲压出各种形状的泥条。待坯体达到半干程度后，用割泥线切割成 10 cm 高的试片。挤压试片具有以下几个优点：表面积大、稳定性好、便于展示、成型快捷。

为试片施釉并做标号

将试片浸入釉液中。用将来作品上的施釉法为试片施釉。将氧化锰和氧化铁混合起来配成溶液，再用毛笔蘸着这种溶液在试片的背面标号。无论你借助毛笔还是专业的釉下铅笔为试片标号，都要保证其简约性和清晰性。

可以借助专业的釉下铅笔为试片标号。刻画标号的位置必须足够平滑。有些试片的表面不是很平滑，例如用在擀制泥板的过程中，泥板上难免会印上衬布的纹理，在这种情况下用釉下铅笔标号，笔迹会受到纹理的影响，进而导致标号模糊不清难以辨认。在平滑的表面上标号时，釉下铅笔比毛笔更好用。

可以借助钢针或者印章在半干的坯体上标号。或者还可以依照施釉步骤记录本，为试片标注一个简单的顺序编码。

有些试片在烧成之前不方便标号，对于此类试片可以在烧成后借助一根细尼龙笔将相关信息标注于上。例如，你可以记录下烧成温度、烧成气氛及所使用的着色剂。有些陶艺家会把整个釉料的配方标注在试片上。这样做就省得再去翻阅记录在本子上的配方了。选用适宜的原料及步骤为试片标号，且标号要简明扼要。

为试片施釉

你打算用什么方法为作品施釉，就用相同的方法为试片施釉。例如，你打算用浸釉法为作品施釉，那么现在就用浸釉法为试片施釉；你打算用喷釉法为作品施釉，那么现在就用喷釉法为试片施釉。除此之外，将不同的施釉方法混合在一起做实验是个好办法。例如，在试片上涂抹不同厚度或者不同黏稠度的釉料，可以观察到厚度及黏稠度对烧成效果的影响。有些釉料的烧成效果很好，而有些釉料则会在烧成的过程中出现这样或者那样的问题：标记模糊、釉面流淌、刮擦痕在釉面上留下污迹。施釉后若釉面上有针眼的话，将部分针眼磨平（用手指轻地打磨），以便与其他部分形成对比。

在垂直放置的试片底部预留出足够的流釉空间（1.3~2.5 cm 就足够了）。根据不同的烧成方法，在试片上的合适位置标号，确保该位置不会受到釉料的影响（在平板型试片的背面标号；在竖直型试片的底面标号）。

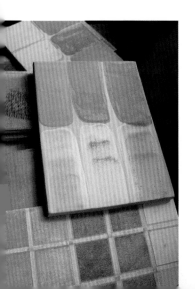

测试颜色和烧成温度

这些试片都是陶艺家瑞吉娜·海恩兹（Regina Heinz）收藏的，她将含有锂的釉料涂抹在试片上，并用不同的烧成温度做实验，以便观察釉料烧成后的颜色。

烧制试片

还是那句话，你打算用哪种烧窑方法烧制作品，那就用相同的方法烧制试片，因为只有这样才能准确预见到作品的最终烧成效果。最好用你常用的烧窑步骤烧制试片。专供实验用的小型窑炉既好用又节省时间，但是各种窑炉通常在熔点温度及降温速度等方面存在很大差异，进而导致同一种釉料在不同的窑炉中会呈现出不同的釉面效果。

装窑时，可以将那些带有底座、稳定性比较好的试片直接放置在硼板上。而对于那些没有底座的试片，可以将它们倚靠在其他物体上，或者也可以将它们安插在特制的底座上。既可以购买现成的试片底座，也可以自己动手做一些，试片底座的最大优点就是除了稳定性比较好外，它能同时安放好多个试片。有些陶艺家将垂直试片黏结到水平放置的试片上，这样做的目的是节省窑炉空间。

最好在硼板及立柱的外表面上涂抹一层窑具涂料，它可以起到防止釉料黏结窑具的作用。比较好用的窑具涂料配方如下：氢氧化铝 50%、EPK 高岭土 25%、经过煅烧的 EPK 高岭土 25%，将上述 3 种原料加水调和成液体。借助排刷（长 10 cm）把窑具涂料均匀地涂抹在硼板及立柱的外表面上，并用海绵把边棱部位积累的涂料疙瘩打磨平整。待涂料面彻底干燥之后就可以将窑具放进窑中使用了，未被磨平的涂料疙瘩会在烧成的过程中剥裂掉落，极有可能黏结在作品的釉面上。

如果你担心某种釉料会流淌的话，可以多做一些预防性工作：多涂几层窑具涂料，或者最好将试片单独放置在一块硼板残片上烧制。除此之外还有一个好办法，那就是在试片的底下垫一层 6 mm 厚的窑砂。谨慎操作，切勿让窑砂顺着硼板上的缝隙漏下去并黏结在下层作品的釉面上。

试片的储存及展示

在设计试片样式的时候就要考虑到储存及展示。每一种储存和展示方法都各有利弊。以下是一些常见的类型：

串在一起

将试片串在一起成组储存和展示是个不错的办法——例如，将同一种釉料在不同烧成气氛下烧制的试片串在一起；将同一种釉料在不同坯料上烧制的试片串在一起；将同一种釉料与不同的着色剂混合后烧制的试片串在一起。把串在一起的试片悬挂在盛放该种釉料的容器上，这种储存及展示方法相当直观，打眼一看就知道该容器内的釉料在烧成后是什么样子了。但是这种方式也有缺点：人从容器内盛釉料时很容易碰到串在一起的试片；容器内的釉液很容易泼溅到试片上，有些时候还很难清洗干净。将不同类型的一串串试片放在一起储存及展示时，看上去颇像挂在衣架上等候主人挑选的服装。通过挤压法成型的空心试片不用另外钻孔，将它们像首饰一样串在一起颇有趣。

排列在墙壁上

将试片按照一定的秩序排列在墙上是一个极好的储存及展示方法，这样做的好处是可以同时看到各种烧成效果，便于相互比较及对整体颜色有一个直观的感受。同时面对那么多美丽的釉色，人们通常会觉得不知道选择哪一种更好。假如你正在为选择什么样的釉料装饰作品而发愁时，那么这些试片就可以帮助你解决难题了。试片通常是打孔并悬挂在钉子上或者钩子上的。这就为把试片从墙面上取下来，放到桌上进一步研究其釉色提供了便利条件。由于人们很喜欢通过触觉认识事物，所以很多陶艺家都选用将试片排列在墙上的方式储存及展示试片。但是有些公共场所（例如学校）经常会出现把试片弄丢的情况，所以也有不少陶艺家会把试片用胶牢牢地黏合在墙壁上，这种储存及展示形式虽然可以避免丢失但却对观察烧成效果造成一定的麻烦。将试片排列在墙壁上需要耗费大量空间和精力（准备钉子、一片一片地悬挂等）。钉钉子的时候要让钉子微微上翘，这样试片才不会从钉子上滑落下来。用于衬托试片的背景颜色也要仔细掂酌一番，最好是中性色。白色、黑色及灰色都是不错的选择。

配方箱

将试片装箱储存也是个不错的办法，特别是当试片的数量较多时。最好选用鞋盒子或者其他小箱子盛放试片，因为太大的箱子装满试片后会非常沉，搬运起来太吃力。你还可以为釉烧试片专门制作一个类似于匣钵的陶瓷箱子，烧窑的时候用它做匣钵，不烧窑的时候用它装试片。平板型试片的规格最好是统一的，可以将它们像抽屉里的资料一样整整齐齐地码放在一起。在试片上粘贴纸质或者由其他材料制成的标签，也可以在箱子上粘贴标签。将试片装箱储存可以节省空间，需要近距离观察釉料烧成效果时随手拿出来就是了，十分方便。但是这种储存方式也有其不足之处：首先，它难以呈现所有试片的全貌；其次，如果你对各类试片的存放位置不甚了解的话，就只能"翻箱倒柜"地找了。

异形试片

（上图）这个试片的制作者是陶艺家瑞贝卡·米尔斯（Rebekah Myers）及陶艺家蒂姆·伯格（Tim Berg）。试片的形状与作品的形状一模一样，借助这种异形试片可以让艺术家预见到作品烧成后的釉面效果。

烧制试片

（下图左）将由炻器坯料制作的试片摆放在窑炉内的空隙处，并用将来烧制作品的烧成方法烧制它。

（下图右）炻器试片及瓷泥试片烧成后的状态，硼板上的白色是一层窑具涂料。

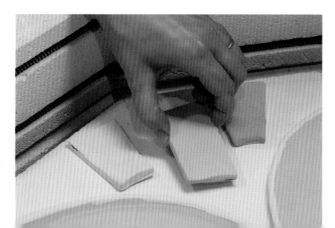

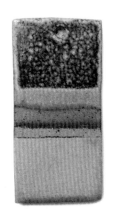

釉料测试方法

首先是精确称量各类原料，然后用各种烧成温度做实验，最后就是等待其转变为美丽的釉色了。借助工具将原料放在一块泥板上或者一个小碗中并烧制，出窑后你会看到各类原料在高温影响下的奇妙变化。借助这种简单而有效的实验方法，可以加深你对各类原料的认识。

"初次做陶瓷颜色实验的人往往会感到灰心失望，因为各类原料在烧成后的效果与他们心目中想达到的效果相差甚远。其原因是作为新手，他们做的实验太少，根本不能驾驭各类原料的特性。"

——查尔斯·哈德（Charles Harder），1955 年

炻器釉料测试

上图中的两个试片上有两种釉料，一种作为底釉，另一种作为面釉。所采用的施釉方法是单次浸釉法。将底釉和面釉置换一下会得到不同的烧成效果。

当把各种原料混合到一起后，情况会变得更为复杂。原料之间以不同的形式相互反应、相互影响。与单一的原料相比，混合原料的熔融速度要快得多。从科学的角度解释，这种现象被称为共熔。共熔现象发生在数种氧化物中的某一种达到最低熔点时。例如，EPK 高岭土和碳酸钙拥有不同的熔点。当把上述两种物质按照一定的比例混合到一起并烧制时，它们会在同一熔点熔融，而且此熔点要比这两种物质各自的熔点低得多。

做釉料烧成实验并不是非得从数学、化学或者物理学的高度进行。有些陶艺家对联合分子式毫无学习兴趣，他们用商业陶瓷釉料做实验；有些陶艺家通过配方转换的方式做实验；还有些陶艺家通过挑战各类釉料配方的极限做实验。实验方法的种类不胜枚举。尽管形式不同，但实验却是必须要做的，只有这样才能让你的作品免受风险。接下来我们会介绍一些简单的实验方法和实验步骤。具体内容包括以下几个方面：为什么要选择某种实验形式，该种实验形式有什么优点，对你的实践经验有何帮助。

基础釉测试

可以将某种已知的釉料配方或者某种商业釉料作为实验对象，在它的基础上开发新的釉料品种。如前所述，每一种釉料都极具开发潜力，只要改变其配方组成就能获得不同的釉面效果。鉴于上述原因，在你对某种釉料的特性还未完全了解前，做实验就显得尤为重要了。用当地的陶瓷原料、泥料、你常用的坯体装饰方法及你自己的窑炉做实验。

你可以把本书中介绍的各种釉料配方都实验一遍：先按照配方少配一些，再将其涂抹到试片上入窑烧制。要挑选那些适合你窑炉烧成温度的釉料做实验，在操作过程中注意遵循陶艺家介绍的实验步骤。

基础釉测试方法

除了把配方中的各类原料简单混合到一起之外，更重要的是改变配方的组成结构。用某

种釉料做基础釉，让配方中各类元素（包括着色剂等釉料添加剂）的总量为 100。尽量多实验几种基础釉，再从中挑选出一种在触觉感受、光泽度及透明度等方面都符合你审美倾向的釉料。

通过这些基础釉，你可以得到各种各样的釉面烧成效果。通过发色等一系列简单的实验逐步加深你对某种基础釉的认识，不断探索其可能性，建立起一套自己的配釉理论。往不同的基础釉配方中添加相同的着色剂／乳浊剂，借以了解各类原料对烧成效果的影响。

在下面这些实验清单中，给出了各类氧化物在釉料配方中应当占有的最佳比例，只有符合这一比例要求时才能生成最理想的釉色及透明度。由于某些氧化物（例如金红石和红色氧化铁等）的烧成范围太广泛，所以极有必要为这类特殊的物质做两种烧成温度的实验。将烧成效果比较好的那一个选定为自己的专用釉色。总之，将基础釉作为实验对象，以此谋求变化和发展是一个极其明智的做法。

实验步骤

- 将基础釉配方中的各类原料干粉混合均匀。
- 将混合好的原料倒进一个容量为 100 g 或者 200 g 的量杯中。
- 将着色剂（或者其他添加剂）倒进量杯。
- 加水调合并过滤。
- 采用浸釉法为试片施釉，或者借助毛笔将釉料涂抹在试片的外表面上。
- 别忘了给试片标号，将操作步骤记录下来。

实验建议：

A. 基础釉（将下列物质添加到基础釉配方中）

B. 红色氧化铁 2%

C. 红色氧化铁 10%

D. 金红石 2%

E. 金红石 10%

F. 碳酸铜 0.5%

G. 碳酸铜 3%

H. 二氧化锰 2%

I. 氧化镍 1%

J. 氧化铬 0.5%

K. 钛铁矿 4%

L. 着色剂 7%

M. 氧化锡 4%

N. 二氧化钛 4%

O. 硅酸锆 8%

基础釉测试注意事项

100 g 是最常用的实验用量单位，因为此用量便于将"百分比"转换为"克"。但是也有一些陶艺家会在不影响配方总量的前提下，把某种原料的比例适度提高（例如，称量 0.5% 的氧化铬显然比称量 0.25% 的氧化铬好算得多）。将上述列表中介绍的实验都试一遍的话，一共是 15 个测试。当你将 100 g 作为实验用量时可以配制出 1 500 g 基础釉；当你将 200 g 作为实验用量时可以配制出 3 000 g 基础釉。

基础釉颜色测试

在这个实验中，我们将重点测试各类着色剂对基础釉的发色影响。试片上写着实验编号及测温锥的标号，每一个试片都分别浸了单层及双层釉，其目的是观察釉层厚度对釉料发色的影响。最左侧的 A10 号试片上只有基础釉，没添加任何着色剂。通过照片可以看出这种基础釉与各类着色剂混合烧成后，能生成视觉效果还不错的乳浊效果。

氧化钴线形混合实验

照片中的这些试片由两种泥料制成。选用你经常做作品的泥料做实验，泥料不同烧成效果也不同。

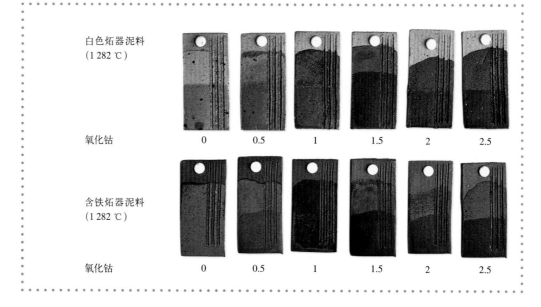

白色炻器泥料
（1 282 ℃）

氧化钴　　0　　0.5　　1　　1.5　　2　　2.5

含铁炻器泥料
（1 282 ℃）

氧化钴　　0　　0.5　　1　　1.5　　2　　2.5

线形混合实验

线形混合实验不但能让我们了解各类陶瓷原料的烧成反应，同时它也是三边及四边混合实验的基础。不添加其他物质，只是把两种陶瓷原料按照不同比例简单混合在一起做烧成实验，既可以展示其烧成效果，也可以反映其共熔情况——例如将硅与熔块按照不同的比例混合在一起并烧制，就可以生成一系列渐变状试片。看这些试片就像看定格动画一样，两种原料一步步熔融的状态会以非常直观的形式展现在你的眼前。线形混合实验能进一步加深你对各类原料的特性及对共熔的了解。

线形混合实验的方法

做线形混合实验颇费时间和精力，因为你必须将两种陶瓷原料的混合比例按照一定的百分点逐级改变，直到调配出全系列的实验原料。上述方法虽有效但太麻烦。通常来讲，烧成效果比较好的原料混合比例只是全系列中很少的几个部分而已，所以只要集中精力做好这几个部分的实验就足够了。例如，可以将两种原料从 80:20 的比例，按照 5% 的增长额度一直做到 40:60。换言之，在从一到十全系列实验中只要挑五个做就可以了。既然实验的目的只是找到理想的釉面烧成效果，那么就从各种实验方法当中选择一个你认为最有效的。线形混合实验除了能将两种陶瓷原料混合外，还能将原料与着色剂混合。下文将就颜色实验这部分加以详述。

基础线形混合实验

基础线形混合实验，是将两种陶瓷原料的混合比例按照一定的增长百分点，或者下降百分点逐级调整。标准的基础线形混合实验包括 11 个试片，每个试片上两种原料比例的调整额度为 10%。以 11 个试片中的第一个为例：两种原料中只有原料 A；第二个试片，两种原料的比例为 90:10；第三个试片，两种原料的比例为 80:20……以此类推，直到最后一个试片，两种原料中只有原料 B。无论你的测试目标是熔融度、颜色、透明度、结晶程度还是其他方面，试片的烧成面貌都颇具渐变效果，这是因为混合原料本身就是按照一定的比例逐级调配的。

适用于基础线形混合实验的原料（可以将两种原料简称为原料 A 和原料 B）包括以下几种：

- 单一原料，例如硅和熔块。
- 某种釉料和单一元素。（实验目的是测试该种元素以不同的比例出现时，釉料在熔融程度、透明度及肌理等方面的反应。）
- 一种釉料和另一种釉料。

实验方法

- 原料 A 干粉 550 g。

线形混合实验

实 验	1	2	3	4	5	6	7	8	9	10	11
原料 A	100	90	80	70	60	50	40	30	20	10	0
原料 B	0	10	20	30	40	50	60	70	80	90	100
合计	100	100	100	100	100	100	100	100	100	100	100

标准线形混合实验

实 验	1	2	3	4	5	6	7	8	9	10	11
基础釉	100	100	100	100	100	100	100	100	100	100	100
原料 A	0	1	2	3	4	5	6	7	8	9	10

高级线形混合实验

实 验	1	2	3	4	5	6	7	8	9	10	11
基础釉	100	100	100	100	100	100	100	100	100	100	100
原料 A	10	9	8	7	6	5	4	3	2	1	0
原料 B	0	1	2	3	4	5	6	7	8	9	10
合计	110	110	110	110	110	110	110	110	110	110	110

改良线形混合实验

- 准备 11 个杯并挨个编号。将原料 A 干粉分别倒进这 11 个杯中，第一个杯中倒 100 g，第二个杯中倒 90 g，以此类推，编号为 11 的杯中无原料 A 干粉。
- 原料 B 干粉 550 g。
- 将原料 B 干粉分别倒进这 11 个杯中，第一个杯中无原料 B 干粉，第二个杯中倒 10 g，第三个杯中倒 20 g，以此类推，编号为 11 的杯中倒 100 g 原料 B 干粉。
- 加水调和各个杯中的原料，过滤并将调配好的混合溶液涂抹在做好标记的试片上。

高级线形混合实验

从本质上来讲，高级线形混合实验其实并无"混合"的成分，它只是将某种原料加入某种基础釉中，借以观测该种原料会对该种釉料造成什么样的影响。高级线形混合实验适用于测试单一原料对基础釉颜色及乳浊程度的影响（基础釉在什么烧成温度下乳浊程度最好，在什么烧成温度下发色最好）。上述图例中，每一个试片上的原料是按照 10% 逐级递增或者递减，你完全可以将最适合于某种原料特性的数值设定为其调配额度。例如，用锡做实验时，可以将其递增或者递减值设定为 20%；用铬做实验时，可以将其递增或者递减值设定为 2.5%，这样做既能获得更

好的烧成效果又能节约试片。除此之外，也不一定非得按照特定的数值逐级递增或者递减，完全可以任意选定几个数值做实验，例如测试红色氧化铁时，可以将 0.5%、1%、2%、4%、6%、9% 及 12% 作为其递增或者递减值。

实验步骤

可以像前文中的"线形混合实验"那样，将各类原料干粉调配成液态并倒进杯中的方式做高级线形混合实验，但是也可以采用下面这种相对简单的方法：

- 先调配少量的基础釉，过滤，借助浸釉法为试片施釉并标号。
- 往杯中添加 1% 的原料 A（既可以是着色剂，也可以是具有其他功能的原料），将其与釉液调和均匀，过滤，借助浸釉法在一个新试片上施釉并标号。

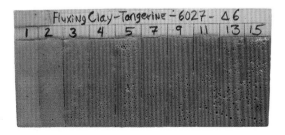

线形混合实验
陶艺家丹尼尔·巴瑞（Daniel Bare）制作的线形混合试片。从试片上可以看到颜色渐变效果。艺术家按照自己设想的数值（参见试片上方的标号）递增着色剂的添加量。

- 再往杯中添加1%的原料A，于是该原料的比例就上升为2%。将其与釉液调和均匀，过滤，借助浸釉法在一个新试片上施釉并标号。依次操作，直到原料A的比例达到100%。
- 烧成后，这组试片会呈现出从无色到极强的颜色渐变效果。

改良线形混合实验

改良线形混合实验，是将两种原料混合后加入某种基础釉中，借以观测这两种原料会对该种釉料造成什么样的影响，通常会生成极佳的釉面烧成效果。既可以选用两种着色剂，也可以选用一种着色剂和一种乳浊剂，当然选用具有其他功能的原料也行。改良线形混合实验是高级线形混合实验的晋级版。按照10%的增长额度将某种着色剂逐级添加到基础釉配方中，通常来讲，70%是最佳的发色比例。对于测试颜色而言，完全没必要设置固定的递增或者递减额度，应当选择最适合该种着色剂特性的数值做实验。氧化物的种类不同，其对釉料烧成效果的影响也不同。参见本章开篇部分的"实验建议"，按照每种氧化物的最佳比例做实验。

尝试将下面氧化物混合在一起做实验：

- 铁+金红石
- 铁+钴
- 钴+镍
- 钴+铬
- 钴+锰
- 锰+铜
- 铜+金红石
- 铜+铬

实验步骤：

- 基础釉原料干粉1 100 g。准备11个杯并挨个编号，将基础釉原料干粉平均分成11份（每份100 g）并倒进这11个杯中。
- 在第一个杯中添加10%的原料A（着色剂）。
- 在第二个杯中添加9%的原料A及1%的原料B（着色剂）。
- 在第三个杯中添加8%的原料A及2%的原料B（着色剂）。以此类推，直到在11

个杯中都添加了着色剂。
- 加水调和各个杯中的原料，过滤并将调配好的混合溶液涂抹在做好标记的试片上。

如何将实验结果投入使用

当某个试片上的烧成效果令你十分满意时，接下来的工作就是借助数学方法仔细研究该配方。各类原料在配方中所占的比例与实验类型密切相关。仔细研究下面这些例子，你可以从中了解如何借助数学方法分析釉料配方的组成。

基础线形混合实验

以百分比为单位，将各类原料混合到一起，使实验用量的总值为100。具体的计算方法为：先以百分比为单位标识某种原料在配方中的比例，然后再将比例数值的小数点向前挪两位，之后将两种原料分别与其百分比数相乘，最后把得到的两个数字相加使最终的结果为100。我们以前文中基础线形实验3号配方为例：原料A所占的比例为80%，原料B所占的比例为20%，将比例数值的小数点向前挪两位后分别得出0.8以及0.2，于是（原料A×0.8）+（原料B×0.2）=100。

高级线形混合实验及改良线形混合实验

颜色测试比较特殊，往基础釉内添加着色剂后其实验用量往往都超过了100。但是你也可以通过数学方法将实验用量重新调整为100。其具体方法如下：首先将原来配方总量数值的小数点向前挪两位，然后用基础釉及两种原料分别除以刚才得到的百分比数，最后把得到的三个数字相加使最终的结果为100。我们以前文中改良线形实验7号配方为例：基础釉加上两种着色剂后配方总量为110，首先将110的小数点向前挪两位得到1.1，然后用基础釉及着色剂分别除以1.1就得到了三个数值（100÷1.1=90.9；4÷1.1=3.63；6÷1.1=5.45），最后将所得到的三个数值相加（90.9 + 3.63 + 5.45=99.98），并经过四舍五入后最终的结果为100。

就上面这个例子而言，不管怎么说，经过数学方法重新计算过的配方与原配方都是有所出入的，因此最好将新配方也做一次烧成实验，使结果更加精确。

不同的熔融性
图片中的这两个试片上用的是同一种釉料，但助熔剂在配方中所占的比例不同。三边及四边混合实验能让你深入了解各类原料以不同比例出现时，对釉料烧成效果的影响。

三边混合实验

三边混合实验看上去复杂实际上却很简单。除了比较费时间外，这种实验可以让陶艺家受益良多。从本质上而言，三边混合实验是线形混合实验的升级版，它是将三种原料混合在一起做实验。每一种原料占一个点并以 A，B，C 作为标记。分别从三个点出发，将单一原料按照固定的比例增长额度两两相混合。

典型的三边混合实验，其主要测试对象为釉料配方中的三种主要成分——玻化剂、稳定剂、助熔剂。实验结果可以显示出该种配方会在什么比例构成状态下熔融。还可以将三边混合实验进一步升级：将某种釉料设定为 A，将某两种氧化物质设定为 B 和 C，依照这种方法你可以开发出更多的釉色。上述实验方法被很多陶艺工程师所采用。

最常用的是 21 点三边混合实验，但 66 点三边混合实验能揭示出更多的烧成信息。大多数陶艺家都选择做 21 点三边混合实验，想要了解更多信息就做 66 点三边混合实验。

选用同一种基础釉做一系列实验

- 将某种着色剂添加到位于三个顶点的原料中并调和。
- 将第三种着色剂按照固定的增长额度逐级添加到某个成功的线形混合配方中。
- 将两种着色剂和一种乳浊剂添加到位于第三个顶点的原料中。
- 将诸如碳化硅等能生成肌理效果的物质添加到某一种原料中。

选用完全不同的三种釉料做实验

- 为这三种釉料做三边混合实验。
- 将某种着色剂添加到三种釉料的混合试剂中，看能否生成有趣的烧成效果。
- 将某种着色剂分别添加到三种釉料中，看能出现什么样的烧成效果。

借助三边混合实验开发新的基础釉

- 用这种方式配制的基础釉涵盖了所有原料的特性。
- 将某种着色剂引入单个试片、线形混合实验或者三边混合实验，看能否得到理想的烧成效果。

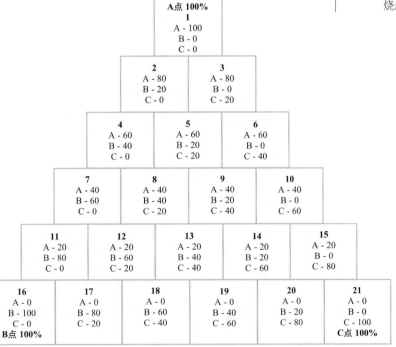

21 点三边混合实验
这是一个 21 点三边混合实验图表。三个角上是三种基本的实验原料。方框内是每种实验原料的使用比例。

四边混合实验

与三边混合实验相比，四边混合实验更加复杂一些，它是将四种原料混合在一起做实验。四边混合实验的试片数量通常为 16 块、32 块、122 块甚至更多。

伊恩·柯利（Ian Currie）的方法

伊恩·柯利在其著作《炻器釉料》中介绍了一种方法，我们可以将其称为"网格法"，该方法可以让你系统化地了解每种原料对釉料配方的影响。做颜色实验时大可不必采用这种麻烦的方法，但若想了解更多的原料特性时则可以选用它。

连续混合法

将 7 种最常用的氧化着色剂与基础釉混合后可以获得不错的烧成效果，若再把某种乳浊剂加进来的话则可以产生无数种釉面变化。连续混合法是一种令人兴奋的高产实验方法，你可以将各类着色剂与某种给定的氧化物随意混合实验。这种方法是陶艺界举世公认的最佳实验方法，可以配制出无数种釉面烧成效果。仔细研究此种方法并让它为你所用。

首先，选择一种基础釉。为了能够得到最佳的颜色效果，选用 7 种最常见的氧化着色剂做实验。将各种着色剂按照一定的比例混合到基础釉中。先配制 3 500 g 基础釉，再将其平分成 7 份（每份 500 g）。加水调和每一份基础釉原料干粉，使之达到适宜的黏稠度。按照一定的比例将着色剂均匀混合到每一份基础釉中并过滤。借助小杯子、勺子等工具，并用浸釉法为试片施釉。例如，第一个实验是将一份基础釉倒进一个杯子中，再往杯内倒一勺原料 A 和一勺原料 B，混合均匀后用浸釉法为试片施釉。第二个实验是将一份基础釉倒进一个杯子中，再往杯内倒一勺原料 A 和一勺原料 C，混合均匀后用浸釉法为试片施釉，以此类推。按照这种方式，将 7 种氧化着色剂两相混合，一共能生成 27 块试片。而倘若将 7 种氧化着色剂与基础釉三相混合一遍的话，则一共能生成 59 块试片。

重要提示：

• 计算氧化物的混合使用比例时，别忘了一

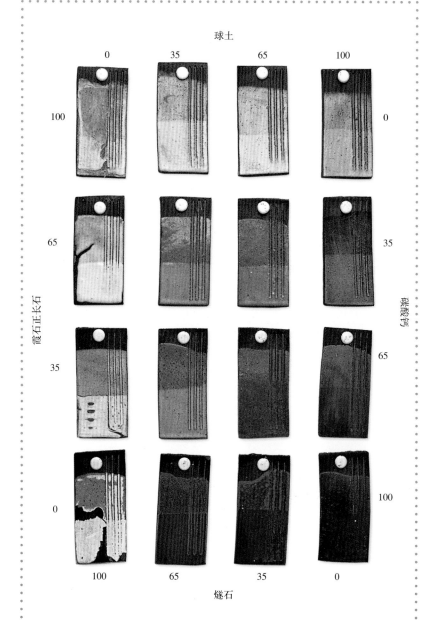

四边混合实验

四边混合实验是将四种原料混合在一起做实验，它可以让陶艺家深入了解各类原料对釉面烧成效果的影响。图片中的这个四边混合实验中以球土、霞石正长石、碳酸钙、燧石作为实验对象。例如，顶层最左侧是 100% 的霞石正长石，位于其后面的几个试片，是将球土按照一定的增长额度逐级添加到霞石正长石中。这些试片是采用浸釉法施釉的，试片的上半部分浸一次釉，下半部分浸两次釉，其目的是观察釉层厚度对烧成效果的影响。烧成结果一目了然：顶层最左侧的试片光泽度最好，底层最左侧的试片光泽度最差，其原因是该试片上只有燧石（玻化剂）这一种原料。有些试片的烧成效果非常理想。

连续混合法

图表中是连续混合法的基本形式，将 7 种主要的氧化着色剂按照其常规比例添加到配方中。将基础釉平成 7 份并倒进 7 个容器中，标号 A~G，然后借助勺子将 7 种着色剂分别添加到每一份釉液中（需过滤）。采用浸釉法为试片施釉，没那么多容器的话，也可以借助毛笔为试片涂釉。

氧化物	（%）
A：红色氧化铁	4%
B：金红石	3%
C：二氧化锰	2%
D：碳酸铜	2%
E：碳酸钴	1%
F：氧化铬	0.5%
G：镍	0.5%

混合配方

A, AB, AC, AD, AE, AF, AG

B, BC, BD, BE, BF, BG

C, CD, CE, CF, CG

D, DE, DF, DG

E, EF, EG

F, FG

G

ABC, ABD, ABE, ABF, ABG

ACD, ACE, ACF, ACG

ADE, ADF, ADG

AEF, AEG

AFG

BCD, BCE, BCF, BCG, BDE, BDF, BDG, BEF, BEG, BFG

CDE, CDF, CDG, CEF, CEG, CFG

DEF, DEG, DFG

EFG

共有两种氧化物，因此必须将氧化物单独使用时的比例减半。例如计算 A（红色氧化铁）和 E（碳酸钴）的混合使用比例，A 单独使用时其比例为 4%，除以 2 之后就得出其混合使用比例为 2%，B 单独使用时其比例为 1%，除以 2 之后就得出其混合使用比例为 0.5%。同理，当使用三种氧化物做实验时，需将每种氧化物单独使用时的比例除以 3。

- 这个实验以釉液的容量为单位。因此，让釉液保持一定的黏稠度可以得到更加精确的实验结果。倘若烧成效果还不错，很有必要再做一次实验，以确保配方的准确性。

- 一般来讲，实验结束时总会剩下一部分釉液。你可以再多尝试些实验形式，例如往釉液中添加 3 勺原料 A 及 1 勺原料 C（形成 AAAC 组织结构），或者同时添加多种原料（例如 BDCEF 组织结构）。

将上述实验做些变动

- 除了 7 种主要的氧化物外，再添加一些其他类型的氧化物。
- 改变某一种氧化物的添加比例。
- 添加一些着色剂。
- 添加一些乳浊剂：氧化锡、氧化钛、氧化锆。
- 添加一些能够影响釉面肌理的物质，例如木灰或者碳化硅。

底釉／面釉实验

所谓的底釉／面釉实验就是先将某种釉料涂抹在试片上，之后再将另外一种釉料覆盖在前面那层釉料的表面上。选用 5 种釉料做这个实验，可以得到 25 种烧成效果。实验步骤如下：首先，先制作 25 个试片并按照下面图表中的形式为每个试片标号。将 5 种釉料调配均匀并标号（1~5 号）。采用浸釉法在第一排试片上浸 1 号釉；在第二排试片上浸 2 号釉，以此类推，直到将 5 种釉料全部浸染在 25 块试片上。操作时要注意保持同等的浸釉时间，以便得到相同的釉层厚度。其次，按照图表中的形式将 2 号釉料浸染在与之相关的试片上；将 3 号釉料浸染在与之相关的试片上，以此类推，直到完成所有的试片。再次注意保持同等的浸釉时间，以便得到相同的釉层厚度。有些试片，例如 1/1 试片、2/2 试片只会呈现出同一种釉料的双层效果。这个实验你可以看到将两种釉料按照底釉／面釉的形式覆盖在一起的烧成效果。还可以按照上述方法将更多的釉料覆盖在一起做实验。

1\1, 1\2, 1\3, 1\4, 1\5,

2\1, 2\2, 2\3, 2\4, 2\5,

3\1, 3\2, 3\3, 3\4, 3\5,

4\1, 4\2, 4\3, 4\4, 4\5,

5\1, 5\2, 5\3, 5\4, 5\5,

底釉／面釉实验图例

选用 5 种釉料做底釉／面釉实验。1\1 试片（蓝色）、2\2 试片（肉色）、3\3 试片（绿色）、4\4 试片（黄色）、5\5 试片（灰色）只会呈现出同一种釉料的双层效果。

变革：配制个性化釉料的方法

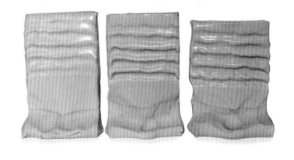

不同的白色
图片中的这些试片上都是白色釉，但由于肌理、乳浊程度及色温有所差别，所以这些试片具有不同的烧成效果。

当你对各类陶瓷原料特性的认识达到一定程度之后，你在釉料实验方面会取得突破性进展。当某种釉料的烧成效果不甚理想时又不甘心放弃？要想成功就得付出努力，虽然有风险却也是值得的。接下来介绍一些行之有效的实验方法。

改变熔点

改变某种釉料的熔点不难做到，只需往配方中添加某些物质（添加助熔剂可以降低熔点，添加稳定剂可以提高熔点）就可以达到此目的，但是共熔现象却为此事造成了一定的难度。当某种稳定剂在配方中的含量达到5%时，就能起到提高该釉料熔点的作用。最常用的稳定剂是高岭土，参照下文"陶瓷原料数据表"你能获知更多的稳定剂。需要注意的是稳定剂也会影响釉料的发色效果。例如高岭土（铝）会令釉色变暗；镁会赋予釉色以柔和感；钡会提亮釉色。

往配方中添加2%~5%的助熔剂可以降低该种釉料的熔点，具体添加量取决于烧成温度，相对而言比较灵活。不同的使用量可以形成不同强度的熔融效果。硼熔块（例如硬硼钙石、焦硼酸钠）是一种非常好用的助熔剂，其烧成范围相对较广且性质稳定。除此之外，碳酸锂也是一种强力助熔剂，当其使用量为5%时，可以将某个釉料的熔点从1 251 ℃降低至1 185 ℃。但在助熔的同时碳酸锂也会对釉料的发色及其他方面造成影响，所以千万要注意！参见前文中有关氧化助熔剂影响釉料发色的内容。

改变釉面特征

往配方中添加稳定剂可以使釉面具有亚光烧成效果，但同时也会改变该釉料的熔点，导致釉料"欠烧"。为了避免出现上述情况，可以选择碱土氧化物代替稳定剂。大剂量添加下列物质都能达到既不影响釉料的烧成温度，同时又能产生亚光釉面烧成效果的目的，它们是：氧化钙、氧化镁、氧化钡、氧化锶。相反，若想让某种亚光釉呈现出光泽感，只需要将配方中的碱土氧化物减量或者去掉就可以了。除此之

外，往配方中添加某些烧成后非常光滑的助熔剂也能提高釉料的光泽度。可以试试下面这些助熔剂：诸如焦硼酸钠之类的硼熔块；某些熔块及碱性熔块（例如氧化钠、氧化锂、氧化钾）。将碳化硅、钛铁矿等原料加入釉料配方可以生成独特的肌理效果。

简单调整

釉料配方通常都以小数点为单位，十分精确。很多陶艺家为了方便计算都会将配方进行一定的改良。有些小规模的改良并不会对釉料的烧成效果造成多大影响，但有些时候却会彻底改变一种釉料的特性。你可以改良配方，但一定要对新配方进行实验。我们不建议对着色剂及具有其他功效的添加剂进行改动，因为这类物质即便是改动一点点也会对釉料的烧成效果造成很大的影响。

改良添加剂

有些釉料的烧成效果不错，但是在施釉过程中却比较麻烦。例如会出现下列现象：牢牢地沉积在釉桶的底部；毛笔上的釉液刚一接触坯体就瞬间被吸干；还没等入窑烧釉面上就出现裂缝，对于上述缺陷而言，只要往配方中勾兑一些添加剂就能解决。参见前文有关添加剂对釉料特性影响的内容。

悬浮性

釉料就像沙拉汁一样，很容易沉淀。因此在使用之前必须将其充分搅拌，以便能让其保持一定的悬浮性。有些釉料会在极短的时间内沉积到釉桶的底部，凝结成一个硬块。容

下面这个釉料配方摘录自陶艺家约翰·布瑞特（John Britt）的著作《高温釉料使用手册》。

配方：		1号改良配方：		2号改良配方：	
卡斯特长石	30%	卡斯特长石	30%	卡斯特长石	30%
碳酸钙	11.1%	碳酸钙	11%	硅	26%
硅	26.3%	硅	26%	高岭土	17%
高岭土	16.8%	高岭土	17%	白云石	27%
白云石	15.8%	白云石	16%	合计：	100%
合计：	100%	合计：	100%		

1号改良配方：借助四舍五入法去掉小数点，这样做通常不会对釉料的烧成效果产生太大的影响。

2号改良配方：将碳酸钙与白云石合并。由于这两种物质含有类似的组成成分，因此只使用白云石这一种原料，由于白云石中碳酸镁的含量相对较高，所以会对釉料的烧成效果造成一定的影响。

要想知道两种配方到底会对釉料产生多大的影响，唯一的办法就是做实验。虽然有些时候对配方的改动并不大，但也有可能出现完全不同的烧成效果，说不定可以得到一种视觉效果极佳的新釉料呢！

开片釉试片
图片中的这些试片是陶艺家卡瑞·奥斯伯格（Karin Ostberg）制作的。试片上装饰的都是同一种釉料，但由于其烧成温度及窑位不同，所以生成了多种釉面效果。

易沉淀的釉料通常具有下列特征：配方中黏土含量非常低（甚至不含黏土），或者助熔剂含量过多（助熔剂比较重）。可以通过添加悬浮剂（膨润土或者絮凝剂）的方法令釉料保持一定的悬浮性。尽管有些悬浮剂会对釉料的烧成效果造成一定的影响，但悬浮剂的使用量其实是非常少的。（参见前文相关部分。）

坯釉结合程度／持久性
你是否遇到过这种情况：装窑时发现坯体表面上的釉层剥落，甚至掉在硼板上？其原因有时是因为釉料配方中的黏土含量太低（甚至不含黏土），有时又因为釉料配方中的黏土含量太高。对于黏土含量太低的釉料而言，釉层剥落的原因是坯釉之间缺少必要的黏合媒介；而对于黏土含量太高的釉料而言，釉层剥落的原因是坯体和釉料的收缩率不一致，釉料在干燥中收缩过快，进而出现剥落现象。所以针对第一种釉料要增加配方中的黏土含量；而针对第二种釉料则要降低配方中的黏土含量，不过这样做也会对釉料的烧成效果造成一定的影响。往釉料配方中添加一些胶既能使坯釉结合良好，又不会对烧成效果造成任何影响。有些时候，釉层过厚也会出现釉面剥落的现象。除此之外，对于某些特殊的釉料（例如意大利的锡白釉）而言，抛光釉面时必须稍微用点力。采用喷釉法为坯体施釉时，可以往釉液中添加一些淀粉溶液或者经过稀释的羧甲基纤维素钠胶，这两种物质都能有效提高坯体和釉层的结合度。淀粉和羧甲基纤维素钠胶会在烧成的过程中化为灰烬，不会留下任何痕迹。除了淀粉和羧甲基纤维素钠胶外，可以作为坯釉黏合媒介的物质还包括以下几种：发胶、玉米粉、糖、蜂蜜。

腐烂变质
有些时候，长时间储存的釉液会腐烂变质，散发出难闻的气味，其原因是釉料配方中的有机物质（胶、含碳原料）腐败并发酵了。除了发臭之外，变质并不会影响釉料的烧成品质。将腐烂变质的釉液彻底晾干，之后重新调和可以防止细菌滋生。除此之外，往腐烂的釉液中添加几滴精油也能起到遮盖臭味的作用。

挑战极限

　　俗话说，"凡事都应适度。"对于釉料而言亦是如此：只有在各方面都适度的情况下，釉料才能达到其"最佳"的烧成效果。不过有时，也可以尝试着挑战极限。本书介绍的很多釉料，其配方若以联合分子式作为评判标准无疑是不合理的，但是就艺术品而言，适度与否主要取决于该种釉料用到什么地方，例如雕塑性陶艺作品对釉料的要求就不应以适度作为标准。挑战釉料配方的极限有时可以获得让人意想不到的、极富创新性的烧成效果。陶瓷是一种神奇的东西。尽管前人已经做了很多尝试，但是仍然具有无穷的开发潜力。你打算做些什么创新呢？

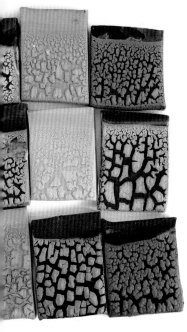

收缩和开片
上图中的开片釉试片是陶艺家卡瑞·奥斯伯格制作的。釉料配方中含有大量的碳酸镁，这种物质会引发釉面收缩开片，配方中的其他原料能起到助熔及黏合的作用。

为釉面增添肌理

　　很多原料都能令釉面呈现出平面的或者立体的肌理。当把釉料装饰在有肌理的坯体上时也会生成肌理效果，但是在这里我们只讲釉料本身的肌理。下面这些方法都能令釉面呈现肌理效果：

- 金红石颗粒及钛铁矿可以在釉面上生成斑点。
- 碳化硅可以在釉面上生成泡沫状肌理，其烧成效果与火山相似。碳化硅的添加量为3%~5%。
- 骨灰及木灰可以在釉面上生流淌状肌理。
- 在未干的釉面上撒一些锌粉可以生成结晶肌理。
- 碳酸镁可以在釉面上生成开片状、水珠状及青苔状肌理。
- 用毛笔蘸着长石溶液在坯体的表面上画线条，烧成后的线条具有水珠状肌理。

- 在未干的釉面上撒一些干泥粉，或者在未干的釉面上再罩一层泥浆可以生成裂纹或者开片效果。
- 在釉面上粘贴一些有色玻璃颗粒或者玻璃粉，可以生成水潭状斑点。
- 将铜线、钉子或者其他金属物质按压到坯体内可以生成多种肌理效果，当然由于金属元素的含量不同，也有可能会在烧成的过程中化为灰烬，不留下任何痕迹。
- 有机物和食材内含有很多与陶瓷原料类似的氧化物质，例如香蕉皮、宠物干粮、碱式水杨酸铋，都可以在烧成后形成有趣的肌理。

注意事项：由于很多物质都会在烧成的过程中挥发有毒气体，所以在烧窑的过程中务必保持良好的通风。

超量添加

- 往釉料中添加超常规用量的着色剂。例如有些外表似金一样的釉料，其配方中含有50%的锰。
- 往釉料中添加超常规用量能生成肌理的添加剂。众所周知，诸如木灰及碳化硅等物质可以令釉料呈现出极强的肌理效果。多添加一些试一试。

注意事项：有些釉料极易熔融流淌，进而黏结在硼板上。为了避免上述情况，可以将试片放置在小碟子中烧，也可以在试片的下面垫上一块经过素烧的泥板，或者还可以在试片的下面垫一层窑砂。

植物池

这件作品用的是赤陶泥，手工捏制成型，所用的釉料既有商业釉料也有自己配制的釉料，除了釉料之外还用了多种助熔剂、熔块及颜色釉熔块。烧成后的釉面变幻丰富且具有流淌感。在施釉之前并未对任何原料进行过精确的测算。

有肌理的器皿

这两个器皿都是手工成型的，作品的表面看起来粗糙厚重。这种肌理的形成方法如下：先在坯体的表面上施一层釉并入窑烧，之后在烧好的釉面上再施一层釉并入窑烧，重复几次之后就生成了照片中的肌理效果。由于每次烧成都会令釉面开片、流淌，所以反复烧成最终形成了这种重重叠叠的开片和流淌肌理。

挑战烧窑极限

结晶生成于特定的降温时间段；打破降温节奏会令亚光釉转变为透明釉；超过熔点时，大部分釉料都会出现流淌的情况。试想一下，如果将烧窑方法加以改变，你的釉料会呈现出怎样的烧成效果？

- 试着让窑炉按照一定的速度降温。
- 打破降温节奏。（所谓的打破降温节奏是指在窑炉尚处于高温阶段突然之间打开窑门，这样做其实是非常危险的！除了要做好一切防护工作外，还要将所有的可燃物从窑炉周边移开。）乐烧就是在熔点阶段打开窑门。倘若你也这样做会对釉面产生什么影响呢？
- 长时间保温。既可以在熔点温度保温，也可以在任意温度保温。

用"错误"的烧成温度烧窑

有些时候会因疏忽烧错了温度。但是如果你故意这样做会对釉面产生什么影响呢？

- 按照比某种釉料的熔点温度稍高或者稍低的温度烧窑。
- 将适宜于某种烧成气氛的釉料按照另外一种烧成气氛烧制。
- 胆子大一些：将烧成温度为 06 号测温锥熔点温度的微晶釉，按照 10 号测温锥的熔点温度烧会出现什么情况？将烧成温度为 04 号测温锥熔点温度的亚光黄色釉，按照 06 号测温锥的熔点温度烧会出现什么情况？（提示：高温极易导致釉料熔融流淌，所以必须在硼板上多垫几层窑砂。）

颠倒釉料实验顺序

先在配方中添加着色剂，再添加助熔剂，之后添加硅，最后添加黏土，以这样的步骤做实验会配制出什么样的釉料呢？颠倒釉料的实验顺序或许能配制出全新的釉料品种。

釉层厚度

比较适宜的釉层厚度应当与信用卡的厚度相似。但如果你改变釉层厚度会对釉料的烧成效果造成什么影响呢？

- 试着将釉层的厚度降至最薄。
- 试着将釉层的厚度升至最厚，看上去就像冰箱底层的霜一样。
- 在一个小碗上多涂几层釉，看看其挥发情况及在烧成过程中的反应。是会开片还是会保持原有的状态呢？是否会出现不同于常规釉层厚度的烧成效果？（要注意釉料的流动性。）

施釉方法

釉料是覆盖在陶瓷坯体外表面上的一层陶瓷原料。它会在高温状态下熔融，冷却后在坯体表面凝结成一层带有光泽的玻璃质感外壳。将各类配釉原料加水调和后具有一定的悬浮性——便于施釉。为素烧坯体施釉时，釉液会瞬间被坯体吸干形成一个光滑、均匀的釉料装饰层。就像用海绵吸水一样，普通釉料被坯体吸干就是几秒钟的事。

施釉方法多种多样。每一种方法都能形成独特的装饰效果，这主要取决于施釉工具、釉料配方及施釉步骤。只有选对了方法才能获得令人满意的釉面烧成效果。对于某些作品而言，可能采用浸釉法比较合适；而对于其他作品而言，则可能需要相对复杂的施釉方式：仔细勾画、区部遮挡、多次施釉、多次烧成。为了达到某种特殊的釉面效果，一定要选择一种最适宜的施釉方法。

施釉前的准备工作

选好坯体和釉料后，还需做好以下准备工作：

- 做计划，工作时间予以保证。这是陶瓷制作的最后一个步骤，切不可操之过急。将有可能出现的问题都记录在本子上，在出窑的时候也要参考本子上的内容，这样做可以提高成功率。
- 将坯体表面上的釉料彻底晾干，并确保釉层干净无尘土。借助干净、潮湿的海绵吸掉有可能吸附在釉层表面上的浮灰（肉眼很难发现）。手上的灰尘或者油脂会黏结在坯体上，进而导致坯釉结合不紧密。未干坯体由于吸附能力较差，所以很难施釉。
- 借助软质铅笔将坯体上要施釉的部位勾画出来，并标记下釉料的种类及施釉步骤。

铅笔的笔迹会在烧成的过程中化为灰烬。
- 考虑一下该将坯体放置在窑炉中的什么部位，让釉面与窑具之间保持一定的距离。熔融的釉料会黏结在所有与之接触的物体上。借助湿海绵擦掉坯体底部的釉料。除此之外，还可以通过往坯体底部涂蜡的方式防止釉料粘板，在烧成前将蜡层上的残余釉料擦干净，否则也会出现粘板的现象。

最理想的釉层厚度

无论采用哪一种施釉方法，只有当釉层的厚度合理时才能生成最佳的烧成效果。需要针对釉层厚度做大量实验。有些人说最理想的釉层厚度看上去与信用卡的厚度相似——小于 1 mm——但此数值太小了根本无法精确测量。借助钢针在釉面不显眼处划痕并观察其厚度是个好办法。对于有经验的陶艺家而言，只需要用手指在釉液中轻轻地划几下，就可以判断出该种釉料是否已经达到最理想的黏稠度。

浸釉

浸釉法是最简单和最常用的施釉方法。浸釉法比较节省釉料，只需要配制出蘸试片的量就可以了。将试片浸入釉液中，待其表面上吸附了足够厚的釉层后迅速取出，确保釉面均匀。拿试片的手最好不要抖动，否则很容易出现釉面薄厚不均或者聚集流淌的情况。

考虑一下浸釉时如何端拿坯体，如果操作不慎很容易将手指印、釉滴等痕迹遗留在坯体上。借助釉钳为坯体浸釉是个不错的办法，但仍然会留下微小的痕迹及釉滴。可以先将坯体的一侧浸入釉液中，待釉面干燥后再将坯体的另一侧浸入釉液中——两次浸釉的痕迹在烧成之后也比较明显。针对不同体量和不同形状的坯体，要选用适宜的浸釉方法。

小提示： 在工作室中多预备一些各种型号的容器，无论是给盘子类的平板形器物浸釉，还是给花瓶类的瘦高型器物浸釉，它们都是很好的浸釉工具。

1. 在坯体上不施釉的部位涂抹一层蜡，可以起到阻隔釉液的作用。（只有支烧的陶瓷坯体，其底部才有可能施釉，高温烧成的坯体很少有底部施釉的。）

2. 待蜡干燥后将坯体侧向浸入盛满釉液的容器中，该容器必须具有足够的宽度和深度。

3. 当釉面彻底干燥后，将坯体的另一侧浸入釉液中。

淋釉

淋釉法特别适用于诸如大碗等特殊的器型，或者为了达到某种特殊的装饰效果。将釉液倒进碗的内部，摇晃片刻后再将多余的釉液迅速倒出来，这样做可以在碗内形成均匀的釉层。通常得把凝结在碗口上的釉滴擦一擦，很多陶艺家都使用淋釉法为其作品施釉。使用多种釉料装饰坯体时，可以将各种釉料分层淋在坯体上，其视觉效果就像迷彩服一样。

用大拇指抠住碗底，其余的四个指头抠住碗口。借助一个小舀子将釉液慢慢地、均匀地淋在碗外部。手指印稍后可以擦掉。如果器皿的体量太大，一只手端拿不过来的话，可以在盛放釉液的容器内放置一根棍子，将棍子的顶端支在坯体上淋釉。

喷釉

有些作品由于其结构过于复杂、体量太大或者易碎等原因，无法采用浸釉法或者淋釉法为坯体施釉，在这种情况下可以选择喷釉法。喷釉法可以形成独特的釉色渐变效果。最佳喷釉距离为 30 cm，此距离既能保证釉层均匀，也能保证喷出的釉液湿度适中（喷釉距离太近容易导致釉液流淌；喷釉距离太远坯釉结合不好）。常用的喷釉工具分为两种类型：第一种是绘画用的喷笔，由气泵和釉料喷雾器两部分组成。气泵可以提供足够的气压，只要一扳动扳手就能产生巨大的气流。第二种是吹釉壶，靠嘴吹气将釉液雾化，特别适用于小件坯体。吹釉壶售价低廉，也不需要其他配套装置。无论用哪一种喷釉设备为坯体施釉，都要保证良好的通风，而且要佩戴护目镜及防毒面具。喷釉的时候将坯体匀速转动，避免出现某个部位大量积釉的现象。最好将坯体放置在转盘上喷釉。

1. 将白色釉料喷在坯体的外表面上。尽量使釉层均匀。当你发现喷在坯体上的釉料有些湿的时候，赶紧将喷枪口移到别处。

2. 在底层釉面上喷面釉（尽管现在看上去是灰色的，但烧成后呈绿色）。保持一定的喷射距离，以防止釉料在某处聚集；一般来讲，30 cm比较合适，但是这也要看喷枪的压力及你想达到何种釉面效果。

3. 以渐变形式将面釉罩在底釉上——由厚到薄。喷到坯体表面上的每一种釉料都会呈现出不同的视觉效果，这与釉层的厚度有一定的关系，需要一定的实践经验。

借助漏字板创造某种特殊的装饰效果时，喷釉法是个不错的选择，既快捷又能生成均匀的釉面。

涂釉法

可以借助毛笔为坯体施釉，或者用毛笔勾画装饰细节。涂釉法能遮盖住釉面上的缺陷，适合装饰小型作品。采用涂釉法为坯体施釉时很难获得均匀的釉面，因为坯体（特别是经过素烧的坯体）会在极短的时间内将毛笔上的釉液吸光。必须采用这种方法为坯体施釉时，可以往釉液中添加一些羧甲基纤维素钠胶，这种胶可以增加釉料的光滑度，便于运笔。商业釉料中含有羧甲基纤维素钠胶，很适合涂釉法，当然也适用于喷釉法。

遮盖法

遮盖法是指将坯体上不想有釉层装饰的部位遮挡住。将蜡涂抹在坯体上就能起到阻隔釉料的作用，除此以外还能借助蜡创造纹理效果。只有经过烧制蜡才会消失。在坯体的底部涂一层蜡可以预防釉料熔融粘板。蜡的种类有很多，就陶艺而言，最常用的是乳化蜡，加水调和后的乳化蜡极好用且遮盖效果显著。除了蜡外还可以用乳胶作为遮盖媒介，借助毛笔将稀释过的乳胶涂抹在坯体上不想有釉层装饰的部位，待釉料彻底干燥后再将乳胶揭起来就可以了。

将多种遮盖方法混合使用时能生成非常有趣的装饰纹样。胶带纸既好用又便宜，可以生成锐利的、笔直的线形纹饰。我们建议你使用遮蔽胶带及绘画用的蓝色胶带，因为这两种胶带很容易就能从素烧过的坯体上揭下来，也不会像其他胶带那样留下印记。除此之外，还可以用报纸等物品制作漏字板，这种装饰形式特别适用于平板类或者圆筒类的作品——先将剪好的漏字板粘贴在坯体的表面上，待釉层彻底干燥后再将漏字板揭下来。漏字板不太适用于喷釉法，因为釉液的湿度太大，漏字板很容易被釉液泡坏。

在坯体上印纹样

可以像往纸张上印图案那样往坯体上印图案。陶艺家保罗·斯科特（Paul Scott）的著作《陶艺与印刷》及陶艺家保罗·安德鲁（Paul Andrew）的著作《陶瓷转印法》中介绍了很多行之有效的方法。借助丝网印可以在坯体上印制出美丽的纹样：先将纹样做成丝网印版，然后再将纹样（由釉下彩或者着色剂做媒介）转印到坯体的表面上。你可以先做一个单色印实验，其具体方法如下：先在一块石膏板上用泥浆或者釉下彩绘制出装饰纹样，再把一块泥板覆盖在纹样上，这样一来纹样会转印到泥板上。用于转印纹样的工具包括漏字板、图章及海绵等。将一块海绵浸满釉液可以在坯体上印制出带有斑点效果的纹饰，将海绵剪成特定的形状，可以印制出特殊的纹样。

其他装饰技法

除了上文中介绍的装饰技法外，常用的技法还包括以下几种：点绘、泼洒、泥釉彩饰。点绘是指用硬毛毛笔或者平头毛笔在坯体的表面上绘制点状纹样。泼洒是指借助毛笔将釉料"弹溅"到坯体的表面上，所生成的装饰效果颇像杰克逊·波洛克（Jackson Pollock）的绘画作品。泥釉彩饰是密密麻麻的点状纹样。陶艺用品店内出售各种型号的点绘工具，可以在坯体上创作出极其复杂的纹样。用泥浆做出来的点绘纹样边界清晰，而用釉料做出来的点绘纹样则具有边界融合的效果。

剃釉装饰法

意大利的剃釉装饰技法是借助钢针或者圈状工具将一部分釉面剃掉，露出釉层下的坯体，进而形成一定的装饰纹样。剃花形式多种多样，既可以在坯体上剃花，也可以在釉面上剃花。将釉面剃掉后可以露出坯体；也可以先往坯体上施一种釉，然后在釉面上涂一层蜡再罩另一种釉，在这种情况下剃掉上部的釉层就会露出下部的釉层，由两种釉色对比出特殊的纹样。除了剃刀外还可以用海绵擦的方式创作图案，所生成的纹样边界柔和。在坯体上涂抹某种釉料，趁着釉面未干时借助指尖或者梳子刮划肌理也是一种不错的装饰方法。用手指轻划尚未干燥的釉面可以形成流动状的纹样。除了手指和梳子之外，还可以借助下列工具剃花纹：刮片、卡片、硬笔尖、软齿梳子。

做好釉料记录工作

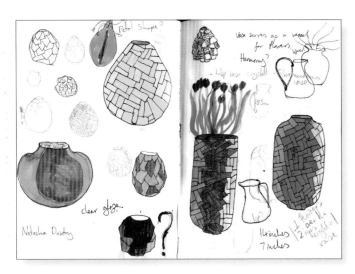

无论工作进展到了哪一步，都不能将各种注意事项只记在心里，而是应当将它们记录在本子上：将釉料调配到什么样的黏稠度；要上几层釉；烧成温度和烧成时间是多少及其他重要的细节。尽管有些细节看着简单，但是每一个细节都关系到最终烧成的效果。

从草图到作品
在本子上详细记录下你的创作意图及灵感，虽是寥寥数笔却也决定着一件作品的最终完成效果。从草图中可以看出作品的外观样式、比例结构、颜色及肌理效果。

当然，有时就是不画草图也可以烧制出好作品，但是如果是为了获得某种特殊的烧成效果，那么草图就显得极其重要了。很多陶艺家都碰到过这种情况：想得挺好但就是因为没有将计划详细记录下来，或者就因为忘了记下几个重要的步骤而导致最终没能烧制出满意的效果。做记录，特别是做釉料方面的记录是非常必要的，它能引领你一步步操作并走向成功。

陶艺家的记录本相当于工作手册。其内容包括你曾经做过的实验，你用过的釉料，你收集的釉料配方。不要认为你可以仅凭大脑就能记下所有的信息，即便是极其基本的实验元素也要记录下来。或许你现在还记得挺清楚，但随着时间的流逝你总有忘却的一天（尤其是那些大忙人）——不将有用的信息记录下来，等到用得着的时候再想找出来可就难了。培养良好的记录习惯，且内容要翔实准确。

除了诸如基础釉配方、着色剂、烧成温度等基本信息外，还有很多值得记录的东西。例如，在施釉的过程中记录下该种釉料的特性，以及你所使用的施釉方法。

• 釉料的附着力怎么样？
• 釉液的黏稠度如何？

• 为试片浸釉后，釉面上是否出现了针眼？
• 采用的施釉方法及施釉厚度。
• 浸釉时间有多长？釉层厚度怎样？是采用浸釉法为试片施釉还是借助毛笔将釉液涂在试片上？
• 用毛笔涂釉时，釉液是否立刻就被坯体吸光了？
• 你用何种形式为釉料标号？
• 可以画一个简单的图表，将有关试片的一切信息都分类记录在图表中。

上述记录形式可以提高你的实验成功率。

当把试片从窑炉内取出来之后，记录下烧成效果。具体的内容包括以下方面：

• 还原气氛的影响大不大？
• 窑炉顶部的烧成温度是否相对高一些？或是窑温分布得很均匀？
• 到达熔点温度之后是否保温了？
• 降温的速度是快还是慢？
• 当出现了某种意想不到的烧成效果时，总结其成因——例如，某个罐子上的釉料配方中含有铬，在罐子的旁边放着一个锡白釉器皿，白釉上出现了粉色印记，这是为什么？

养成良好的记录习惯

- 内容简洁明了，在正式投入应用之前反复检查以确保其准确性。
- 将每个试片上的釉料配方编号入档。
- 妥善保存记录本！将其放在一个既安全又方便拿到的地方，离水源远一些。
- 确保釉料配方、烧成温度、烧成气氛、添加剂等重要信息无一疏漏。
- 有些陶艺家还会将某种釉料的调配日期，以及配方的改动日期都记录下来。
- 将各类信息分门别类，例如"烧成温度"或者"烧成方法"等，这样做便于翻阅。
- 将烧成结果全部记录下来！

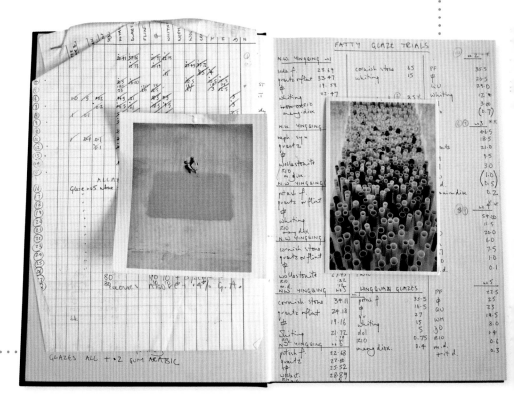

简单标识

由于试片上的空间有限，所以一般只能将组成元素记录在试片上，而无法将整个配方都记录下来。针对这种情况，可以自己发明一套简明的符号及数字标识方法。它可以极大地提高你的工作效率。

最重要的标识内容是釉料的配方及各种添加剂（着色剂、乳浊剂、能生成肌理的物质等）。其他需标识的内容还包括烧成温度、烧成气氛及毒性等。具体的标识内容与实际操作相关，涉及什么就标识什么。例如，你使用的是电窑，那么你就无须记录烧成气氛，因为电窑烧不出还原气氛。

记录釉料配方的时候最好采用缩写形式，用简单的符号或者数字代表着色剂。根据具体的实验类型，设计一些你自己能识别的代码。例如，可以将某种釉料名称第一个字的首字母作为该种釉料的代码（用"J"代表基础釉；用"T"代表添加剂）。

以马默亚光白釉（Mamo White Matte）为例，可以将其缩写为"MWM"。按照这种方式，"MWMT1"就可以代表往马默亚光白釉配方中添加了2%的锂；"MWMT2a"就可以代表将马默亚光白釉配方中的碳酸钙换成了白云石，"a"代表着色剂。你可以按照上述方式创建一套适合你自己的简单标识系统。

万无一失

照片中的这个记录本是陶艺家娜塔莎·戴恩瑞（Natasha Daintry）的，每种釉料的所有相关信息都以图片和文字两种形式详细的记录了下来。不要忽视细节，因为任何一个细节都很重要。

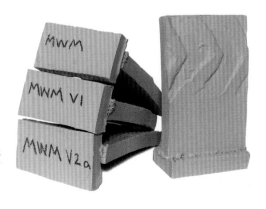

简单标识
发明一种简单的标识方法，使烧成结果更具可读性。借助这种方法可以将大量信息浓缩在试片上。

非常规釉料

尽管本书介绍的重点是陶瓷釉色，但在实际工作中除了釉料外，还可以借助非陶瓷原料进行坯体装饰。接下来我们将介绍一些特殊的陶瓷装饰方法。

稠泥浆

这件作品的制作者是陶艺家斯蒂文·希尔（Steven Hill）。厚厚的泥浆（看上去像希腊腊酸奶一样）在作品的外表面上形成了生动的流淌状肌理。

封泥饰面铁锹

这件作品的制作者是陶艺家约瑟夫·佩恩兹（Joseph Pintz）。从这件作品上你完全看不到传统封泥饰面作品上的那种光滑感及光泽度。艺术家借助封泥饰面、普通泥浆及釉料创造出丰富的肌理变化。无光的外观赋予作品饱经风霜之感。

黏土溶液

普通泥浆、封泥饰面泥浆、釉下彩色泥浆及化妆土都是液态的黏土或者液态的配釉原料，在制作过程的任意阶段（湿坯、干坯、素烧坯）都能涂抹上述黏土溶液。每一种黏土溶液都能生成独特的肌理效果，往其配方中添加金属氧化物及着色剂能创造出更多的肌理效果。除此之外，往其配方中添加透明釉可以使该黏土溶液具有一定的光泽度。

有些陶艺家不会在黏土溶液的表面上施釉，特别是封泥饰面。化妆土和釉下彩色泥浆会在烧成的过程中产生玻化（熔融）现象，具体的玻化程度取决于其配方中的原料种类及烧成温度。在一定的烧成温度范围内，用黏土溶液绘制的纹样及其颜色不会被烧化也不会变模糊，即便是纹样的外面覆盖着釉料也一样。

泥浆

泥浆是黏土与水的调和物。其黏稠度与酸奶类似（也跟釉液差不多）。可以借助浸釉法、喷釉法或者毛笔涂抹法将泥浆装饰在生坯的外表面上，其覆盖厚度可以相当薄（浸釉法），也可以相当厚（用铲子抹）。可以通过往泥浆中添加着色剂的方法将其调配成有色泥浆。具有闪光外观效果的泥浆中含有大量（70%~90%）的黏土。对于素烧过的坯体而言，只要装饰层不是特别厚，泥浆也能牢牢地黏结在坯体的表面上。

注浆泥浆

注浆泥浆是指适用于模具成型法的泥浆。

用这种泥浆也能创造出极佳的装饰效果，特别适用于泥釉彩法。减少水的添加量，同时往泥浆中添加少量的达凡7号（Darvan 7，含钠与钾离子的抗絮凝剂）或者硫酸钠，借助这种方法可以将任何一种普通泥浆调配成注浆泥浆。

封泥饰面

封泥饰面是经过仔细研磨的黏土溶液，将其涂抹在坯体的表面上可以形成一层细腻、光滑、紧致的外壳。其制备方法如下：首先加水将经过研磨的黏土粉末调和成黏度适中的液体，然后添加一些悬浮剂，悬浮剂可以起到防止泥浆沉淀的作用。把调和好的泥浆闲置几天，再借助虹吸原理将泥浆的表层溶液抽到一个容器中。为了得到最好的泥浆，可以重复上述步骤数遍，在正式使用之前用至少150目的过滤网将泥浆仔细过滤一遍。

黏土是常用的制备封泥饰面泥浆的原料，其呈色为柔润的橙红色。将OM#4白色黏土（一种球土）与不同的着色剂混合、调配并过滤后可以制备出各种颜色的封泥饰面泥浆。借助石头、勺子、麂皮等物品为坯体上的封泥饰面层抛光，可以令泥浆装饰层紧致且散发出淡淡的光泽。抛光工作做得好的话，还可以起到防水的作用。

釉下彩色泥浆及化妆土

釉下彩色泥浆及化妆土都属于泥浆，由于它们的外观与普通泥浆极其相似，所以很容易混为一谈。只是釉下彩色泥浆及化妆土配方中的黏土成分相对较少，既可以装饰未经烧成的素坯，也可以装饰素烧坯体。化妆土中含有助熔剂，烧成后具有玻化外观。釉下彩色泥浆和化妆土的装饰方法相似，但烧成效果不同——前者无玻化现象。所谓的"釉下彩色泥浆"是一种商业产品，其配方中含有很多添加剂，特别适用于刻画装饰细节。

色泥

可以借助金属氧化物及着色剂将白泥染成各种颜色的色泥，当然其呈色会受到白泥的影响，发色要淡一些。

陶瓷水彩色料及擦色法

除了着色剂外，用于制备色泥的金属氧化物包括以下几种：铁、锰、铜、钴、金红石、铬。往金属氧化物中添加50%的焦硼酸钠可以起到助熔的作用。借助擦色法可以强化坯体表面上的肌理效果：先将坯体素烧一遍，然后借助毛笔将金属氧化物溶液涂抹在坯体上有肌理的位置，待装饰层彻底干燥后用海绵擦拭该部位，肌理突出处的颜色会被擦掉而肌理凹陷处的颜色则会保留下来。当金属氧化物涂层较薄，其上部又覆盖着釉料时，由于受到釉料组成成分及釉层厚度的影响，氧化物的颜色多会被釉层吸收，仅在缝隙处留下深色的斑点。陶瓷水彩色料与陶艺用的铅笔、粉笔相似，只是前者会遇水溶融，在素烧坯体上形成类似于水彩画的装饰效果。

在陶瓷坯体上绘画

除了上述液态的陶瓷装饰材料外，还有很多专门为陶瓷设计研发的装饰工具：铅笔、蜡笔、粉笔、钢笔，陶艺家可以借助这些工具在坯体上绘制出极其美观的纹饰。陶瓷铅笔种类繁多，外观极像普通铅笔，其配方中含有各类陶瓷原料，包括15%的着色剂或者金属氧化物，烧成温度可达10号测温锥的熔点温度。可以自己动手制作陶艺用的铅笔、蜡笔、粉笔及钢笔。只需在基础配方中添加不同比例的着色剂就可以制作出各类陶瓷装饰用笔。将制好的铅笔低温素烧一下可以提高其耐用性，粉笔和蜡笔则不需要素烧。蜡笔的配方中含有蜡，它

能起到一定的阻隔作用，形成十分独特的肌理。陶瓷钢笔的配方是经过特殊调配的，从笔管中挤出来的是液体。你可以从陶艺用品店购买制作原料，也可以自己配制原料，选择一种泥浆作为基础配方，往其内部添加各类着色剂并加水揉制成色泥块，用手搓成一根根泥条即可。将搓好的泥条晾干并在素烧试片上试着画一画。有关这部分内容可以看看陶艺家罗宾·霍柏（Robin Hopper）的著作《留痕：陶瓷装饰技法》，他在书中介绍了很多种非常经典的陶瓷装饰方法。

超低温颜色装饰

可以在釉面上装饰釉上彩、光泽彩及贴花纸。将釉烧过的坯体低温复烧，釉面不会熔融，这就为各类超低温装饰方法提供了便利条件。常规的超低温烧成温度介于022号测温锥的熔点温度与015号测温锥的熔点温度之间，尽管纹样已经彻底熔融，但其耐久性仍然较差，刮擦或者长期使用后纹样会脱落（洗洁精就能将其慢慢腐蚀掉）。

釉上彩

釉上彩由熔块状的陶瓷原料制成，其配方中含有硅、铅、硼酸盐及各类氧化着色剂。将釉上彩料绘制在经过釉烧的坯体上，可以形成细腻、精致、颜色亮丽的纹饰，其烧成温度介于019号测温锥的熔点温度与018号测温锥的熔点温度之间。市面上既有已经调配好的釉上彩料，也有粉末状的釉上彩料，可以将其像绘画颜料那样任意调配。大多数陶艺家都选择使用粉末状的釉上彩颜料，因为其售价相对较低，且保质期较长，最重要的是可以调配出极其丰富的颜色。用于调和釉上彩料的媒介既可以是水，也可以是油。油的种类有很多：薰衣草油、丁香油、亚麻籽油、橄榄油。在各类油料中最好用的是松节油，用它调配出的釉上彩料绘制起来极其流畅。与釉料相比，釉上彩的烧成温度要低得多；与其他陶瓷着色剂相比，釉上彩的呈色烧成前后一致。很多陶艺家都非常喜爱釉上彩，因为其操作形式与普通绘画原料一样方便，但烧成后又是陶瓷质感。

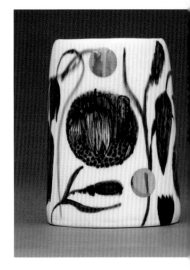

带有光泽彩装饰的器皿
这件作品的制作者是陶艺家安纳特·斯弗坦（Anat Shiftan）。作品的表面上带有光泽彩装饰纹样。青花纹样与光泽彩相得益彰，为作品增添了美感。

蜡与石墨
这件作品的制作者是陶艺家杰弗瑞·蒙格瑞恩（Jeffrey Mongrain）。陶瓷作品不一定非得上釉。照片中的这件作品上就没有釉，装饰物是蜡和石墨。

釉上彩及光泽彩安全

　　釉上彩和光泽彩都是有毒的，所以不适合装饰在日用陶瓷坯体的内部。在装饰及烧成过程中，会挥发有毒气体，因此必须全程做好防护工作：佩戴防毒面具（口罩不行）、手套及做好通风工作。剩余的废料必须丢进专门的收集袋中，不可以像普通垃圾那样随意丢弃，也不可以冲进下水道。贴花纸的配方是经过特殊调配的，皮肤接触时不会对人体的健康造成损害。

靓丽的贴花纸

这件作品的制作者是陶艺家贾斯丁·罗萨科（Justin Rothshank）。艺术家将贴花纸按照一定的布局装饰在坯体的表面上，作品呈现出传统与现代相融合的视觉效果。

光泽彩

　　陶瓷光泽彩有两种类型：釉上光泽彩及釉下光泽彩。釉下光泽彩的烧成温度介于010号测温锥的熔点温度与04号测温锥的熔点温度之间。釉下光泽彩常用于乐烧，可以在坯体上形成具有乳浊效果的、金属质感的珍珠般的色泽。尽管釉上光泽彩和釉下光泽彩的配方中都含有大量的金属元素，但是二者的区别极大。

　　光泽彩通常都是商业制剂，是一种金属盐（金、铂金、钯金）溶液。将光泽彩直接涂抹在经过釉烧的坯体上，烧成温度介于010号测温锥的熔点温度与04号测温锥的熔点温度之间，可以生成光艳照人的金属质感装饰层。光泽彩最适合装饰光滑的釉面，因为釉料本身的光泽也可以提高光泽彩的亮度。光泽彩不能掩饰釉层上的缺陷，例如釉层上有裂缝的话，光泽彩上也会出现裂缝；如果釉料是亚光的，那么光泽彩也会呈现亚光效果。以铅和碱作为配方基础釉搭配光泽彩最合适。

贴花纸

　　先将由各类陶瓷原料（通常是以油调和的釉上彩料）绘制的纹样印在纸上，再往纹样上覆盖一张水溶性薄膜，这就是贴花纸。纹样上覆盖的薄膜可以是虫胶漆片或者其他类似的物质，很容易从纸上揭掉。将贴花纸按照一定的构图形式黏结在釉面上并烧制。市面上的贴花纸颜色丰富、图案繁多，能满足各种装饰需求。贴花纸印刷机能印制出个性化的纹样，但是其售价比较高，好在很多贴花纸厂家都设立了私人订制项目。

贴花纸的种类分为以下两种：

- 以油作为调和剂的釉上彩料贴花纸，各类陶艺用品商店均有售。其纹样较普通，可以为陶艺家提供一定的创作灵感。你可以借助丝网印法自制贴花纸，当然要想掌握这门技术也有一定的难度。上述贴花纸的烧成温度介于019号测温锥的熔点温度与015号测温锥的熔点温度之间。还可以向贴花纸厂家申请私人订制项目。或许这种方法成本高一些，但是能确保你获得理想的颜色和纹样。

- 激光碳粉贴花纸比较特殊，你可以自己制作。由于碳粉内含有铁，所以通常会生成红褐色的纹样。激光碳粉贴花纸的烧成温度更加广泛，其原因是不同的釉料配方与碳粉中不同的铁含量相互作用的结果。使用这种贴花纸之前最好先做个试验。买一些空白的贴花纸，再借助激光碳粉将纹样印制在纸上。需选择那些黑、白、灰颜色分明的纹饰，因为用这种方法很难印制出颜色的层次变化。

　　贴花纸的使用步骤如下：先用温水将贴花纸浸泡一段时间（1 min左右），以便能很容易地揭掉贴花纸背后的薄膜。然后将贴花纸黏结在坯体的表面上。小心操作，因为贴花纸很容易破损。借助橡胶刮片将贴花纸内部残留的气泡逐一排出。待贴花纸彻底干燥后就可以入窑烧制了，其烧成温度介于019号测温锥的熔点温度与015号测温锥的熔点温度之间。

以下是一些贴花纸销售渠道的网址：
- www.ceramicdecalprinting.com
- www.beldecal.com
- www.ebay.com
- www.lazertran.com

除釉色外的陶瓷颜色装饰方法

　　在历史上，陶瓷工匠想了很多除釉色外的陶瓷颜色装饰方法，有一些成就极高，例如中国西安的兵马俑。加上现代的非陶瓷原料装饰方法，几乎任何东西都能用于陶瓷装饰！陶艺家可以借助这些装饰材料表达各式各样的创作意图。

绘画

可以说"室温釉"这个概念一经提出，就将各类非陶瓷原料直接引入了陶瓷装饰领域。由非陶瓷原料形成的装饰效果有利有弊：其优点是快捷方便、效果直观；其缺点是缺乏空间层次感，无光泽。所有的绘画颜料都能装饰坯体。汽车漆可以生成光滑的、与釉料极其相似的装饰效果。诸如铅笔、钢笔、蜡笔等普通绘画工具都能用于陶瓷装饰，但是其装饰效果会受到陶瓷材料的影响。例如，铅笔和蜡笔在光滑的釉面上无法留下清晰的印迹，只适用于粗糙的坯体或者肌理比较明显的作品。

植绒

植绒是指将各类细小的纺织品纤维覆盖在坯体的外表面上，形成柔软的、具有天鹅绒般的视觉效果。其操作步骤如下：先在坯体的表面上涂一层胶水，然后趁着胶未干的时候，借助一个特制的"喷枪"（由两个交叉在一起的硬纸筒组成，在其中一个硬纸筒的表面上捅出很多小孔，在这个有小孔的硬纸筒内填装纺织品纤维，将另一个硬纸筒放进嘴里吹气）将纺织品纤维喷到胶面上。当纺织品纤维均匀地黏结在胶面上之后就会形成一层绒状外壳。

金属箔片

将金属箔片黏结在坯体的表面上可以形成具有金属质感的装饰效果。其操作步骤如下：首先将坯体的外表面擦拭干净，然后把黏合剂涂抹在装饰位置上。待黏合剂达到了理想的黏稠度之后，借助毛笔或者镊子将金属箔片小心翼翼地黏结在坯体的表面上。大约两天之后，金属箔片就牢牢地黏结在坯体上了，用柔软的布料抛光其表面。以下这些金属都能制成箔片：金、银、铂金、合金，甚至包括类金属物质。往坯体上贴金属箔片是门技术活，需要大量实践后才能掌握。金属箔片装饰法适用于雕塑类陶瓷作品。

蜡染、冷蜡及非陶瓷密封层

蜡染是将带有颜色的蜡溶液装饰在坯体的表面上，其外观效果与缎面亚光釉极其相似。由于蜡具有一定的透明度，所以能透过蜡层看到下面的纹样以及颜色。天然蜂蜡和石油质的蜡都能用。冷蜡多用于抛光，将抛光保龄球场馆的蜡涂抹在坯体的表面上就能起到预防坯体渗水的效果。经过抛光处理的蜡看上去既温润又有光泽。除了蜡之外，适用于木柴、混凝土甚至塑料的密封剂，以及虫胶漆片和树脂也都能装饰陶瓷坯体，它们能起到预防坯体渗水的作用，但由此类物质装饰的陶瓷作品不宜作为餐具。

外表转换法

喷砂法是指借助喷枪将某些质地粗糙的物质喷到坯体的表面上，形成特殊的外观效果。喷砂需要在一个密闭的空间内进行，由气泵带动一根软管，将质地粗糙的颗粒状物质喷到坯体的外表面上。强大的气流迫使砂粒嵌进坯体的表层。气压的强度要适中，否则极易对坯体造成损伤。素烧坯和釉烧坯也能喷砂，在釉烧坯上喷砂可以去掉釉面上的光泽，将釉面部分遮挡后喷砂可以形成特殊的装饰纹样。

酸蚀是指将有毒的玻璃蚀刻原料（例如盐酸）涂抹在釉面上，酸会腐蚀掉釉面表层，使釉料呈现磨砂效果。可以用蜡作为遮挡媒介，得到理想的纹样之后用松节油擦掉蜡层即可。在酸蚀的过程中必须全程佩戴化学用防护面具及手套，并保持良好的通风。

钻刻法是借用各种规格的钻头在釉面上刻画肌理。这种方法可以刻画出细节生动的三维效果。

绘画手法
这件作品的制作者是陶艺家阿兰娜·德洛兹（Alanna DeRocchi）。手工成型。艺术家先用木柴着色剂、虫胶漆片、石墨、碳铅等在坯体上绘制出装饰细节，然后在装饰面上覆盖一层定色剂。

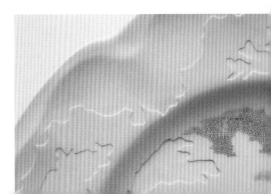

喷砂法
这件作品的制作者是陶艺家卡洛琳·斯洛特（Caroline Slotte）。作品是在买来的盘子上重新做的装饰。艺术家借助喷枪将部分釉面吹掉，形成了丰富多变的肌理效果。

第四章

陶艺大师及他们所使用的釉料和颜色

　　本章内容包括 100 位陶艺大师的代表性作品，他们的施釉步骤，所用的釉料和颜色配方及其使用方法。页面排版布局参见前文"全书简介"部分。

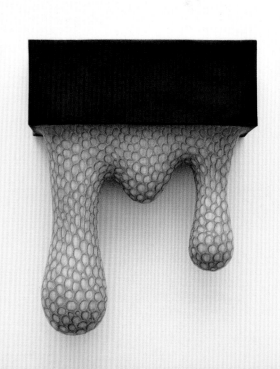

平井明子·科
灵伍德 (Akiko Hirai Collingwood)

作品"白月罐"极富简洁、端庄的气质，能让观众陷入沉思之境。器型与传统的韩国陶罐相似，火山坑状肌理及着色剂令作品颇具历史沉积感。艺术家在坯体上使用了多种装饰原料：泥浆、釉料、富含石头及含金属元素的木灰。各类陶瓷原料的特性在作品上展露无遗，同时赋予作品以简洁空灵的视觉感受。

白月罐（细部）
仔细观察作品的细部，极具空间深度感。（有关所使用釉料的详情请参见下文。）

工艺说明

艺术家先用手在素坯上涂抹一层厚厚的黑色、红色瓷泥泥浆，然后再往厚泥浆层上覆盖一层较薄的泥浆，以便营造出开片效果。之后入窑素烧，接下来往素烧过的罐子上薄薄地喷一层或者借助毛笔涂一层木灰，然后往罐子的顶部倒一层厚厚的白釉，这层白釉会在烧成的过程中流淌到罐子的底部。之后再局部喷涂木灰和黑色着色剂，看上去较干的白色色块由燧石、霞石正长石和木灰构成。最后将剩余的木灰全部覆盖在白釉上面。作品采用弱还原气氛烧成，烧成温度介于9号测温锥的熔点温度与10号测温锥的熔点温度之间。窑炉中一共有四个喷火口，只打开三个，以便营造出不同的温度区域，低温部位的釉面呈亚光效果。

白色釉，9号～10号测温锥	
钾长石	35
白云石	20
碳酸钙	5
高岭土	20
石英	20

注意事项：这种釉料在还原气氛中呈绿色。当烧成温度为9号测温锥的熔点温度时，呈缎面亚光效果。

添加剂

将各类陶瓷生料直接涂抹在坯体的表面上
木灰
燧石
霞石正长石
肯特姆（Contem）UG42乌黑色着色剂

"陶瓷原料和矿物质可以在特定的烧成温度下再现大自然的美丽。"

白月罐

60 cm×50 cm×50 cm。拉坯炻器，泥浆，厚厚的白色釉，木灰。不均匀的还原气氛烧成，烧成温度为10号测温锥的熔点温度。低温部位的白色釉面呈亚光效果，高温部位（还原）的釉色发色偏绿，氧气较充足的部位发色偏黄。尽管发色各异，但使用的却是同一种白色釉。（有关所使用釉料的详情请参见左侧。）

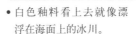 白色釉料看上去就像漂浮在海面上的冰川。

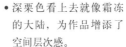 深栗色看上去就像霜冻的大陆，为作品增添了空间层次感。

克莱尔·劳德 (Claire Loder)

粉嫩的脸庞与凝视的目光结合在一起颇让人费解，作品极富叙事性。作品用捏塑法制成，装饰方法为擦釉法。作品有种隐喻死亡及不圆满的特质。艺术家把苍白的人脸与极具视觉冲击力的钴蓝色面具组合在一起，力求平衡人物的内心与外表。

工艺说明

首先，在未干的素坯上借助泥浆和釉下彩绘制人物的面部细节。其次，用一支宽平头毛笔往人物的脸上涂抹一层亚光釉。靠近头发和脖子处的釉料涂得较仔细。所用的釉料既包括亮光釉也包括亚光釉；既有透明釉也有乳浊釉。作品"花朵"中的蓝色是用小毛笔蘸着钴料一层层涂到坯体上的。两件作品都是一次烧成，烧成温度分别为1 079 ℃和1 099 ℃。

我站在这里干嘛?
40 cm×45 cm×15 cm。手工成型，加砂白泥，泥浆，釉下彩，氧化物，亚光低温釉。一次烧成，烧成温度为03号测温锥的熔点温度。(有关所使用釉料的详情请参见下文。)

"眼睛在我的作品中扮演着极其重要的角色，你可以通过它感知人物的内心世界。我用单纯的釉色描画眼睛，为的是消除作品与观众之间的隔阂。"

釉料详情

亚光低温釉，03号测温锥	
二硅酸铅	40
长石	20
碱熔块	15
碳酸钙	5
氧化锌	5
高岭土	15

蓝色低温着色剂／釉，05号测温锥～04号测温锥
毛里求斯玻化着色剂，宝兹（Botz）陶艺用品公司生产的9590号着色剂，无铅

花朵

37 cm×30 cm×12 cm。手工成型，加砂白泥，赤陶泥，泥浆，釉下彩。借助毛笔将亚光釉和商业蓝色釉涂抹在坯体的表面上。一次烧成，烧成温度为 03 号测温锥的熔点温度。（有关所使用釉料的详情请参见左侧。）

- 亮蓝色与苍白色形成鲜明的对比。

- 人物脸上的白色看上去就像化过妆一样。

史蒂文·艾普森 (Steen Ipsen)

　　圆滑的有机形体与作品表面上单纯、紧凑的黑白线条形成强烈的对比。线形装饰纹样使作品看上去颇像地形图。艺术家通过重复、模块化及几何化，令作品呈现出与现代设计和现代建筑相似的面貌，可以从中看到丹麦设计及斯堪的纳维亚设计的影子。艺术家凭借直觉创造了这些几何变形体。型体既拘谨又富有张力，白色釉面看上去仿佛要挣脱黑色线条的束缚。作品的视觉效果极其轻巧，好像随时随刻都有溜走的可能。

工艺说明

　　先素烧，再施釉。第二天再往之前的釉面上喷一层同样的釉料，并将作品烧至04号测温锥的熔点温度。重复上述步骤四遍，以确保釉层均匀。将亚光黑色贴花纸小心翼翼地裁剪成条，并贴在坯体的表面上，然后将作品烧至015号测温锥的熔点温度。

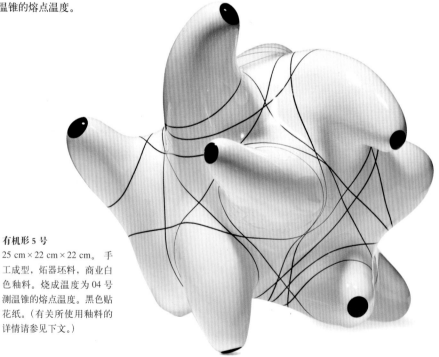

有机形 5 号
25 cm × 22 cm × 22 cm. 手工成型，炻器坯料，商业白色釉料。烧成温度为 04 号测温锥的熔点温度。黑色贴花纸。（有关所使用釉料的详情请参见下文。）

白色亮光釉，04 号测温锥
　　色拉玛（Cerama）陶艺用品公司生产的 S-1302 号炻器釉

釉料详情

- 白色脆弱而统一，黑色线条使有机形体的曲线更富活力。
- 白色象征着洁净、纯洁、完美。
- 黑白二色强烈对比，既让人关注整个型体，又让人关注曲线变化。

"你可以从我的作品中看到陶艺与几何的关系，我从开始做陶的那一天起就对这种几何装饰非常感兴趣。"

有机形 3 号

42 cm×26 cm×26 cm。手工成型，炻器坯料，商业白色釉料。烧成温度为 04 号测温锥的熔点温度。黑色贴花纸。（有关所使用釉料的详情请参见左侧。）

珍妮弗·布瑞泽尔顿 (Jennifer Brazelton)

创作灵感来源于各国地图，扭曲的形体寓意着人口膨胀。这一系列作品被命名为"结构统计图"，其中的两件作品"阿曼"和"突尼斯"，其外观看上去颇具神秘感，抽象的肌理将主体困于其中。作品的外表面上布满了复杂的肌理、泥浆和釉料，看上去既紧凑又忙乱，给观众以荒诞与探索相混淆的感觉。艺术家用颜色隐喻取舍，例如她在"突尼斯"这件作品中用鲜亮的颜色纪念 2010 年发生的一桩惨剧：一位抗议者投火自焚以求换取政治关注。

釉下彩

粉色，莱斯利 (Leslie) 陶艺用品公司生产出品，产品型号为 U-13

乌黑，阿玛克 (Amaco) 陶艺用品公司生产的天鹅绒系列颜料，产品型号为 V-361

蓝绿色，阿玛克陶艺用品公司生产的天鹅绒系列颜料，产品型号为 V-327

鱼尾菊橙色，阿玛克陶艺用品公司生产的艳阳系列颜料，产品型号为 SS-205

象牙黄色，阿玛克陶艺用品公司生产的天鹅绒系列颜料，产品型号为 V-301

淡粉色，阿玛克陶艺用品公司生产的天鹅绒系列颜料，产品型号为 V-316

冰川蓝色，阿玛克陶艺用品公司生产的天鹅绒系列颜料，产品型号为 V-328

火焰橙色，阿玛克陶艺用品公司生产的天鹅绒系列颜料，产品型号为 V-389

古董象牙色，阿玛克陶艺用品公司生产的天鹅绒系列颜料，产品型号为 V-368

电光蓝色，阿玛克陶艺用品公司生产的天鹅绒系列颜料，产品型号为 V-386

商业釉料，烧成温度为 06 号测温锥的熔点温度

亚光康乃馨釉，小湖陶艺用品公司出品，产品型号为 EM-1248

黑色鹅卵石釉，美柯 (Mayco) 陶艺用品公司出品，产品型号为 SG-201

白色鹅卵石釉，美柯陶艺用品公司出品，产品型号为 SG-202

透明釉，邓肯 (Duncan) 陶艺用品公司生产的想象系列产品，产品型号为 IN 1001

氖红色釉，邓肯陶艺用品公司生产的想象系列产品，产品型号为 IN 1206

抛光的金色光泽彩，烧成温度为 018 号测温锥的熔点温度

英格哈德·哈诺威 (Engelhard Hanovia) 国际有限公司产品

突尼斯

30 cm × 33 cm × 13 cm。炻器，多次烧成。多层釉下彩，商业釉料，白色鹅卵石釉。烧成温度为 05 号测温锥的熔点温度。（有关所使用釉料的详情见左侧。）

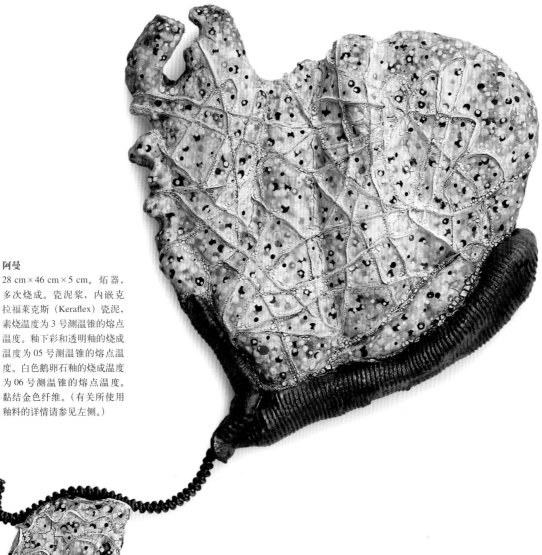

阿曼

28 cm×46 cm×5 cm。炻器，
多次烧成。瓷泥浆，内嵌克
拉福莱克斯（Keraflex）瓷泥，
素烧温度为3号测温锥的熔点
温度。釉下彩和透明釉的烧成
温度为05号测温锥的熔点温
度。白色鹅卵石釉的烧成温度
为06号测温锥的熔点温度。
黏结金色纤维。（有关所使用
釉料的详情请参见左侧。）

工艺说明（特指作品"阿曼"）

先用炻器泥料塑造作品的主体，待坯体达到半干程
度时往上面涂一层注浆泥浆。用3号测温锥的熔点温度
素烧，然后往坯体的表面上罩一层薄薄的黑色釉下彩，
之后借助海绵将肌理凸显处的颜色擦掉。接下来，借助
细毛笔及钢针将各种颜色的釉下彩点绘在不同的位置，
并在纹样上面罩一层透明釉。用05号测温锥的熔点温
度再烧一遍，之后用毛笔蘸着白色釉料（作品"突尼
斯"上用的也是这种白色釉）画线条并再次入窑烧制，
烧成温度为06号测温锥的熔点温度。把金色光泽彩装
饰到坯体上之后抛光，并用018号测温锥的熔点温度再
烧一遍。连接大小两个形体的绳子是真的纺织品，上面
涂抹了金色颜料。

- 就作品"阿曼"而言，
  遍布坯体的各色圆点代
  表了繁华的城市以及忙
  碌的人群（各种肤色）。
- 带有裂纹效果的白色线
  条纵横交错将作品紧紧
  地包裹住，看上去颇像
  道路或者隧道。

保罗·科图拉 (Paul Kotula)

这些餐具无论是从器型方面还是从颜色方面，都颇具怀旧色彩，因为这种格调的餐具在美国最早出现于 20 世纪 60 年代。一套餐具由陶瓷碗盏、木制托盘和玻璃杯组成，既有传统元素又有现代形式。简洁的釉色配以非对称线形纹样。白釉与朱红色釉搭配在一起相得益彰。线条纹饰的背景是由各种肌理、不同明度及不同乳浊程度的釉色组成的。

碟子

28.5 cm×25 cm×2.5 cm。白色炻器，银色着色剂，粉色着色剂，由马森（Mason）陶艺用品公司生产的 F9M 号釉，朱红色釉。烧成温度为10 号测温锥的熔点温度。（有关所使用釉料的详情请参见下文。）

釉料详情

马森陶艺用品公司生产的 F9M 号釉，烧成温度为 10 号测温锥的熔点温度
本配方由马腾斯（A M Martens）提供

钾长石	35
碳酸钙	12
3124 号熔块	17
EPK 高岭土	12
OM#4 号球土	17
硅	7

银色
+10% 的银灰色着色剂，马森陶艺用品公司出品，产品型号为 6530 CrFeCoSiNi

粉色着色剂
+10% 的深橙色着色剂，马森陶艺用品公司出品，产品型号为 6031 CrFeSn

F5G 号基础釉，烧成温度为 10 号测温锥的熔点温度
本配方由罗宾·霍柏提供

钾长石	35
滑石	17
碳酸钙	12
OM#4 号球土	17
硅	19
+二氧化锰	0.5

天目基础釉，烧成温度为 10 号测温锥的熔点温度

F-4 号长石	40
碳酸钙	20
滑石	10
碳酸钡	3
高岭土	2
硅	25
+碳酸锂	5
+氧化锡	0.5
+膨润土	3
+碳酸铜	0.5

工艺说明

先借助碳铅将线形纹样的轮廓绘制在坯体上，然后用胶带纸作为遮挡媒介物并喷釉或者涂釉。喷涂胶带边缘的釉料时，需要往胶带的边缘上涂抹冷蜡，待釉层彻底干燥后将胶带揭掉。艺术家用的泥料是白色炻器泥料，所采用的烧成温度为 10 号测温锥的熔点温度。

单人餐具

68.5 cm×56 cm×11.5 cm。白色炻器，银色着色剂，粉色着色剂，马森陶艺用品公司出品的 F9M 号釉料及 F5G 号釉料，朱红色釉。烧成温度为 10 号测温锥的熔点温度。玻璃器皿，薄木托盘。（有关所使用釉料的详情请参见左侧。）

"由于我的作品多为单色，所以肌理和乳浊效果扮演着很重要的角色。"

• 精致的几何线条与背景上的灰色、黑色及褐色相映成趣，这是艺术家的主体创作元素。

• 艺术家在他的作品中融入了现代设计元素，不同色调的白色和灰色组合在一起形成了与传统"白色餐具"完全不同的视觉效果。

卡尔·理查德·苏德斯托姆 (Carl Richard Söderström)

这位丹麦艺术家借助犹如糖一样的、有光的白色创作了这些颇具霜冻效果的形体，作品的外观看上去很像挂满蜡烛溶液的烛台。深色坯体的表面上绘满了精细的黑色斑纹，白色釉面与深色背景形成了强烈的对比，进一步深化了作品的空间感。作品的主体器型来源于安妮女王时代经典的花瓶造型，繁茂的植物为器皿增添了富足的寓意。繁缛的装饰为简单的形体和釉色增色不少。

工艺说明

先用富含杂质的泥料捏塑形体，再借助毛笔在坯体的表面上绘制斑点纹样，最后往纹样上倒一层白泥浆，白泥浆能起到淡化杂质色斑的作用。采用08号测温锥的熔点温度入窑素烧。将白色乳浊釉调和得稠一些，再将调配好的釉料随意涂抹在经过素烧的坯体上，采用8号测温锥的熔点温度再烧一遍。往釉烧过的坯体上再覆盖一层低温亮光白色釉（用球形挤泥器挤釉，以形成特殊的装饰效果），最后用04号测温锥的熔点温度将作品再烧一遍。

有枝叶果实装饰的花瓶
64 cm×32 cm×32 cm。炻器坯体上饰以泥浆和釉料。烧成温度为04号测温锥的熔点温度。（有关所使用釉料的详情请参见左侧。）

白色乳浊亚光釉，烧成温度为8号测温锥的熔点温度
产品为 CEBEX 陶艺用品公司出品，产品型号为5548

白色亮光釉，烧成温度为05号测温锥的熔点温度
产品为 CEBEX 陶艺用品公司出品，产品型号为1019

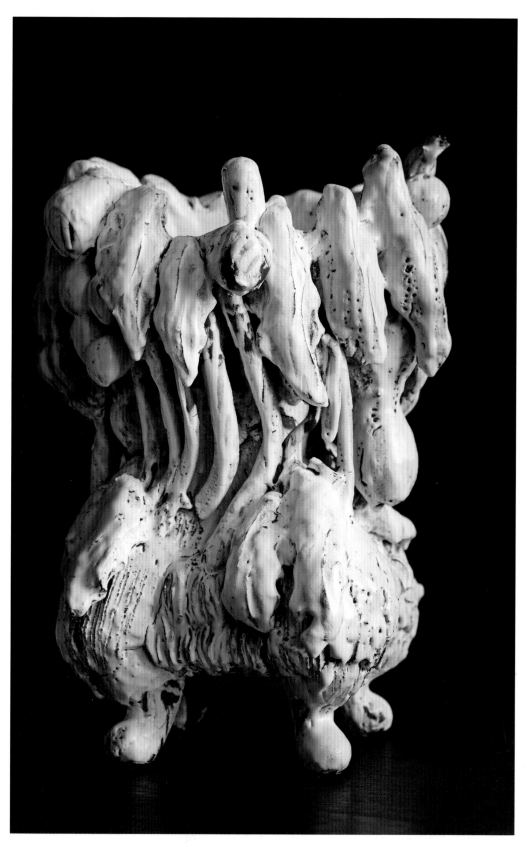

- 坯体上的黑色部分突出了作品的整体外形。
- 白色则起到强化外表面视觉效果的作用。

有枝叶果实装饰的花瓶
38 cm × 38 cm × 28 cm。炻器坯体上饰以泥浆和釉料。烧成温度为 04 号测温锥的熔点温度。(有关所使用釉料的详情请参见左侧。)

杰弗瑞·曼 (Geoffrey Mann)

作品既精致又有趣，杯子和碟子融传统与现代装饰元素于一身。艺术家借助动画软件设计茶壶的造型，巧妙地将水的特征融入壶身，再现了吹热咖啡时水面上的微波变化。让人在使用的过程中联想到自己的行为及非物质世界的偶然性。骨质瓷的白色能起到强化作品形体的作用。

工艺说明

作品采用原型技术设计而成，原型技术多用于塑料模具的设计与制作。作品所用的泥料为骨质瓷泥。先将坯体素烧一遍，然后在坯体的表面上涂抹两层商业透明釉。以 100 ℃ /h 的升温速度烧至 05 号测温锥的熔点温度，并保温 15 min。透明釉不但使作品具有光泽，还突出了骨质瓷的品质。

交叉火焰茶壶（自然现象系列）
20.5 cm×27 cm×22 cm。骨质瓷，注浆成型，商业透明釉，3D 打印模型，借助动画软件设计型体。烧成温度为 05 号测温锥的熔点温度。（有关所使用釉料的详情请参见下文。）

"气流吹过水面形成偶然型体。借助电子设备捕捉饮茶者轻吹水面时形成的肌理。将吹茶这一大众化的行为定格化。"

釉料详情

借助毛笔将钻石透明釉涂抹在坯体的表面上，05 号测温锥
邓肯陶艺用品公司出品，产品型号为 GL612

吹水纹

　　艺术家借助高科技电子设备将人吹水面时形成的涟漪定格化。在饮水者轻吹水面的同时茶具的外形也随之发生变化，他把这款名"吹水纹"的特殊应用程序上传到了 iTunes 网站，任何人都可以免费下载。网友们可以将捕捉到的画面反馈给艺术家本人，他将从中抽取某些画面并借助动画软件为你量身定做一套茶具。

吹水纹茶具

杯子：7.5 cm × 13.5 cm × 10.5 cm；碟子：20.5 cm × 20.5 cm × 2 cm。骨质瓷，注浆成型，3D 打印模型，借助动画软件设计型体。素烧温度为 8 号测温锥的熔点温度。商业透明釉，釉烧温度为 05 号测温锥的熔点温度。（有关所使用釉料的详情请参见左侧。）

- 单一的白色使观众的注意力都集中在形体上。
- 光洁的透明釉强化了"水波"的视觉效果。

贝思妮·克鲁尔 (Bethany Krull)

穿毛衣的斯芬克斯

43 cm × 25 cm × 20 cm. 瓷泥，手工成型。透明釉，一次烧成，烧成温度为 6 号测温锥的熔点温度。手工织的毛衣。（有关所使用釉料的详情请参见下文。）

在"统治与影响"系列作品中有一只神情沮丧的无毛猫和一只渴望快乐的贵宾犬，通过动物的神态可以反映出宠物的内心世界。这些被剥夺了自由的动物们经常被它们的主人忽视。由白瓷泥捏制的动物形体细节生动、结构无可挑剔，鲜亮的颜色既突出了服装的滑稽感，也从反面衬托了人类的黑暗统治。

工艺说明

作品由高温白瓷捏制而成。坯体上除了眼睛、鼻子和舌头等部位涂了一层透明釉（增加上述部位的湿润感觉）之外，其他部位均未施釉。在素坯的表面上涂抹透明釉并缓慢烧至 06 号测温锥的熔点温度，降温的速度极慢以防止坯体开裂。猫身上穿的衣服是毛线织的；狗身上的衣服是用混凝纸浆制成的。先把纸放到热水中浸泡一夜，再煮至沸腾以去除胶质，之后再借助搅拌器将纸浆彻底搅拌均匀。把纸浆过滤一下（艺术家用的是丝袜）并添加一些胶（任何一种黏结力较好的白色胶水都行）。将调配好的纸浆在坯体的外表面上薄薄地粘一层，彻底晾干。

"人类将自己的缺失——爱、帮助、快乐及陪伴强加在宠物身上，使得动物们的野性逐渐被改造，变得驯服、聪明、友爱。"

釉料详情

钙硅石透明釉，6 号测温锥	
霞石正长石	30
焦硼酸钠	21
EPK 高岭土	10
燧石	31
钙硅石	8

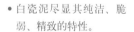

- 白瓷泥尽显其纯洁、脆弱、精致的特性。
- 光亮的眼睛和鼻尖令这些动物显得栩栩如生。
- 狗身上的衣服是用非陶瓷材料制成的，鲜亮的紫色令作品颇具隐喻感。

求求你了

56 cm×23 cm×35.5 cm。瓷泥，手工成型。透明釉，一次烧成，烧成温度为6号测温锥的熔点温度。混凝纸浆，指甲抛光。（有关所使用釉料的详情请参见左侧。）

安迪·肖 (Andy Shaw)

这些美丽的餐具极具亲和力，让人爱不释手，抛却其使用功能不说，就是单纯陈列在那里也是一道亮丽的风景。艺术家将器皿上的几何形装饰纹样称为"家居用品偶然纹"，就是将地板上的线条、窗帘上的格子转印在坯体上，外形与纹样相得益彰。淡淡的蓝色调使餐具显得极为素雅、润和，无论是对家居空间还是对盛放在餐具中的食物而言，都能起到映衬性作用。

釉料详情

托德·万斯拖姆（Todd Wahlstrom）陶艺用品公司出品的白色亚光釉，烧成温度介于9号测温锥的熔点温度至10号测温锥的熔点温度之间

注意事项：最好烧至10号测温锥的熔点温度。

康沃尔石	36.7
碳酸钙	27.5
EPK 高岭土	18.3
燧石	12.9
碳酸镁	4.6

工艺说明

艺术家往器皿上印制装饰图案的技法称为水刻法。首先，在完全干透的坯体上绘制纹样；其次，将蜡涂抹在纹样上；最后，用潮湿的海绵擦拭纹样，没有蜡层覆盖的坯体就会被擦掉一部分，而有蜡层覆盖的坯体则会毫发无损，进而形成浮雕状纹样。素烧并浸釉（用手拿着坯体浸釉或者用釉钳夹住坯体浸釉均可），浸釉时间为4~5 s。据艺术家本人介绍，他使用的这种釉料烧成后釉面极其均匀，积釉较厚的部位以及釉钳遗留的夹痕都不会显现。还原气氛釉烧，烧成温度为10号测温锥的熔点温度。

餐具

高度为4~10 cm。拉坯成型，瓷器，水刻法（以蜡作为遮盖媒介）。烧成温度为10号测温锥的熔点温度。（有关所使用釉料的详情请见左侧。）

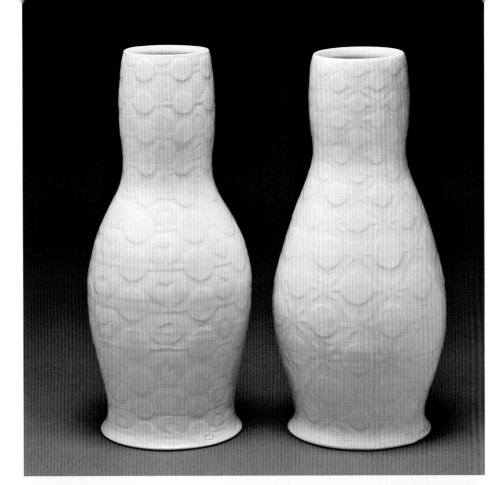

- 白色釉料细腻、润和，散发着缎面一样的光泽。透过釉面可以看到坯体上的纹样。
- 单纯的釉色为作品增添了宁静感和空间延续感。

两只花瓶
左侧花瓶：43 cm×16.5 cm×16.5 cm。
右侧花瓶：43 cm×23 cm×23 cm。拉坯成型，瓷泥，水刻法（以蜡作为遮盖媒介）。烧成温度为 10 号测温锥的熔点温度。（有关所使用釉料的详情请参见左侧。）

盘子
27 cm×27 cm×2.5 cm。拉坯成型，瓷泥，水刻法（以蜡作为遮盖媒介）。烧成温度为 10 号测温锥的熔点温度。（有关所使用釉料的详情请参见左侧。）

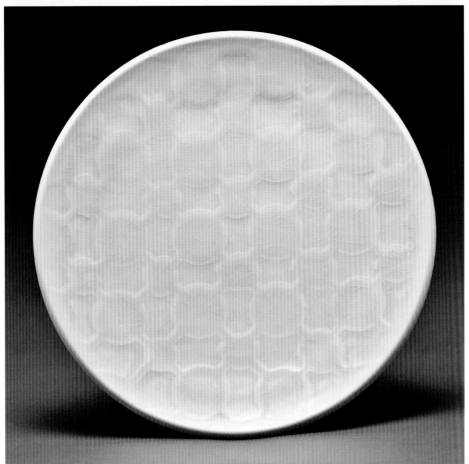

约瑟夫·佩恩兹 (Joseph Pintz)

创作主题来源于农家旧物，作品的外表饱含岁月痕迹，给人以亲切感和怀旧感。作品的表面上布满了锈蚀、水渍、凹坑，仿佛被钝器猛烈击打过。偏灰的褐色和乳黄色让人不自觉地联想到黏土本身的质地及特性。作为日常生活用品，它们能将观众的思绪引领到旧时代，想象其主人准备饭肴时的心境。

奶油分离器

37 cm×42 cm×23 cm。手工成型，陶器，封泥饰面，擦拭法。烧成温度为04号测温锥的熔点温度。（有关所使用封泥饰面泥浆的详情请见下文。）

工艺说明

当坯体彻底干燥后，往上面涂抹三层封泥饰面泥浆。往素烧过的坯体上涂抹一层黑色氧化铜，然后借助潮湿的海绵擦拭肌理凸显处，以形成特殊的装饰纹样。接下来，将硼酸盐和温水按照1:4的比例调和在一起，并薄薄地涂抹在坯体的表面上，以增加肌理的多样性。部分未完全熔融的硼酸盐溶液（也可以使用碳酸锂或者纯碱）会在坯体的表面上形成斑点状纹样。电窑烧成，烧成温度为04号测温锥的熔点温度。

封泥饰面泥浆详情

奶油分离器上的封泥饰面泥浆，04号测温锥

1杯XX号匣钵封泥饰面泥浆作为基础配方（配方详情见下文）

$+\frac{1}{2}$汤匙　二氧化钛

$+\frac{1}{2}$汤匙　维多利亚绿色着色剂，马森陶艺用品公司出品，产品型号为6263 CrCaSiZr

面包盘上的封泥饰面泥浆，04号测温锥

$\frac{2}{3}$杯XX号匣钵封泥饰面泥浆作为基础配方（配方详情见下文）

$\frac{1}{3}$杯纽曼（Newman）陶艺用品公司生产的红色匣钵封泥饰面泥浆

+1茶匙　　番红铁粉

+1茶匙　　氧化铬

算盘上的封泥饰面泥浆，04号测温锥

1杯XX号匣钵封泥饰面泥浆作为基础配方（配方详情见下文）

$+1\frac{1}{2}$茶匙　　铬酸铁

注意事项：上述配方均不适用于餐具。

- 中性色彩能让人联想到黏土本身的质地。
- 单一色彩与亚光效果结合在一起很协调。

"我喜欢在作品中加入少许不和谐因素，它们不但不会显得突兀，相反与整体结合在一起时倒显得很和谐。"

XX 号匣钵封泥饰面泥浆的制备方法

　　艺术家将水与黏土按照 2:1 的比例调和在一起，再添加少量（使用量约为 0.25%）悬浮剂。将调配好的溶液闲置一夜，然后借助虹吸法将顶层的溶液抽出。这种封泥饰面泥浆既可以单独使用，也可以通过添加着色剂的方法制成有色泥浆。艺术家建议每杯泥浆中的着色剂添加量不宜超过 1 汤匙，否则极易出现剥落现象。

算盘

79 cm × 74 cm × 15 cm。手工成型，陶器，封泥饰面，擦拭法。烧成温度为 04 号测温锥的熔点温度。（有关所使用封泥饰面泥浆的详情请参见左侧。）

面包盘

46 cm × 30 cm × 6 cm。手工成型，陶器，封泥饰面，擦拭法。烧成温度为 04 号测温锥的熔点温度。（有关所使用封泥饰面泥浆的详情请参见左侧。）

盖尔·尼克斯 (Gail Nichols)

　　艺术家本人是澳大利亚新南威尔士人，她的家临近布莱德伍德（Braidwood）镇，位于布达旺（Budawang）山脉西山脚下，其作品颇有其家乡风貌。艺术家的工作室坐落在群山之中，周围的居民经常来这里做客，她的作品就诞生在这样的环境中。作品表面上的苏打冰釉呈亚光白色，具有结晶效果。泥料中的粗石英颗粒可以在烧成的过程中生成涟漪状肌理。有机形体与气氛烧成过程中生成的红色、黄色、蓝绿色、淡紫色、灰色、黑色搭配在一起十分和谐。

工艺说明

　　作品所选用的坯料是高铝低铁的炻器泥料，在苏打窑中一次烧成，烧成温度为11号测温锥的熔点温度。烧成之前不上釉，烧成的过程中往窑炉内抛洒苏打混合物，苏打蒸汽会在一定的烧成温度下与坯体产生反应，生成特殊的装饰效果。先将配制苏打冰釉的各种原料干粉混合在一起，之后加水调和。混合物看上去和石膏差不多。将混合物晾干后敲成碎块，当窑温介于9号测温锥的熔点温度与11号测温锥的熔点温度之间时，将其抛入窑炉。在烧成及降温的过程中有意营造多种烧成气氛可以生成变幻丰富的釉面效果。

低云

18 cm×34 cm×31 cm。苏打烧炻器。苏打在一定的烧成温度下与坯体中的铝和硅产生反应，生成丰富的釉面效果。当窑温介于9号测温锥的熔点温度与10号测温锥的熔点温度之间时，将苏打抛入窑炉。还原气氛烧至11号测温锥的熔点温度。（有关所使用苏打混合物的详情请见下文。）

苏打冰混合物，烧成温度介于9号测温锥的熔点温度与11号测温锥的熔点温度之间

在盐烧的过程中抛入窑炉

碳酸氢钠	28.5
轻质纯碱	28.5
碳酸钙	43

每2g原料干粉中添加1L水

　　注意事项：混合原料的方法步骤在上文中有详细介绍。在操作时必须佩戴手套和防毒面具。

关于艺术家使用的釉料

艺术家多年以来一直致力于烧成效果的研究。作为气氛烧成的领军人物，她在自己的著作《苏打烧成》一书中详细介绍了自己的研究心得，该书出版于 2006 年，由美国陶艺协会出版发行。

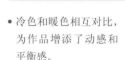

- 冷色和暖色相互对比，为作品增添了动感和平衡感。
- 苏打烧可以生成暖桃红色、橙色和红色。
- 当苏打的添加量比较大，还原气氛比较浓郁时，可以生成偏冷的白色、灰色及蓝色。

山中风暴

33 cm×43 cm×43 cm。苏打烧炻器。苏打在一定的烧成温度下与坯体中的铝和硅产生反应，生成丰富的釉面效果。当窑温介于 9 号测温锥的熔点温度与 10 号测温锥的熔点温度之间时，将苏打抛入窑炉。还原气氛烧至 11 号测温锥的熔点温度。在降温阶段的前 3 h 引入还原气氛。（有关所使用苏打混合物的详情请参见左侧。）

"釉料在坯体上熔融、流淌，并与火焰、苏打蒸汽交织在一起。装饰效果与材料和技法搭配协调。"

卡拉·斯丁 (Kala Stein)

作品为静物感十足的花器，单色为作品增添了柔和、淡雅的气质。由于棱边处坯体的白色会从釉层下面掩映出来，所以花器的轮廓显得格外醒目。看这些花器时能让人联想到吉奥尔吉奥·莫兰迪（Giorgio Morandi）的绘画。作品就像是从平板上长出来的，中性色调使其颇具抑郁格调。温润的灰色搭配简洁的形体相得益彰。

灰花瓶
38 cm×61 cm×15 cm。由各式各样的模具注浆而成。亚光灰釉，烧成温度为4号测温锥的熔点温度，氧化气氛。（有关所使用釉料的详情请见下文。）

釉料详情

亚光基础釉，烧成温度介于4号测温锥的熔点温度与5号测温锥的熔点温度之间	
霞石正长石	42
EPK 高岭土	2
燧石	18
硅矿石	20
氧化锌	18

灰色亚光釉
　　+0.25% 铬酸铁
　　+0.5% 拿浦黄色着色剂，马森陶艺用品公司出品，产品型号为6405 FePrZrSi
　　+0.15% 艳黑着色剂，马森陶艺用品公司出品，产品型号为6600 CrFeCoNi

缎面亚光蓝色
　　+1% 银灰色着色剂，马森陶艺用品公司出品，产品型号为6530 CrFeCoSiNi

工艺说明

　　艺术家将釉料调配得很稀，并多次过滤。借助球磨机将着色剂仔细研磨一番，以防止釉面上出现斑点。用 06 号测温锥的熔点温度将作品素烧一下，然后采用浸釉法为坯体施釉，浸釉的速度要快一些。借助金属刮片将积釉处刮平。如果想让器皿的内部和外部都有釉，则需要先为坯体内部施釉，待其充分干燥（24 h）后再借助浸釉法为坯体的外部施釉。之所以等这么长的时间是因为注浆成型的坯体很薄，釉面不干时就端拿极容易破裂。将施好釉的坯体放在电窑中烧制，烧成温度介于 4 号测温锥的熔点温度至 5 号测温锥的熔点温度之间。

漫步

28 cm×20 cm×15 cm。由各式各样的模具注浆而成。缎面亚光蓝色釉，烧成温度为 4 号测温锥的熔点温度，氧化气氛。（有关所使用釉料的详情请参见左侧。）

- 亚光釉面将观众的视线吸引到作品的整个外形上。
- 艺术家在灰色亚光釉配方中添加了少量的黄色着色剂，因此灰色看上去颇具暖意。

"单一的釉色突显了器型的外轮廓。由于器型相对较复杂，所以我试图让釉色起到协调整体的作用。"

马特·科勒赫 (Matt Kelleher)

漂亮的陶瓷器皿不仅能为就餐环境增色，还能给用餐者带来心理上的享受。这些盘子形态各异、釉色多变，极具美感。作品"三角盘"一侧边缘呈曲面形，另一侧边缘与贝壳相似，这些装饰性元素并不影响盘子的实用性及端拿时的舒适度。艺术家在坯体的表面上随意涂抹了一层薄薄的闪光泥浆，不同厚度的泥浆层使装饰面颇具层次感。发色偏中性的暖棕色及炭灰色在非对称盘型上形成犹如风景般的装饰效果。

工艺说明

艺术家在赤陶泥制作的坯体表面上随意涂抹了数层闪光泥浆，然后将其放入苏打窑中烧制。其具体操作步骤如下：首先，将泥浆随意涂抹在坯体的表面上。其次，数秒之后往坯体上再涂一层更稀的泥浆，前一层泥浆会被部分冲散。重复上述步骤，直到达到理想的装饰效果为止。采用氧化气氛烧窑，烧成温度为 3 号测温锥的熔点温度，最后 15min 采用还原气氛烧窑。在烧成的过程中，将纯碱直接抛入窑中。

大水罐

33 cm×23 cm×17 cm。泥板成型，赤陶泥坯体外罩泥浆装饰层。苏打烧，烧成温度为 3 号测温锥的熔点温度。（有关所使用泥浆的详情请见下文。）

"我喜欢用带有闪光效果的泥浆装饰坯体，它能生成层次丰富的视觉效果。"

泥浆详情

金艺（Goldart）闪光泥浆，3 号测温锥

金艺闪光泥浆（需用 200 目滤网过滤）	80
3124 号熔块	20

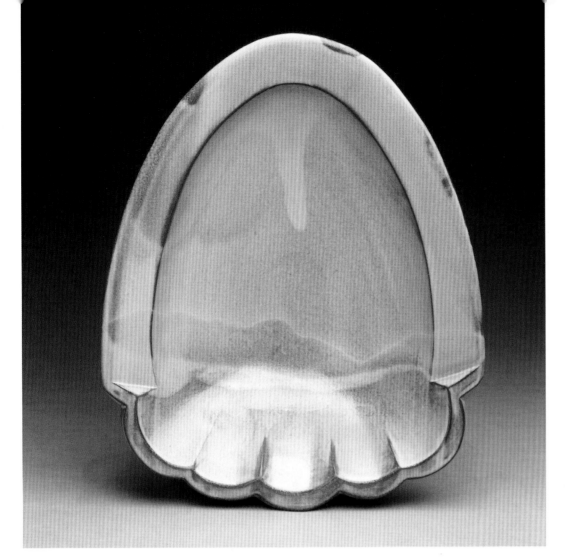

- 在赤陶坯体的表面上涂抹数层薄薄的泥浆，以便营造出多种颜色变化。
- 柔和的色调与硬朗的边缘形成对比效果。

三角盘

28 cm×23 cm×8 cm。泥板成型，赤陶泥坯体外罩泥浆装饰层。苏打烧，烧成温度为3号测温锥的熔点温度。（有关所使用泥浆的详情请参见左侧。）

花瓣碗

30 cm×30 cm×8 cm。泥板成型，赤陶泥坯体外罩泥浆装饰层。苏打烧，烧成温度为3号测温锥的熔点温度。（有关所使用泥浆的详情请参见左侧。）

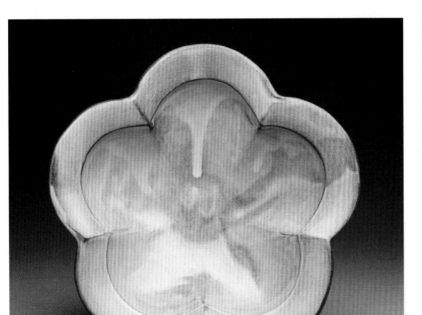

阿尔科巴萨花瓶

53 cm×20 cm×23 cm。注浆瓷器，志野釉。阶梯窑烧制，烧成温度为11号测温锥的熔点温度。（有关所使用泥浆的详情请见下文。）

格蕾丝·古斯丁 (Chris Gustin)

作品的形体比较大，且极具雕塑感。作品的外形与人体曲线相似，微微隆起的柔和团块看起来十分饱满。坯体上只有一种釉料，且该釉料与形体搭配起来非常协调。艺术家用阶梯窑烧制作品，烧成时间长达数日。由于柴烧本身有很多非人力所能控制的因素，所以烧成效果异常奇妙多变。所选用的釉料为志野釉，坯体上的曲线部位多因受到火焰与木灰的影响，进而形成丰富的釉色变化。

工艺说明（特指作品"花瓶"）▷

所选用的坯料为革黄色炻器泥料，还添加了5%的沙子。先将坯体素烧一遍，之后往坯体的表面上喷一层志野釉。然后放进阶梯窑烧5天，烧成温度为11号测温锥的熔点温度，木柴的灰烬会落在釉层上。沉积的木灰和火焰为单一的釉色增添了多种变化效果，能够生成多种色调：淡粉色、橙红色、凝聚在一处的深色及熔融流淌在一起的颜色。

"颜色在我的作品中扮演着极其重要的角色，除了作为装饰之外，它们还起着衬托型体的作用。我的绝大部分作品都是单色的，火焰、气氛及燃料的灰烬与釉料相互作用，生成异常丰富的釉色变化。"

釉料详情

志野釉，烧成温度介于8号测温锥的熔点温度至12号测温锥的熔点温度之间

此配方始创于1976年

霞石正长石	45
锂辉石	15.2
F-4 长石	10.8
纯碱	4
OM#4 号球土	15
EPK 高岭土	10

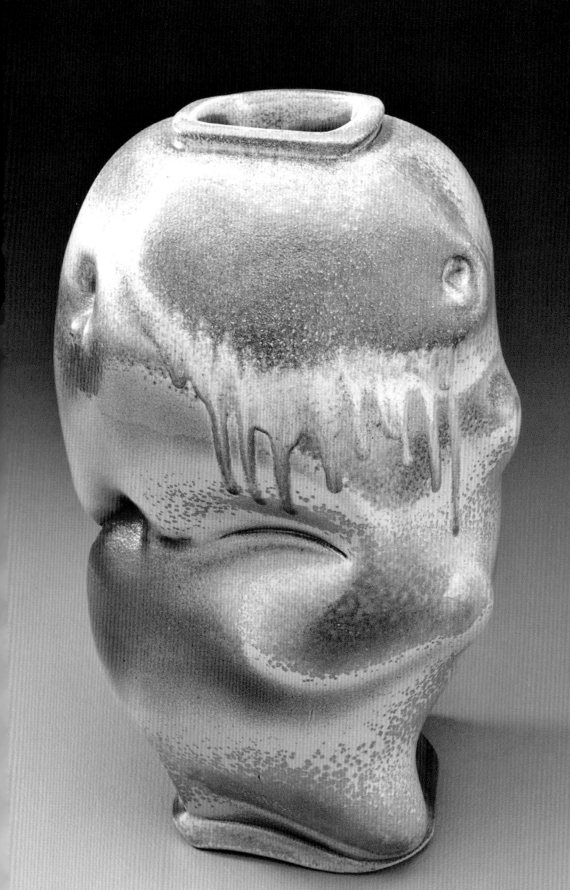

- 坯体上积灰较多的部位会出现流釉现象，为中性色调的志野釉增添了多重变化。
- 坯料的革黄色让人联想到人体的颜色。

花瓶

46 cm × 25 cm × 28 cm。手工成型瓷器，志野釉，阶梯窑烧制，烧成温度为 11 号测温锥的熔点温度。（有关所使用釉料的详情请参见左侧。）

阿德里安·阿里奥 (Adrian Arleo)

艺术家本人说她的作品与 11 世纪禅宗高僧圆悟（Yuan-Wu）提出的"全身布满手和眼"不谋而合。松鼠雕塑的尾巴上布满了眼睛，紧紧地盯着观众，直看到你的内心深处。作品颇具超现实性（艺术家本人则认为是神话色彩），让每一个看到它的人都不自觉地联想到一句话："人在做，天在看。"作品上的颜色不多，且都是中性色调的。与干枯的黑色树干相比，身上薄施蜡层的松鼠显得格外醒目。肌理令单纯的釉色更加丰富，强化了观众在目光注视下的不安感。

工艺说明

先将坯体素烧一遍，然后在上面涂一层薄薄的干沙釉，之后借助潮湿的海绵擦掉肌理凸显处的颜色，以便营造出层次丰富的颜色变化。接下来，用一支扇形毛笔往肌理的表面上涂抹一层具有石质光泽的锂釉，将装饰好的作品放进电窑烧制，烧成温度介于 05 号测温锥的熔点温度至 04 号测温锥的熔点温度之间。将特制的蜡放进双层电锅中煮化，再借助毛笔往松鼠的身上薄薄地涂一层。最后，艺术家用热风枪对准蜡层吹，让蜡液融到坯体上的肌理中。

釉料以及蜡的详情

干沙釉，05 号测温锥

焦硼酸钠	50
氢氧化铝	33
霞石正长石	17

深褐色

　　+12% 铬酸铁（FeCr）

淡褐色

　　+16% 榛子色着色剂，马森陶艺用品公司出品，产品型号为 6126 CrFeZnAl

黑色

　　+18% 艳黑色着色剂，马森陶艺用品公司出品，产品型号为 6126 CrFeCoNi

具有石质光泽的锂釉，05 号测温锥

碳酸锂	16
EPK 高岭土	22
燧石	45
膨润土	3
3110 号熔块	14

乳浊剂

　　+8%~18% 锆，锆加或者超级派克品牌均可

蜡

　　该配方由艺术家达纳·林尼·路易斯（Dana Lynne Louis）提供

　　1 杯经过漂白处理或者未经漂白处理的蜂蜡溶液

　　1/4 杯（大约）达玛尔牌清漆

　　1 汤匙（1/8 杯）石油醚（用于将混合物调配至理想的黏稠度）

　　注意事项：可以借助油画颜料或者其他绘画颜料为蜡染色。

警觉，意识系列

61 cm×41 cm×15 cm。手工成型
陶器，褐色干沙釉，具有石质光泽
的锂釉。烧成温度介于 05 号测温
锥的熔点温度至 04 号测温锥的熔
点温度之间。熔蜡法。（有关所使
用釉料、蜡的详情请参见左侧。）

- 带有中性色调的褐色和黑色不但为
  作品增添了层次感，还赋予作品一
  种超现实感。所选用的色彩与树枝
  及松鼠的本色相似。

- 借助擦色法将肌理凸显处的颜色擦
  掉，以此营造出多种颜色变化。

贾斯丁·罗萨科 (Justin Rothshank)

罂粟花碗

10 cm × 10 cm × 10 cm。
柴烧陶器，烧成温度为2
号测温锥的熔点温度。局
部施釉，瓷泥浆，贴花纸
的烧成温度为017号测温
锥的熔点温度。（有关所
使用泥浆、釉料的详情请
见下文。）

艺术家借助拉坯成型法在其日用陶瓷作品上创造出极其自然的螺旋形装饰纹样，由拉坯机离心力形成的螺旋形不但丰富了作品的外形，同时也为坯体上的釉色及贴花纸图案增添了空间深度感。作品上的亮色调不多，起着突出装饰重点的作用。坯体上有贴花纸装饰纹样，纹样的背景是白色的，纹样的表面有光亮，深色调及由拉坯机离心力形成的螺旋形与靓丽的装饰纹样形成鲜明的对比。不同的烧成气氛作用于贴花纸装饰图案上，使作品具有一种融合传统与现代的气质。

工艺说明

所选用的坯料为深色炻器泥料，其烧成温度为6号测温锥的熔点温度，先在坯体的表面上涂抹一层泥浆，再往泥浆的表面上贴一些铁锈红色贴花纸装饰纹样，之后在坯体的内部施志野釉。将坯体放入柴窑烧制，当窑温达到6号测温锥的熔点温度时，往窑炉内泼洒一些纯碱混合物。混合物的配方中含有木灰，木灰可以生成光亮的釉层。由于窑炉很大，所以其内部不同位置的烧成温度差别极大，有的地方烧成温度仅为2号测温锥的熔点温度，而有的地方烧成温度却高达10号测温锥的熔点温度。艺术家有意识地将坯体放置在不同的窑位上，以获取丰富多彩的烧成效果。最后，在烧好的釉面上贴一些商业红色罂粟花纹贴花纸，将坯体放进电窑再烧一遍，烧成温度为017号测温锥的熔点温度。

带有闪光效果的1号泥浆，04号～10号测温锥

格罗莱格高岭土	50
6号砖高岭土（Tile#6）	20
EPK 高岭土	20
燧石	10

志野釉，7号～10号测温锥

烧成温度再高一些也可以

霞石正长石	50.3
OM4 号球土	16.2
F-4 长石	14.7
锂辉石	12.6
纯碱	3.4
EPK 高岭土	2.9

"我只在局部用色，为的是将观众的视线吸引到带有装饰纹样的部位及坯体内部。"

泥浆、釉料详情

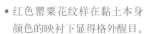

- 红色罂粟花纹样在黏土本身颜色的映衬下显得格外醒目。

- 铁锈红色贴花纸与坯体上的泥浆融合在一起，经过气氛烧成后能生成闪光效果。

罂粟花瓶
每个花瓶的规格约为 25 cm×10 cm×10 cm。柴烧／苏打烧炻器，志野釉，其烧成温度为 6 号测温锥的熔点温度。瓷泥浆，贴花纸的烧成温度为 017 号测温锥的熔点温度。（有关所使用泥浆、釉料的详情请参见左侧。）

麦瑞迪斯·科纳普·布瑞克尔 (Meredith Knapp Brickell)

艺术家是美国人，她与另一位艺术家在密歇根湖畔举办了一场名为"当我游泳时"的联展，在该次展览上她展出了"水箱"系列作品。作品放置在支架上，突出了水箱这一主题。除了水蓝色外，还用到了很多有可能被水反射到的环境色：红色、灰色、乳黄色，上述色调使作品颇具静态美感。用擦色法将泥浆、铜锈、釉料、光泽彩等装饰在圆柱形水箱的外表面上，作品的表面看上去既光滑又富有色调层次。尽管作品内部什么都没有，但是却无疑为展厅增添了一道颇具现代美感的风景。

工艺说明

所选用的坯料为赤陶土，当坯体达到半干状态后，借助毛笔往坯体的表面上涂抹两三层陶土泥浆。素烧，其烧成温度为04号测温锥的熔点温度。之后往坯体上涂抹一层铜锈，再借助擦色法擦出多种色调。接下来，局部涂抹两三层艺术家自己配制的釉料，然后借助擦色法将硼酸盐/纯碱擦涂在坯体的表面上。之后入窑烧制，烧成温度为03号测温锥的熔点温度。最后，在坯体上涂抹一些光泽彩，再次入窑烧制，烧成温度为018号测温锥的熔点温度。

水箱

81 cm×56 cm×56 cm。所选用的坯料为赤陶泥，泥条盘筑成型。铜锈，木头架子，乳胶，透明釉，苏打擦色。烧成温度为03号测温锥的熔点温度。光泽彩，其烧成温度为018号测温锥的熔点温度。（有关所使用赤陶泥、釉料的详情请见下文。）

赤陶泥、釉料详情

OM4号赤陶泥，04号测温锥

本基础配方由陶艺家皮特·平内尔（Pete Pinnell）提供

9 L 水

4.5 kg OM4 号球土

22.7 g 硅酸钠

青灰色陶泥浆，04号测温锥

1 杯 OM4 号封泥饰面泥浆

+1 $\frac{1}{2}$ 茶匙二氧化钛

+ $\frac{3}{8}$ 茶匙二氧化锰

+ $\frac{1}{16}$ 茶匙碳酸钴

黑色铜锈

本配方由陶艺家塞尔维·格兰纳提尔（Silvie Granatelli）提供

1 茶匙黑色氧化铜

1 茶匙 EPK 高岭土

1 茶匙焦硼酸钠

往配方中添加 1~1 $\frac{1}{2}$ 杯水并调和

艺术家自己配制的釉料，04号测温锥

这种乳白色釉料由陶艺家瓦尔·库什因（Val Cushing）首创，后又经过陶艺家麦瑞迪斯·科纳普·布瑞克尔及陶艺家卡瑞·拉达兹（Kari Radasch）的改良

3124 号熔块	59
P-626 号熔块	14
霞石正长石	11
硅	10
EPK 高岭土	6
+ 羧甲基纤维素胶	1.6
+ 羧甲基纤维素钠胶	0.6

用于擦色法的苏打／硼酸盐

1 茶匙硼酸盐

1 茶匙纯碱

与 $\frac{1}{4}$ 杯水混合

白金光泽彩，018号测温锥

邓肯陶艺用品公司出品，产品型号为 OG 802

"每一个水箱只有一种颜色。所选用的颜色都是中性色调的，虽单纯却也具有足够的吸引力。"

- 所选用的颜色来源于涟漪中的色调。
- 从外表上看，作品就像是未经烧成的生坯一样，黏土本身的质感为作品增加了一定的分量，而这份体量感又与薄薄的器壁形成强烈的对比。
- 作品上的色调使观众联想到在某个阴沉的午后，站在水边看天空、水塘及水塘周围建筑物时映入眼帘的颜色。

科尔比·帕森斯 (Colby Parsons)

作品看上去就像幕布一样，幕布上是艺术家想象的画面。光与影在三维型体上流走，凹凸起伏与线形纹饰共同营造出一种具有魔幻色彩的装饰效果。作品上的釉料是艺术家本人研制的，烧成后的釉面上带有微小的结晶纹样，令高光部位的视觉效果更加绚丽多变。

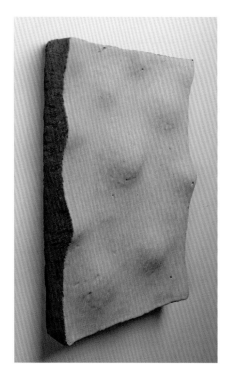  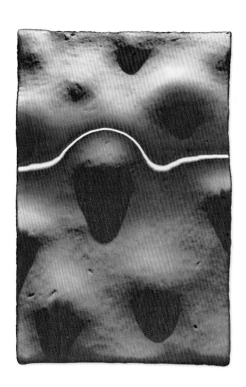

艺术家本人研制的视频釉，08 号测温锥

碳酸锂	22.7
焦硼酸钠	14.4
白云石	9.3
碳酸镁	7.6
硅	3
3134 号熔块	24.6
EPK 高岭土	6.5
滑石	11.9
＋黑色着色剂，马森陶艺用品公司出品，产品型号为 6600 CrFeCoNi	0.3
＋氧化锡	10
＋锆	3
＋二氧化钛	0.3

注意事项：光影使釉料的颜色极富层次感：浅灰色、浅蓝色、深蓝灰色，就像水池中的水一样。

光物质（3 号作品）

58 cm×38 cm×10 cm。借助投影仪将水波图像显影在坯体上成型。所选用的坯料为淡灰色炻器泥料。素烧温度较高，微晶釉，烧成温度为08 号测温锥的熔点温度。（有关所使用釉料的详情请参见左侧。）

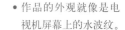

工艺说明

　　为了达到理想的釉层厚度，艺术家准备了很多釉料干粉，每次使用时按照实际需求量进行调配。借助毛笔在坯体的表面上涂抹 3~5 层釉料，前面的釉层彻底干燥后再涂抹新釉层。所选用的坯料为淡灰色炻器泥料，且此灰色的色相比较正。先将坯体素烧一遍，烧成温度介于 5 号测温锥的熔点温度与 10 号测温锥的熔点温度之间，之所以选择这样的烧成温度是为了给下一步的低温釉烧做铺垫。艺术家本人研发的微晶视频釉，其烧成温度为 08 号测温锥的熔点温度。当烧成温度介于 010 号测温锥的熔点温度与 011 号测温锥的熔点温度之间时，以 10 ℃/h 的速度缓慢降温，以促进结晶生成。艺术家会将坯体反复烧制三次，直至达到理想的釉面效果为止。

- 借助投影仪将蓝色水波图像显影在坯体上。
- 作品的外观就像是电视机屏幕上的水波纹。

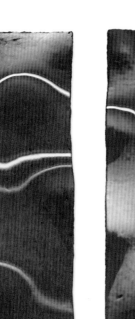

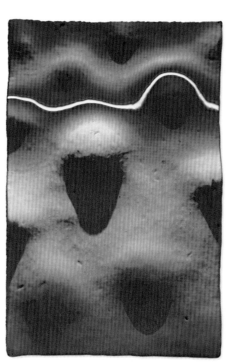

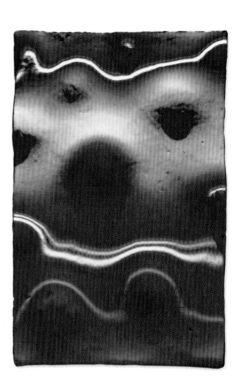

　　"我使用数字投影仪将水波图形投射到坯体上，借此捏塑出高低起伏的水面效果。我试图将光影及水纹物质化，我喜欢这种实验性的创作形式。"

亚当·菲尔德 (Adam Field)

作品的外表面上布满了精细的浮雕纹样，器型与纹饰颇具古典手工艺品的气质。坯体上的装饰纹样源于原住民的手工纺织品，例如夏威夷树皮布纹、印加绳索纹、祖鲁竹篮纹。艺术家将装饰纹样集中刻画在器皿的腹部及肩部，为作品增添了体量感和生动性。艺术家借鉴了远东陶瓷古董上的装饰纹样，以及美国移民时代的气氛烧成方法，创造出了这些传统技法与现代审美相融合的器皿。

工艺说明

拉坯成型。所选用的坯料为纯格罗莱格高岭土，这种瓷泥具有极高的白度。完成坯体上的浮雕纹样之后将其入窑素烧。采用浸釉法和倒釉法为坯体施釉。之后将坯体放进苏打窑中烧制，烧成温度为 10 号测温锥的熔点温度。当窑温达到一定的程度之后，将纯碱溶液泼洒到窑炉中，同时采用强还原气氛烧窑。还原气氛能让釉面轻度碳化。

"我在纹样的上面喷了一层具有流动性的釉料。这种釉料既能隐现出装饰纹样，又能顺着纹样流淌成特殊的装饰效果。"

杯子

11 cm×9 cm×9 cm。苏打烧瓷器，刻画纹样，琥珀影青釉，面釉，具有闪光效果的泥浆。还原气氛烧成，烧成温度为 10 号测温锥的熔点温度。（有关所使用釉料、泥浆的详情请见下文。）

釉料、泥浆详情

琥珀色影青釉，10 号测温锥	
卡斯特长石	21.74
硅矿石	14.13
碳酸钙	7.6
焦硼酸钠	3.26
阿尔伯塔泥浆	35.87
EPK 高岭土	3.26
硅	14.13
+ 黄色赭石	8

鲍尔（Bauer）橙色闪光泥浆，10 号测温锥	
OM4 号球土	41.9
EPK 高岭土	41.9
锆	10.5
硼酸盐	5.7
+ 膨润土	2

莎娜（Shaner）透明釉，10 号测温锥	
注意事项：将这种釉料作为面釉。	
F-4 长石	30
碳酸钙	16
白云石	5
EPK 高岭土	14
燧石	30
氧化锌	5

- 肌理深处的釉色看上去深一些，既突出了纹样又给釉色增添了层次感。
- 传统的琥珀色影青釉提升了作品的亲和力和品质。

盖罐

41 cm × 27 cm × 27 cm。苏打烧瓷器，刻画纹样，面釉，琥珀色影青釉。还原气氛烧成，烧成温度为10号测温锥的熔点温度。（有关所使用釉料、泥浆的详情请参见左侧。）

马克·夏皮罗 (Mark Shapiro)

与其他材料不同，陶瓷材料具有悠久的历史积淀感。艺术家试图让使用者在把玩陶瓷的同时感受到与大地的亲近。艺术家借助陶艺工具和拉坯成型法在作品的表面上创作出各种肌理效果。成型、烧制、实用功能，每一个环节都凝聚了艺术家的心血。坯体上的抽象装饰纹样与具象形装饰纹样相映成趣，增添了作品外观的生动性。亮色与暗色相对比、柔和与坚硬相对比、亮光与亚光相对比，丰富了坯体上的暖褐色色调。气氛烧成使每一件作品都具有了与众不同的独特面貌。

工艺说明（特指作品"茶壶"）▷

当茶壶坯体达到半干程度时，在其表面上涂抹一层6号砖高岭土（Tile#6）泥浆，然后再借助擦色法在坯体的表面上擦一层氧化铁。只擦壶身、壶嘴、提梁及提钮，再罩一层福布斯牌蜡，以作为遮挡物。当蜡液彻底干燥后，借助棒状工具在茶壶的各个部位刻画肌理。然后往坯体的表面上罩一层流动盛宴釉（釉料名）。蜡层与釉料相结合的地方会生成一种珠状肌理。以木柴（松树80%，硬木20%）作为燃料烧窑，用交叉焰窑炉烧窑，烧成温度为10号测温锥的熔点温度。当烧成温度达到熔点温度时，将盐抛撒进窑炉内部，每隔15 min抛撒一次，撒盐时将窑炉的烟囱挡板彻底闭合。

泥浆、釉料详情

流动盛宴釉，10号测温锥

本配方由陶艺家安德鲁·马丁（Andrew Martin）提供

3110号熔块	13
霞石正长石	14
焦硼酸钠	2.5
碳酸钡	9.5
碳酸锂	2.5
格罗莱格高岭土	11.5
硅	37
膨润土	2
+碳酸铜	2.5

6号砖高岭土（Tile#6）泥浆

6号砖（Tile#6）高岭土	94
膨润土	6

艾弗里（Avery）高岭土泥浆

艾弗里高岭土	70
霞石正长石	30
+膨润土	2

带柄长颈瓶

38 cm×18 cm×10 cm。炻器，将艾弗里高岭土泼洒到坯体的表面上，琥珀色釉料。柴烧，盐烧，烧成温度为10号测温锥的熔点温度。（有关所使用釉料、泥浆的详情请见左侧。）

茶壶

14 cm×20 cm×20 cm。炻器，坯体的表面上有6号砖高岭土（Tile#6）泥浆装饰层，借助擦色法将氧化铁擦到泥浆层上，雕刻。流动盛宴釉，柴烧，盐烧，烧成温度为10号测温锥的熔点温度。（有关所使用釉料、泥浆的详情见左侧。）

"当木灰、盐、釉料、肌理融合在一起时，作品的外表面看上去很像鲑鱼的皮肤，我很喜欢这种视觉效果。"

- 釉料、泥浆、黏土受到柴烧气氛及盐烧气氛的综合影响，生成极其丰富的颜色变化。
- 橙色、褐色及黄色为作品增添了一种柔和感和舒适感。

保罗·迈克穆兰 (Paul McMullan)

机遇、直觉、收集、时间，这些都是作品中重要的因素。艺术家按照自己的构思将不同形态的物体组合在一起，形成了荒诞、戏谑的创作风格。作品上的每一个部位都有其特定的寓意，艺术家用鲜亮的颜色装饰作品的主体部位，为观众留下无限的思考空间。

工艺说明（特指作品"似木"）▷

所选用的坯料为赤陶泥，部分型体注浆成型，部分型体捏塑成型，烧成温度为04号测温锥的熔点温度。用胶带纸作为遮挡物遮盖住坯料上的某些部位，然后在喷釉台上喷一层厚厚的釉料。作品"似木"的装饰过程如下：先在坯体上喷一层福布斯黑色釉，然后再喷一层金属铜色釉。釉烧温度为04号测温锥的熔点温度，电窑烧成，缓慢降温，以便得到亚光釉面效果。

狮子狗茶壶

25 cm×33 cm×15 cm。赤陶泥，注浆成型结合捏塑。雅克（Jacquie）红色氧化铁釉，威尔森（Wilson）黄绿色苔藓釉，埃里克森（Erickson）开片釉。烧成温度为04号测温锥的熔点温度。（有关所使用釉料的详情请见下文。）

釉料详情

金属铜色釉，04号测温锥

二氧化锰	35
雷达特陶土	46
球土	4
燧石	4
氧化铜	4
氧化钴	2
红色氧化铁	2
金红石	3

福布斯黑色釉，04号测温锥

G-200长石	20
3124号熔块	24
碳酸钙	11
焦硼酸钠	20
EPK高岭土	10
碳酸钡	10
氧化锌	5
+氧化锰	10
+碳酸铜	10
+红色氧化铁	10
+氧化铬	1

雅克红色氧化铁釉，04号测温锥

罩在擦铜饰面层上：3124号熔块
碳酸铜=50:50

焦硼酸钠	38
碳酸锂	10
霞石正长石	5
EPK高岭土	5
燧石	42
+红色氧化铁	5

艺术家本人配制的黄绿色苔藓釉，04号测温锥

此配方由陶艺家拉娜·威尔森（Lana Wilson）提供

碳酸锂	80
焦硼酸钠	5
硅	15
+膨润土	2
+氧化铬	3
+氧化锡	7

埃里克森开片釉，04号测温锥

焦硼酸钠	80
二氧化钛	20

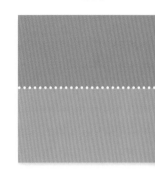

- 颜色使作品更具
  叙述性。
- 用色虽少却为观
  众留下无限的想
  象空间。
- 透过黑色装饰层
  可以隐约看到青
  灰色的坯体。
- 琥珀色釉料令雕
  塑的头部显得格
  外醒目。

"我通过作品
表达自己的困惑
与焦虑。"

似木

86 cm × 23 cm × 36 cm。赤陶泥，
注浆成型结合捏塑。借助毛笔涂
抹福布斯黑色釉，金属铜色釉，
雅克红色氧化铁釉。烧成温度为
04 号测温锥的熔点温度。（有关
所使用釉料的详情请见左侧。）

塞恩·奥康奈尔 (Sean O'Connell)

艺术家从抽象绘画、传统陶艺、现代设计、肌理纹样、诗歌等众多元素中汲取创作灵感，设计制作日用陶瓷作品。他把自己的作品称为"生活附属品"，融实用与美观于一体。圆滑的曲面上布满了黑色的点纹装饰图案。这些抽象的纹样与具有流动性的釉面融合在一起，极具视觉和触觉美感。

工艺说明

所选用的坯料为中等硬度的瓷泥，当坯体达到半干程度时，施以釉下彩装饰。所用的装饰颜料通常与水调和或者与其他釉下彩料调和，将调和好的颜料随意点画或者镶嵌在坯体的表面上。之后将坯体素烧，素烧温度为 04 号测温锥的熔点温度。接下来再放入电窑中釉烧，烧成温度为 7 号测温锥的熔点温度。艺术家用极慢的烧成速度烧窑，为的是让釉面与釉下彩料充分熔融并流淌。将配好的釉料放入球磨机研磨 25 min，让原料彻底粉碎，之后用 80 目的滤网过滤一遍。由于配方中的锂很容易凝结成块，所以一旦釉料的储存期超过了一周，则需要重新过滤一遍。

鸡尾酒罐
28 cm×18 cm×23 cm。拉坯成型并经修改，瓷泥。借助笔将商业釉料涂抹在坯体的表面上。排钟透明釉（釉料名），电窑烧成，烧成温度为 7 号测温锥的熔点温度。（有关所使用釉料的详情请见下文。）

釉料详情

排钟透明釉，6 号～8 号测温锥

锂辉石	13
3134 号熔块	21
硅矿石	20
EPK 高岭土	20
硅	18
氧化锌	8

丝绒黑色釉下彩
阿玛克陶艺用品公司生产的天鹅绒系列颜料，产品型号为 V-370

"在制作的过程中，我特别关注手感及装饰。"

椭圆形盘子

35.5 cm×20 cm×15 cm。拉坯成型，瓷泥。
借助毛笔将商业釉料涂抹在坯体的表面上。
排钟透明釉（釉料名），电窑烧成，烧成温
度为 7 号测温锥的熔点温度。（有关所使用
釉料的详情请见左侧。）

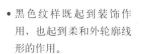

● 黑色纹样既起到装饰作　● 黑色点纹与透明釉熔融结
　用，也起到柔和外轮廓线　　合为一体，由于受到高温
　形的作用。　　　　　　　　的影响，流涡形成蓝黑色
　　　　　　　　　　　　　　条纹装饰。

大卫·艾奇伯格 (David Eichelberger)

作品采用捏塑法成型，坯体表面上的扇贝型装饰纹样及极具韵律的线条装饰让观众忍不住走近欣赏，甚至有种想动手触摸的冲动。器型虽简洁但使用功能极好，让人爱不释手。亮光黑色及亚光黑色与精致的线形纹样形成强烈的对比，让人不禁联想到美国原住民的黑陶器皿。亮红色线条与柔和的亚光黑色釉面相映成趣，深深地吸引着观众的目光。

食盒

20 cm×19 cm×11 cm。手工成型陶器，黑色亚光釉，黑色亮光釉。烧成温度为04 号测温锥的熔点温度。（有关所使用釉料的详情请见下文。）

工艺说明

所选用的坯料为赤陶泥，由多种手工成型法制作而成。素烧温度为04 号测温锥的熔点温度。借助铅笔将纹样绘制在素烧坯体的表面上，然后将其中一种黑色釉料涂抹在坯体上（留出纹样部分）。之后再借助毛笔将另一种黑色釉涂抹在纹样的另一侧，线形留白的宽度约为1 mm。之后入窑烧成，烧成温度为04 号测温锥的熔点温度（有时略高）。由于坯料是赤陶泥，所以留白的线形纹样会在烧成后转变为红色。

釉料详情

亚光黑色釉，04 号测温锥	
焦硼酸钠	36
阿尔巴尼泥浆	36
PV 泥（泥料名）	7
霞石正长石	21
＋艳黑色着色剂，马森陶艺用品公司出品，产品型号为6600 CrFeCoNi	

亮光黑色釉，04 号测温锥	
3124 号熔块	45
3289 号熔块	45
OM4 号球土	10
＋膨润土	2
＋艳黑色着色剂，马森陶艺用品公司出品，产品型号为6600 CrFeCoNi	

"在创作的过程中，我经常会想到我们生活的世界，所以从某种意义上说，我的作品既是艺术品也是人类学的研究产物。"

花形器皿
53 cm×53 cm×16.5 cm。手工
成型陶器，黑色亚光釉，黑色
亮光釉。烧成温度为 04 号测温
锥的熔点温度。（有关所使用釉
料的详情请见左侧。）

● 亚光黑色与亮光黑色形成了
鲜明的对比，将观众的视线
牢牢地吸引到器型上。

● 赤陶泥的红色不仅为作品增
添了亮色调，同时也增添了
肌理效果。

克里斯蒂娜·科多瓦 (Cristina Córdova)

人物嘴唇轻启，眼神倦怠，给观众一种难以忘怀的无助感。黑色与白色形成强烈的对比，隐隐预示出人物内心世界的双重性。作品具有超现实主义色彩，人物的意识和身份显得十分模糊。亚光黑色调笼罩着整个头像，皮肤的柔软感不复存在。环绕在头像四周的纯白色瓷片有的像花朵，有的像果实，它们是美好回忆的象征。

工艺说明

当坯体达到半干状态时，将耐高温金属丝插入头像四周相应的装饰部位。用阿玛克陶艺用品公司生产的釉下彩绘制人物的眼睛，画完后在其表面上涂一层蜡以作遮挡。用白色注浆泥浆喷绘眼白部分，用马森陶艺用品公司出品的不含钴的黑色着色剂绘制出瞳孔及眼睛的细节。然后将坯体放入窑中素烧，素烧温度为 06 号测温锥的熔点温度。将经过素烧的眼睛用胶带遮挡住，借助擦色法在坯体的表面上擦一层薄薄的黑色釉下彩，之后再薄薄地喷几层黑色釉下彩。接下来，在眼睛的上面罩一层透明釉并入窑烧制，烧成温度为 04 号测温锥的熔点温度。最后，借助环氧树脂将环绕在头像四周的瓷片牢牢地黏结在人物头部预留好的耐高温金属丝上。

痕迹

30 cm×23 cm×15 cm。中温白色炻器泥料，瓷泥，泥浆添加不含钴的黑色着色剂，黑色釉下彩。烧成温度为 04 号测温锥的熔点温度。（有关所使用釉料的详情请见下文。）

釉料说明

中温商业注浆泥浆添加不含钴的黑色着色剂，马森陶艺用品公司出品，产品型号为 6600 CrFeMn

乌黑釉下彩

阿玛克陶艺用品公司生产的天鹅绒系列颜料，产品型号为 V-361

无色透明釉，05 号测温锥

阿玛克陶艺用品公司出品，产品型号为 F-10

"我最喜欢用黑色和白色装饰我的雕塑型陶艺作品。黑色能引导人们去思考，而白色则给人以平静感。"

- 环绕在头像周围的白色瓷片给人以纯洁感和平静感。

- 带有肌理的亚光黑色将光线全部吸收进去，为作品增添了无尽的深度感。

- 单纯的黑色调为作品增添了动态感、严肃感及感情色彩。

瑞贝卡·卡特尔 (Rebecca Catterall)

作品的外观颇像建筑物，光可以穿透建筑构件形成不同的阴影变化。单一且深暗的装饰色调将观众的视线吸引至作品的整体造型上，让人深度思考肌理、构件与整个空间的联系。艺术家的创作灵感来源于流线型工业设计，她借助挤压成块面状的泥条搭建有序空间。作品中充满了现代建筑美感，结构复杂且各悬空部件搭接平衡、完整。将这些预制的泥条按照心中的构想完美组合、搭建在一起是一项巨大的工程。

阴影中的屋檐（细部）
艺术家将泥浆装饰过的陶瓷部件按照建筑形式搭建在一起。（有关所使用泥浆的详情请见下文。）

工艺说明

一边翻转坯体一边往其外表面上倾倒泥浆，直到泥浆均匀的覆盖住坯体上的所有部位为止。对于那些凝聚在一处的泥浆疙瘩，可以先用海绵将其彻底擦掉，之后再用毛笔蘸适量泥浆将该部位修整平滑。艺术家采用多次少量的方式在坯体的表面上喷涂泥浆层，每涂一层都要打磨修整，满意之后才会喷涂下一层。实施步骤不同所形成的肌理亦不同——当喷涂的速度较快且泥浆层较厚时，坯体的外表面上会出现一层亮光；相反，当喷涂的速度较慢且泥浆层数较多时，泥浆层极易开裂。作品是在电窑中烧制的，烧成温度为 4 号测温锥的熔点温度。当初次烧成的效果不甚理想时，艺术家会在坯体上重新喷涂底色并复烧。

泥浆详情

泥浆，4 号测温锥

高岭土	80
霞石正长石	20

＋马森陶艺用品公司出品的两种着色剂，并将其按照 50:50 的比例混合在一起。这两种着色剂分别是不含铬的黑色着色剂，产品型号为 6600 CoFeMn；以及深灰色着色剂，产品型号为 6527 CrFeAlSiSnZr 　　　　　　10
＋羧甲基纤维素钠胶 　　　　　　1

"在我的作品中充满了矛盾点：常规型体被打破，且无任何装饰元素。如果仅从外表看的话，你看不出任何熟悉的形式。我试图营造出这样一种空间氛围：具有视觉冲击力、现代、不可触动。"

- 亚光灰色调给人以冷艳感及启发性。
- 单一的色调与光影变化融合在一起，将观众的视线牢牢地吸引到作品的整个型体上。
- 作品上的线形结构在灰色的映衬下，显示出某种超越陶瓷材质的美感。

阴影中的屋檐
12 cm×26.5 cm×30 cm。借助挤泥机将炻器泥料挤压成条。在素烧过的坯体上喷涂泥浆以及商业着色剂。氧化气氛烧成，烧成温度为4号测温锥的熔点温度。（有关所使用泥浆的详情请见左侧。）

艾丽萨·撒哈尔 (Elsa Sahal)

作品"杂技演员"隶属于"平衡系列"作品，人物的形体与空间搭配十分协调。杂技演员在表演过程中的形体平衡感被物化于陶瓷材质中。观众可以通过纤细的腿部构造联想到杂技演员的形体特征。人物的腹部隆起，头发从坯体上预留的小孔中穿出，在通体亚光黑色调的掩映下显得十分怪异。

工艺说明

艺术家选用加砂炻器泥料创作形体巨大的雕塑型陶艺作品，粗糙的泥料不仅起到了支撑型体的作用，还与深色调的釉料结合形成丰富的肌理变化。借助毛笔在半干的坯体上涂抹一层泥浆。艺术家在坯体的表面上黏结了一层沙粒，使作品的外表面看上去跟晒干墙面差不多。最后将坯体放进电窑缓慢烧至1号测温锥的熔点温度。

"我将多种泥料按照最有利于作品装饰效果的比例调和在一起。我试图在作品中表现两个方面：一个是杂技演员的衣着、肌肉及思想；另一个是陶瓷泥料的重量、质地及肌理。"

泥浆详情

10号煅烧泥浆，04号～1号测温锥

霞石正长石	32
碳酸钙	15
碳酸锂	5
氧化锌	3
高岭土	23
石英	22

＋黑色着色剂，瑟达科 (Cerdac) 陶艺用品公司生产出品料，产品型号为PCM 716

CrFe	10

- 深黑色调将坯体上的各种肌理及材质高度统一起来，使作品极富整体感。
- 单纯的色调将观众的视线牢牢地吸引至作品的整体外形上。
- 光影在亚光黑色装饰层上形成了丰富的视觉变化。

杂技演员
160 cm×66 cm×66 cm。加砂炻器泥料，喷黑色釉。氧化气氛烧成，烧成温度为1号测温锥的熔点温度。人造纤维。（有关所使用泥浆的详情请见左侧。）

弗吉尼亚·斯科奇 (Virginia Scotchie)

　　艺术家从日常生活用品及来自不同文化背景的简单器型中汲取创作灵感，作品的实用功能不甚明显。作品"带有蓝绿色、青铜色及球形装饰的碗"融滑稽与严肃为一体：主体呈 8 字形周身布满圆孔，两只提钮呈圆球状。艺术家从大自然中汲取装饰灵感。蓝绿色与金属黑色具有相同的纯度，但肌理不同，对比鲜明。金属质感的釉色让人联想到机械，而蓝绿色则颇具生动性，这两种色彩不仅起到了突出型体的作用，还起到了极好的装饰作用。

带有白色和青铜色装饰的碗
每个碗的规格约为 18 cm×25 cm×15 cm。炻器，带有肌理的釉料，青铜釉。氧化气氛烧成，烧成温度介于 5 号测温锥的熔点温度至 6 号测温锥的熔点温度之间。（有关所使用釉料的详情请见下文。）

带有蓝绿色、青铜色及球形装饰的碗
51 cm×35.5 cm×25 cm。炻器，带有肌理的蓝绿色釉料，青铜釉。氧化气氛烧成，烧成温度介于 5 号测温锥的熔点温度至 6 号测温锥的熔点温度之间。（有关所使用釉料的详情请见下文。）

釉料详情

青铜釉，2 号～6 号测温锥		带有肌理的釉料，4 号～6 号测温锥	
雷达特（Redart）陶土	48	骨灰	77.3
OM4 号球土	4	冰晶石	13.7
硅	4	碳酸钡	0.4
二氧化锰	36	F-4 长石	8.6
碳酸铜	4		
碳酸钴	4	**蓝绿色釉**	
		+3% 碳酸铜	

　　"在创作的过程中，我预测不到作品的最终烧成效果，我只是不断地向前探索。我很少针对某一件作品绘制草图，但是我画了很多素描稿和彩色稿，它们是我的灵感来源。"

工艺说明

先将坯体素烧一遍，然后把青铜釉过滤一下并借助毛笔涂抹在坯体的表面上，涂两三层。坯体上带有肌理的那种釉料需要用手动搅拌机搅拌成酸奶状，之后用毛笔将搅拌好的釉液轻拍在坯体的表面上。氧化气氛釉烧，烧成温度为5号测温锥的熔点温度或者6号测温锥的熔点温度。

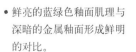

• 鲜亮的蓝绿色釉面肌理与深暗的金属釉面形成鲜明的对比。

• 青铜釉散发出一种偏暖的金属光泽，由于釉层的厚度不同，其呈色也不同；薄的地方呈金属铜色；厚的地方呈亚光黑色。

斯蒂文·蒙哥马利 (Steven Montgomery)

这些雕塑型陶艺作品堪称视幻盛宴，艺术家借助陶瓷材质创造了超现实的机械及工业构件。作品"液体燃料喷嘴"造型优雅、体量沉重，仿佛是某个大型机械的零部件，极具超现实感。一眼望去仿佛没有任何使用功能，但其表面上的斑斑锈迹却又说明它已经被使用过很久了。面对这些庞然大物，我们几乎难以分辨出这是陶瓷制作的，在它的表象下究竟隐藏着多少秘密呢？

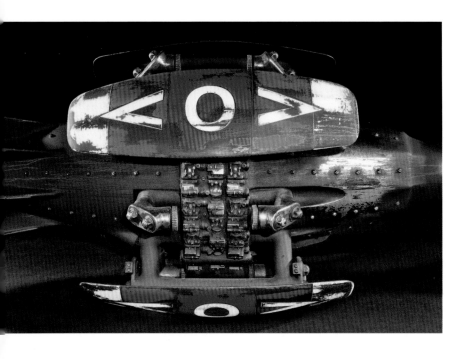

工艺说明

　　艺术家选用滑石含量极高的白色陶泥进行创作，素烧温度为04号测温锥的熔点温度，坯体上的釉料为商业透明釉，其烧成温度亦为04号测温锥的熔点温度。在往坯体上涂抹光泽彩之前，先用变性酒精将坯体的表面仔细擦拭干净。毛笔、盛放釉料的容器也要用气泵仔细吹一遍，以防止因附着灰尘而引发针眼等釉面缺陷。艺术家佩戴着防毒面具和手套为坯体涂抹光泽彩，务必保证釉面均匀，不能有流釉及积釉部位。光泽彩的烧成温度为016号测温锥的熔点温度。艺术家还在烧好的坯体上借助多种绘画颜料做细节刻画，以达到更加真实的视觉效果。

零和游戏
165 cm×43 cm×43 cm。透明釉陶器，烧成温度为04号测温锥的熔点温度，光泽彩的烧成温度为016号测温锥的熔点温度。（有关所使用釉料的详情请见下文。）

釉料详情

透明釉，04号测温锥
　　邓肯陶艺用品公司出品，产品型号为IN 1001

铂金光泽彩釉，016号测温锥
　　英格哈德·哈诺威国际有限公司产品

　　注意事项：艺术家在接触有毒原料时佩戴了OSHA牌高级防毒面具及手套，在封闭的窑房内烧窑时使用了排风设备。

"尽管手头功夫再好也不一定能做出成功的作品，但我依然认为只有当技法和观念达到一定的高度后，才能创作出超越陶瓷材质视觉效果的好作品。"

液体燃料喷嘴

79 cm×41 cm×41 cm。透明釉陶器，烧成温度为 04 号测温锥的熔点温度，光泽彩的烧成温度为 016 号测温锥的熔点温度。除釉料外，还用了很多绘画颜料。（有关所使用釉料的详情请见左侧。）

- 黑黄折线纹样非常吸引观众的视线，它们看上去就像危险原料上的警告标志。
- 由铬形成的斑驳锈蚀肌理，为作品增添了历史感。
- 亮黄色及镜面般的金属色非常抢眼。

弗朗西斯·荣格 (François Ruegg)

艺术家本人是瑞士人，系列作品"非静物"看上去颇像膨胀的口袋，极具趣味性。艺术家把各类蔬菜放进袋子中，然后在上面翻制模具。作品上有开口，内部为中空结构，饰以水果、蔬菜般的鲜亮釉色；外部饰以光泽彩，内外颜色对比极其强烈。创作灵感虽来源于蔬菜，但却超越了蔬菜，观众在欣赏作品的过程中可以看到光泽彩上反射出自己的影像，启发我们深入思考事物的内在和外在，个体与他人。

非静物 1 号

30 cm×32 cm×28 cm。注浆瓷器，素烧温度为 07 号测温锥的熔点温度。坯体的内部喷涂邓肯陶艺用品公司生产的氖绿色釉下彩，坯体的外部罩着透明釉，其烧成温度为 05 号测温锥的熔点温度。铂金光泽彩的烧成温度为 017 号测温锥的熔点温度。（有关所使用釉料的详情请见下文。）

釉料详情

具有闪光效果的透明釉，05 号测温锥

博德默·图恩（Bodmer Ton）陶艺用品公司出品的 82.210 号釉料

釉下彩，05 号测温锥

氖黄色釉下彩，邓肯陶艺用品公司生产的概念系列产品，产品型号为 CN 501

氖橙色釉下彩，邓肯陶艺用品公司生产的概念系列产品，产品型号为 CN 504

氖绿色釉下彩，邓肯陶艺用品公司生产的概念系列产品，产品型号为 CN 505

光泽彩，07 号测温锥

商业铂金光泽彩

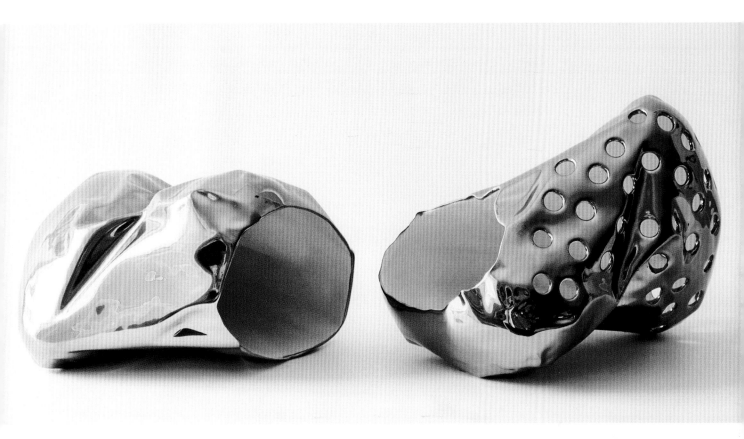

工艺说明

　　先将作品素烧一遍，素烧温度为 08 号测温锥的熔点温度。在坯体的内部喷涂釉下彩并再次入窑烧制，烧成温度为 7 号测温锥的熔点温度。接下来，在坯体的外部喷涂一层透明釉（在釉料内添加少量的胶，以便其能够牢固地附着在坯体的表面上）并入窑烧制，烧成温度为 05 号测温锥的熔点温度。最后，在坯体的表面上喷一层商业铂金光泽彩并再次入窑烧制，烧成温度为 017 号测温锥的熔点温度。

非静物 2 号
75 cm × 30 cm × 28 cm。注浆瓷器，素烧温度为 07 号测温锥的熔点温度。坯体的内部喷涂了邓肯陶艺用品公司生产的氖黄色及氖绿色釉下彩，坯体的外部罩着透明釉，其烧成温度为 05 号测温锥的熔点温度。铂金光泽彩的烧成温度为 017 号测温锥的熔点温度。（有关所使用釉料的详情请见左侧。）

- 坯体表面上的铂金光泽彩看上去就像镜子一样。
- 釉色与光泽彩形成了极其强烈的对比效果。
- 作品是用装满水果和蔬菜的袋子翻模成型的，作品内部的釉色可以让人联想到这些水果和蔬菜。

卡瑞·奥斯伯格 (Karin Östberg)

艺术家通过在简单釉色上不断寻求组合变化的方式进行艺术创作。底釉与面釉的颜色形成强烈的对比，开片釉上的裂痕形成丰富的肌理，这些装饰元素使瓷球看上去充满动态美感和生动性。可以随意调整展示方式：单个、成堆、线形排列、矩阵组合、黏结在墙面上或者放在地板上都行。颜色组合及堆放形状也很随意。

蓝色球和绿色球
陶泥球，每个球的直径为 7 cm。坯体上罩着数层低温釉料，开片釉。反复烧制三四遍，烧成温度为 04 号测温锥的熔点温度。（有关所使用釉料的详情请见下文。）

工艺说明

　　艺术家先在素烧过的坯体上涂一层商业陶器釉料，然后入窑烧制，烧成温度介于 017 号测温锥的熔点温度与 016 号测温锥的熔点温度之间。接下来往坯体的表面上涂一层开片釉并再次入窑烧制，烧成温度为 04 号测温锥的熔点温度。陶器釉料为底釉，开片釉为面釉，透过开片釉可以看到底釉的颜色，除装饰作用之外，底釉还起着黏合面釉的作用。艺术家做了很多小型陶瓷窑具，上面涂抹着氢氧化铝，她还做了不少陶瓷碟子，在烧窑时用它们来承托带有开片效果的瓷球，这些陶瓷窑具都能起到防止流釉粘板的作用。艺术家凭感觉规划瓷球的颜色和重量，尽量使堆放在一起的瓷球在颜色分布及大小规格方面达到视觉比例上的均衡。每个瓷球上的釉层厚度都不相同，底釉的颜色也各不相同，放置的窑位亦有区别，这样做是为了获得丰富多彩的烧成效果。

釉料详情

商业釉料

　　亮光蓝绿色釉，CEBEX 陶艺用品公司出品，产品型号为 E-Glaze 5126

　　铜绿色釉，CEBEX 陶艺用品公司出品，产品型号为 E-Glaze 5119

　　亮光钴蓝色釉，CEBEX 陶艺用品公司出品，产品型号为 E-Glaze 1976

　　亮光透明釉，CEBEX 陶艺用品公司出品，产品型号为 E-Glaze 1031

混合物 A
　　600 mL 亮光透明釉与 400 g 氧化锡相混合

混合物 B

霞石正长石	20%
焦硼酸钠	80%
加水调和成釉液	50
碳酸镁	50

（亦加水调和成釉液状）

开片釉 C，04 号测温锥

混合物 A	50
混合物 B	50

开片釉 D，04 号测温锥

硼熔块	45
氧化锡	55

- 淡蓝绿色、浅绿色、深蓝色，有的发光，有的不发光；有的有开片肌理，有的没有开片肌理，混杂在一起组成作品的主色调。
- 近距离观看时，可以透过蓝色开片釉层看到球体内部的红色及桃红色，底釉和面釉形成强烈的对比。
- 各种色调和肌理混杂在一起为作品增添了生动性。

堆积在一起的蓝色球和绿色球
大约 80 cm×80 cm。120 颗陶泥球，每个球的直径为 7 cm。坯体上罩着数层低温釉料，开片釉。反复烧制三四遍，烧成温度为 04 号测温锥的熔点温度。（有关所使用釉料的详情请见左侧。）

"我既关注事物本身，也关注其发展过程。无论是制作过程还是装饰过程都需要耐心。"

何善影 (Sin-ying Ho)

作品"同一个世界，大众 1 号"是一个 2.1 m 高的陶瓷花瓶，其系列作品名为"伊甸园"，展现了中国千年的陶瓷文化。艺术家出生在香港，现居住在美国北部，其作品颇具中国特色。出于对中国陶瓷文化的敬意，艺术家常用青花纹样作为大花瓶的背景图案。作为对比性装饰元素，艺术家在人物剪影内绘制出 46 种语言符号，既表达了文化融合，也体现了沟通障碍。

诱惑——物质人生 1 号作品及 2 号作品
两个花瓶的规格分别为 175 cm×60 cm；173 cm×60 cm。拉坯成型，中等白瓷泥。坯体上喷一层精白泥浆，手绘青花。丝网印红色贴花纸，亮光影青釉，贴花纸，一次烧成，烧成温度为 12 号测温锥的熔点温度。(有关所使用釉料的详情请见下文。)

工艺说明

所选用的泥料为中等白瓷泥，之所以选择这种泥料是因为其可塑性较强。在坯体上喷涂一层精白泥浆，纯白底色为突出颜色的鲜艳感打下了基础。先在纸上剪出人物的剪影，再将其粘贴到坯体上并用铅笔画出轮廓，之后在剪影内涂上一层乳胶。借助铅笔绘制出花朵图案，然后用青花料绘制花纹。接下来，在坯体的表面上喷一层淡淡的影青釉，待坯体干燥后将乳胶层揭起来。在剪影轮廓的周围涂一层乳胶，然后将贴花纸粘贴到剪影轮廓的内部。将坯体入窑烧制，烧成温度为 12 号测温锥的熔点温度。

釉料详情

亮光影青釉，12 号测温锥
培荫堂陶艺用品公司出品

青花料
培荫堂陶艺用品公司生产的康乾 1 号青花料

"我的作品旨在启发观众思考人的努力是否为有形资产，是否有意义。"

同一个世界，大众 1 号
210 cm×53 cm×53 cm。拉坯成型，中等白瓷泥。坯体上喷一层精白泥浆，手绘青花。丝网印黄色、红色、绿色釉下贴花纸，亮光影青釉，贴花纸，一次烧成，烧成温度为 12 号测温锥的熔点温度。(有关所使用釉料的详情请见左侧。)

- 传统的青花装饰纹样与平面的、鲜亮的红色、绿色及黄色纹饰形成强烈的对比。
- 文字的颜色十分艳丽，突出了作品的文化主题。

克里斯蒂·凯弗 (Kristen Kieffer)

凯弗是一位来自马萨诸塞州的全职艺术家。她的日用陶瓷作品造型优雅、颜色生动、融实用性与审美价值于一体。艺术家从装饰史料、18 世纪的银器及服饰、新艺术风格的插图、蛋糕装饰等广泛领域汲取设计灵感，创作了这些审美与实用俱佳的陶瓷日用品。无论从装饰角度还是从造型方面都属上乘之作。

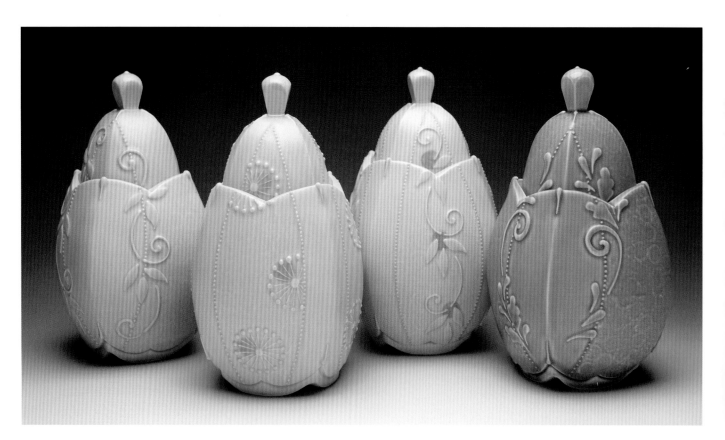

带盖小罐

每个罐子的规格为 25 cm × 13 cm × 13 cm。瓷器，采用泥釉彩饰法将泥浆及釉下彩装饰到坯体的表面上。

经过改良的迪克逊（Dixon）着色剂，5 号～6 号测温锥

　　此配方由陶艺家乔治·博维斯（George Bowes）提供

霞石正长石	22.65
碳酸钙	22.35
3124 号熔块	8.82
EPK 高岭土	20.3
焦硼酸钠	2.94
碳酸镁	2.94

艺术家本人配制的浅绿色釉

　　+5% 蓝绿色着色剂，马森陶艺用品公司出品，产品型号为 6364 SiZrV

"尽管我知道如何配制釉料，但是我总是选择用商业釉料来装饰我的作品。我把大部分时间和精力都用在做颜色实验上，力求获得完美的视觉效果。"

- 颜色起到了突出型体、丰富视觉及装饰的作用。
- 各种颜色交织在一起形成了极其生动的装饰效果。
- 在构思的过程中需要考虑以下几方面的协调性：深色与浅色、亚光与亮光及所选颜色的色相。
- 颜色本身并无实用性，但是它却能让使用者感到愉快。

工艺说明

所选用的坯料为 213 号中等瓷泥，采用拉坯成型法制作坯体，在经过变形改造的坯体上压印肌理、擦拭及点绘着色剂，以形成丰富的装饰纹样。借助毛笔将釉下彩料涂抹在素坯的表面上，局部点绘着色剂。采用浸釉法为坯体施釉，烧成温度为 7 号测温锥的熔点温度，氧化气氛烧窑。烧成时间长达 15 h，当烧成温度达到熔点温度时保温 7 min，缓慢降温。

淡绿色茶壶以及托盘
30 cm × 30 cm × 20 cm。中等瓷器。在坯体上压印肌理、擦拭及点绘着色剂、釉下彩、浅绿色釉。氧化气氛烧窑，烧成温度为 7 号测温锥的熔点温度。（有关所使用釉料的详情请见左侧。）

西德赛尔·哈努姆 (Sidsel Hanum)

星空联盟
21 cm×14 cm×7 cm。将作品浸入水和硫酸钛溶液、二水合氯化铜溶液中。还原气氛烧成，烧成温度介于 02 号测温锥的熔点温度至 03 号测温锥的熔点温度之间。（有关所使用溶液的详情请见下文。）

艺术家本人是挪威人。作品纤细、抽象，看上去既像残片又像水生物。这些作品无疑是艺术家付出了大量时间和精力的产物。艺术家从珊瑚礁中汲取创作灵感，肌理看上去颇像地质构造，一层层肌理叠摞在一起构建成作品的器壁。艺术家用氯化物溶液装饰坯体的表面，肌理及构造细节展露无遗，视觉效果十分生动。

工艺说明

先制作石膏模具，再将调和成膏状的瓷泥一层一层叠摞到模具中。为了不破坏由稠泥浆形成的肌理，艺术家不选择釉料装饰坯体，而是选择经过特殊配制的氯化物溶液（有毒的水溶性金属盐类物质）。先把坯体素烧一遍，然后将其浸入清水，这样做的目的是延缓氯化物溶液在坯体上的渗透速度。之后借助吹风机将坯体上的水分稍微吹一下，接下来将坯体浸入某一种氯化物溶液中。待坯体干燥后再用毛笔将另外一种氯化物溶液涂抹在坯体的某些位置上。采用还原气氛烧窑，以烷烃为燃料，初始烧成温度为 07 号测温锥的熔点温度，后期烧成温度介于 02 号测温锥的熔点温度至 03 号测温锥的熔点温度之间。

溶液详情

作品"星空联盟"
初次浸：
清水

二次浸：
20% 钛溶液（水和硫酸钛）

三次浸：
20% 铜溶液（二水合氯化铜），由 20 g 铜与 100 mL 水调和而成

作品"亚伯（Abel）的玫瑰"：
先将整个坯体浸入清水

底部：
浸氯化钴溶液

器壁：
借助毛笔涂抹氯化铜溶液

作品"海藻"
初次浸：
清水

二次浸：
氯化钴溶液

外壁：
借助毛笔涂抹氯化铜溶液

注意事项：上述水溶性金属盐类物质都是有毒的，且很容易侵入人体皮肤。在操作的过程中必须佩戴手套、防毒面具及做好通风工作。须严格按照各种原料的使用说明书端拿、储存及丢弃。

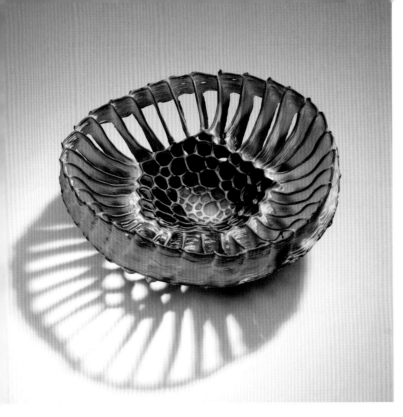

"为了不影响作品的结构美感，我很少在坯体的表面上喷涂厚厚的釉层。"

亚伯的玫瑰

14 cm×14 cm×5 cm。借助毛笔在瓷泥坯体上涂抹，或者将作品浸入氯化铜溶液、氯化钴溶液中。还原气氛烧成，烧成温度介于02号测温锥的熔点温度至03号测温锥的熔点温度之间。（有关所使用溶液的详情请见左侧。）

- 作品"海藻"看上去就像是海水中的藻类植物，在阳光的映衬下蓝色调散发出迷人的视觉效果。
- 作品"星空联盟"颜色变换十分丰富，同时还有一种时光流逝感。

海藻

21 cm×19 cm×9$\frac{1}{2}$ cm。借助毛笔在瓷泥坯体上涂抹，或者将作品浸入氯化铜溶液、氯化钴溶液中。还原气氛烧成，烧成时将作品倒放在硼板上，烧成温度介于02号测温锥的熔点温度至03号测温锥的熔点温度之间。（有关所使用溶液的详情请见左侧。）

迈克·德·格罗特 (Mieke de Groot)

　　艺术家从饱含韵律美感的自然结构中汲取创作灵感，其作品极具几何化构成特色。在一大块泥料的表面上精心刻画韵律感十足的肌理，是一项颇费时间和精力的工程。作品看上去就像是漂浮在展台上。作品"2010.11"通体为饱和度极高的蓝色，在光线及肌理的映衬下，单纯的蓝色装饰面出现了多种色调变化，进而为整个器型增添了空间层次感。

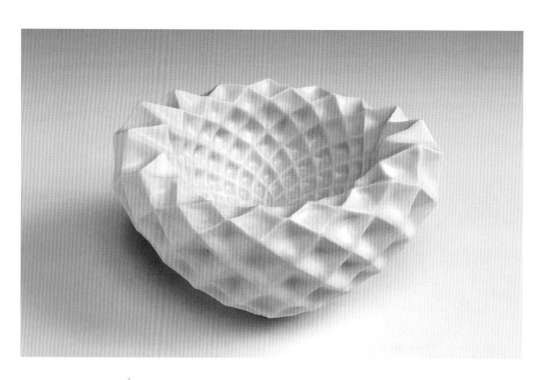

蓝色煅烧泥浆，4 号测温锥

白色注浆泥	80
煅烧高岭土	20
＋1510 号熔块（碱质熔块，与费罗陶艺用品公司生产的 3110 号熔块相似）*	15
＋碳酸钴	2
＋氧化铜	4

　　＋蓝绿色着色剂 8 柯拉米克斯 (Keramikos) 陶艺用品公司出品，产品型号为 PM245b ZrSiV)

*1510 号熔块：

0.62Na$_2$O	0.06Al$_2$O$_3$	2.1SiO$_2$
0.06K$_2$O		
0.1CaO		
0.22ZnO		

铝含量较高的白色亚光釉，6 号测温锥

钾长石	10.1
霞石正长石	56.4
白云石	14.8
碳酸钙	7.7
高岭土	9.9
石英	1.1

　　注意事项：往配方中添加 3%~5% 的氧化铝可以增强釉面的亚光效果。

2012.8

25 cm×20 cm×15 cm。注浆瓷器，烧成温度为 12 号测温锥的熔点温度。采用喷釉法往坯体的表面上喷一层添加了羧甲基纤维素钠胶的白色釉料。气窑氧化气氛烧成，烧成温度为 6 号测温锥的熔点温度。（有关所使用釉料、泥浆的详情请见左侧。）

工艺说明（特指作品"2010.11"）△

　　艺术家在坯体上喷了一层厚厚的煅烧蓝色泥浆。该泥浆在使用前经过 100 目滤网过滤，这样做可以防止配方中的煅烧高岭土在烧成的过程中生成斑点。气窑氧化气氛烧成，烧成温度为 4 号测温锥的熔点温度，烧窑时坯体的底部垫着一层厚厚的窑砂。

2010.11
42 cm×32 cm×15 cm。手工成型炻器，采用喷釉法往坯体的表面上喷一层蓝色煅烧泥浆。气窑氧化气氛烧成，烧成温度为 4 号测温锥的熔点温度。（有关所使用釉料、泥浆的详情请见左侧。）

- 在光线的影响下，纯度极高的亚光蓝色在坯体上的肌理处显示出极其丰富的色调变化。
- 单色装饰赋予每一件作品以独特的感情色彩。
- 蓝色能让人联想到布满涟漪的水面。

茉莉亚·加洛威 (Julia Galloway)

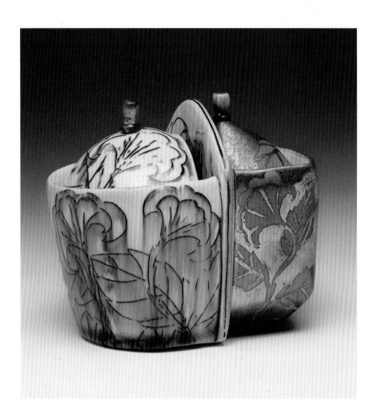

艺术家从美国著名画家约翰·詹姆斯·奥杜邦（John James Audubon）绘制的花鸟画中汲取创作灵感。多年以来，她一直在从事日用陶瓷产品的设计与制作，作品上带有精美的花鸟装饰纹样，技艺十分精湛。作品"剪尾鹟水罐"造型优雅，纹样精致，充分展现了陶瓷材质的美感。艺术家用她灵巧的手绘制出一只栩栩如生的剪尾鹟，鸟儿在植物丛中展翅轻飞，回首寻找可以栖身的树枝，画面极具浪漫色彩。装饰纹样中的抒情格调能给使用者带来极大的愉悦感。

盐和辣椒罐

13 cm×8 cm×10 cm。瓷器，内部：白色面釉；左侧：蓝色着色剂外罩黄绿色透明釉；右侧：鲜亮的绿色。苏打烧，烧成温度为5号测温锥的熔点温度。金色光泽彩，烧成温度为018号测温锥的熔点温度。（有关所使用泥浆、釉料的详情请见下文。）

泥浆、釉料详情

科克（Koke）白色面釉，5号~6号测温锥

莱斯利陶瓷用品公司出品，产品型号为Koke 1105

蓝色泥浆，5号测温锥

在瓷泥浆内添加10%的深蓝色着色剂，马森陶艺用品公司出品，产品型号为6388 CoSi

具有闪光效果的泥浆，5号测温锥

6号砖高岭土（Tile#6）	8
格罗莱格高岭土	1
碳酸钙	1

亮光绿色，5号测温锥

此配方由陶艺家杰夫·奥斯崔兹（Jeff Oestreich）提供

卡斯特长石	42
碳酸钙	7
碳酸锶	33
氧化锌	8
球土	10
＋碳酸铜	3
＋红色氧化铁	2
＋金红石	2

黄绿色透明釉，2号~5号测温锥

霞石正长石	23
碳酸锂	11
碳酸钙	23
3124号熔块	9
球土	3
燧石	31

● 釉面下的蓝色装饰纹
样为作品增添了一种
历史感。

工艺说明:(特指作品"剪尾鹟
水罐") ◁

　　当坯体达到半干程度后,艺术家
用 X–Acto 牌刀子在坯体的表面上刻
画出剪尾鹟装饰图案。之后借助毛笔
将蓝色泥浆填涂到刻痕中,并用海绵
将不慎沾到刻痕外部的蓝色泥浆擦干
净。接下来,在纹样的部位涂一层蜡,
之后采用浸釉法为坯体施釉,所选用
的釉料为带有闪光效果的釉料。坯体
内部的釉料是科克白色面釉。最后将
作品放入苏打窑中烧制,烧成温度为5
号测温锥的熔点温度。

剪尾鹟水罐
18 cm × 13 cm × 41 cm。瓷器,商
业面釉,蓝色泥浆釉下彩,具有
闪光效果的泥浆,透明釉。苏打
烧,烧成温度为 5 号测温锥的熔
点温度。(有关所使用泥浆、釉
料的详情请见左侧。)

亚当·弗鲁 (Adam Frew)

艺术家从传统的东方陶瓷中汲取创作灵感。他对技法和原料都很精通。拉坯成型的坯体上饰以涂鸦肌理及泼溅釉色，纹样上罩着一层透明的、具有流动性的影青釉，装饰效果看上去个性十足。

工艺说明

艺术家先在拉坯成型的瓷器坯体上绘制并刻画纹样，之后将有色泥浆填涂到纹样部位的刻痕内。接下来将坯体放入窑炉素烧，然后往坯体的表面上喷涂一层厚厚的釉料。最后将坯体放进窑中釉烧，烧成温度为10号测温锥的熔点温度。所采用的烧成时间较长，这是为了获得垂釉效果。艺术家使用过很多烧成方法，每一种方法都能取得不同的釉面效果。必须在还原气氛中才能烧制出影青釉的蓝色调。

釉料详情

蓝色影青釉，10号测温锥

钾长石	42
碳酸钙	10
氧化锌	6
白云石	5
滑石	2
高岭土	2
膨润土	1
燧石	30
红色氧化铁	1~2

注意事项：作品"小碗"上的釉料配方中含有1%的红色氧化铁；作品"狂草罐"上的釉料配方中含有2%的红色氧化铁。

狂草罐

50 cm×50 cm×50 cm。拉坯瓷器，釉层下覆盖钴料及红色泥浆绘制的纹样，在坯体的表面上喷涂一层厚厚的影青釉并泼洒一些铜红釉。还原气氛烧成，烧成温度为10号测温锥的熔点温度。（有关所使用釉料的详情请见左侧。）

"我用的颜色比较少，我想突出的是作品的造型及内涵。"

小碗
10 cm × 15 cm × 15 cm。白瓷泥，将钴料及红色泥浆泼洒在坯体的表面上，之后覆盖一层蓝色影青釉。还原气氛烧成，烧成温度为10号测温锥的熔点温度。（有关所使用釉料的详情请见左侧。）

- 熔融的影青釉流淌成垂露状，看上去颇像悬挂在屋檐下的冰柱。
- 蓝色调被红色斑点打破，两种颜色形成对比效果，非常引人瞩目。
- 潦草的纹饰与柔和的釉面形成强烈的对比。

布莱恩·霍普金斯 (Bryan Hopkins)

这些日用类陶瓷作品釉面柔滑，瓷泥的白色和影青的蓝色结合在一起，赋予作品一种简洁美。坯体表面上的装饰纹样是从木屑板、混凝土、旧机械配件上转印而来的，与陶瓷材质搭配在一起形成一种融现代机械与传统手工于一体的特殊的美感。作品的釉色极其典雅，能让观众不自觉地联想到宋代瓷器的釉色及定窑瓷器的釉色。

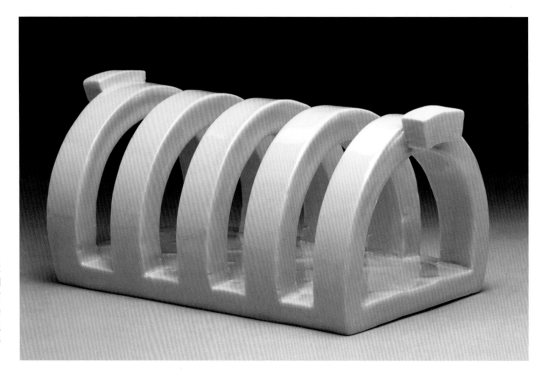

烤面包片架
19 cm × 8 cm × 9 cm。瓷器，拉坯成型后修改型体。艺术家本人配制的 13 号透明釉，还原气氛烧成，烧成温度为 11 号测温锥的熔点温度。（有关所使用釉料的详情请见下文。）

釉料详情

艺术家本人配制的 13 号透明釉，11 号测温锥	
卡斯特长石	43
硅	32
格罗莱格高岭土	15
碳酸钙	10
＋膨润土	2

艺术家本人配制的 11 号透明釉，11 号测温锥	
卡斯特长石	45
硅	25
格罗莱格高岭土	15
碳酸钙	15
＋膨润土	3

注意事项：与上述釉色搭配使用的泥料为美国标准陶瓷供应公司生产的 257 号瓷泥。

"我凭借直觉为我的作品选择釉色。前几年我很少使用颜色，色彩中展示的这两种颜色是我现在常用的釉色。"

工艺说明

　　艺术家先用极热的水将配釉原料调和成黏稠度与牛奶差不多（比平时的釉液略稀）的釉浆，然后把调配好的釉液倒进球磨机研磨数小时，使釉面具有足够的光滑度。如果没有球磨机的话，借助120目的过滤网将釉液过滤3遍也可以达到同样的效果。在不施釉的部位涂抹蜡层，之后采用浸釉法为坯体施釉。艺术家的烧成方式比较特殊：利用溶解氧传感器营造出持续的还原气氛。由于坯料和釉料配方中含有少量的铁，所以影青釉的发色不是很纯正。

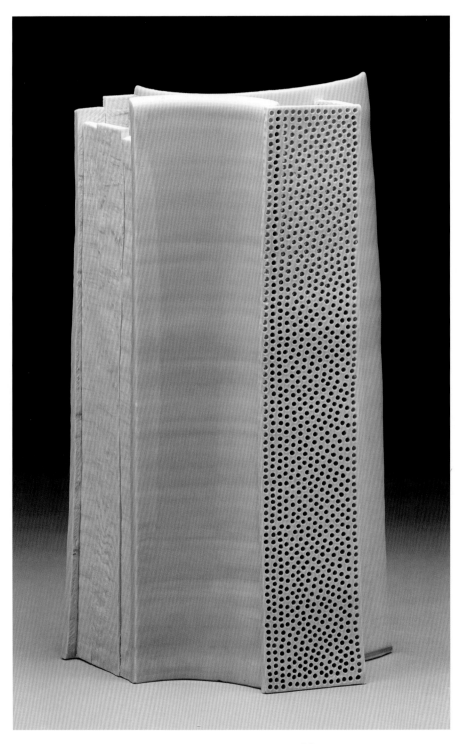

- 由于坯料和釉料配方中含有少量的铁，所以影青釉的发色不是很纯正。
- 瓷泥坯体的白色调看上去有一种冷艳感。
- 白色和淡蓝色突出了作品的简洁特质。

花瓶

35.5 cm×20 cm×14 cm。瓷器，拉坯成型后修改型体。艺术家本人配制的7号透明釉，还原气氛烧成，烧成温度为11号测温锥的熔点温度。（有关所使用釉料的详情请见左侧。）

安纳贝斯·罗森 (Annabeth Rosen)

雕塑型陶瓷作品"波涛"延续了艺术家一贯的创作风格——惊心动魄、力度十足。艺术家将大量抽象的单元型体紧凑地组合在一起，构建成具有流动感的波涛状弧线。巨大的漩涡状型体屹立在空间中，波涛中的水花向外延伸。作品极其生动，看上去有一种悬浮感，既像是天空中扭转的白云，又像是由无数青花瓷器组成的龙卷风。每一个单元形上都有青花装饰纹样，能让观众在欣赏作品的同时联想到悠久的陶瓷历史，进而感受到艺术家的创作热情。作品利用陶瓷材质将波涛翻卷的一刹那定格在空间中。

工艺说明

当坯体达到半干程度后，借助毛笔为每一个单独的基本型都涂上一层厚厚的透明釉。待釉面彻底干燥后，将碳酸钴、少量钴熔块及羧甲基纤维素钠胶的混合溶液随意涂抹在局部坯体上。之后将坯体放入窑炉中烧制，烧成温度为5号测温锥的熔点温度。出窑后再次施釉并再次烧制（共重复两次）。多次烧成可以获得具有流动性视觉效果的釉面。每一个坯体都是放在支钉上烧成的，硼板上还撒了一层薄薄的石英砂，以防止出现流釉粘板的现象。全部烧好后，借助打包钢丝将单个的坯体捆扎在一个钢架子上，最终组合出作品的外形。

釉料详情

透明釉，5号测温锥

基础釉混合物（见下文）	80
硅酸铅熔块	10
硅	10
＋羧甲基纤维素钠胶（根据需要适量添加）	

基础釉

此配方由陶艺家卡姿琳·艾略特（Cathleen Elliot）提供

艺术家将各类原料干粉混合在一起，她用的所有釉料都是利用这种基础釉中配制出来的

焦硼酸钠	75
EPK 高岭土	25

"虽然我做了一辈子的陶瓷，但是就釉料方面而言，我的知识量实在少得可怜。它是一个融理论知识、实践经验及个人审美于一体的综合体系。在我看来，作品上的釉色必须有吸引力、现代感及生动性。"

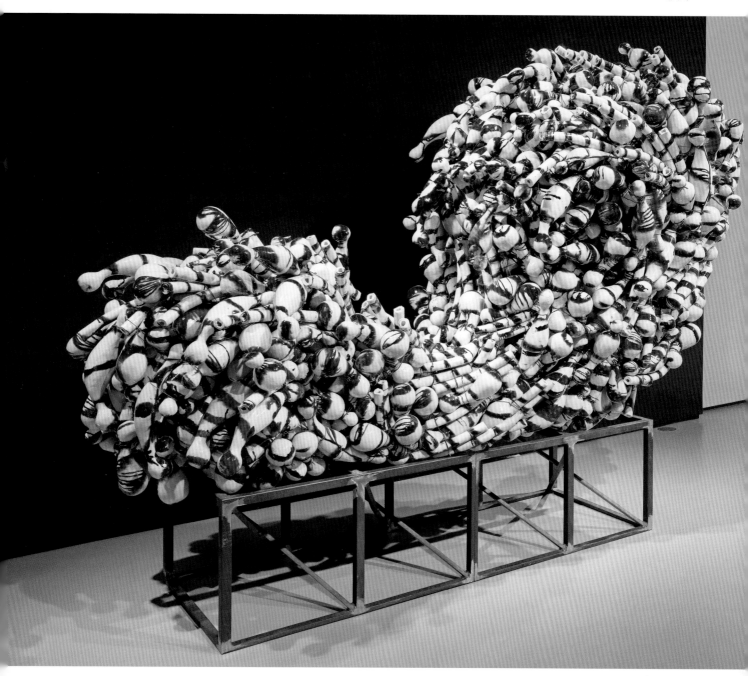

波涛
183 cm × 229 cm × 150 cm。
中等白色泥料，釉料，擦拭
钴料。烧成温度为 5 号测温
锥的熔点温度。钢支架，打
包钢丝。（有关所使用釉料
的详情请见左侧。）

● 钴蓝色的使用历史非常悠
久，能让观众联想到中国
的青花瓷器。

吉斯尔·海克斯 (Giselle Hicks)

艺术家本人是美国人，她制作了一系列纹样十分优美的陶瓷室内装饰品，作品颇具西方传统装饰风格，也能让人联想到纺织品。作为陶瓷装饰，蓝色与白色纹样有着悠久的历史，艺术家偏爱视觉效果柔和的淡色调。作品上的蓝色和白色纹样比较模糊，看上去就像是折叠在一起的纺织品，丰富了室内装饰空间。裂纹釉面下的纹样是刻画出来的，由于该釉料具有流动性，所以纹样也随之流动，加上古旧的色调，整个作品颇具"家"的意味。

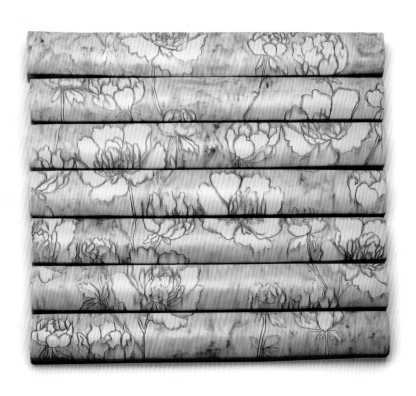

工艺说明

借助捏塑法捏制花卉。坯体表面的装饰纹样用的是镶嵌法：先在半干的坯体上刻画纹样，再把蓝色釉下彩涂在刻痕内。接下来将坯体素烧一遍，之后采用浸釉法或者淋釉法将糖白裂纹釉罩在坯体的表面上，要特别注意釉层的厚度（釉层越厚纹样越模糊）。之后将坯体放进电窑烧制，烧成温度为1号测温锥的熔点温度，当窑温达到熔点温度时保温10 min，然后缓慢降温（起初以93 ℃/h的速度降温，之后以43 ℃/h的速度降温，最后以870 ℃/h的速度降温），这样做有利于釉料析晶。烧成速度过快会导致釉面出现光泽。艺术家选择烧成温度为4号测温锥熔点温度的白泥塑造型体，实验证明用6号测温锥熔点温度烧制这种泥料也可以。

带花卉纹样的平板瓷砖
79 cm×41 cm×6 cm。中等白泥，坯体内嵌蓝色釉下彩，糖白裂纹釉。烧成温度为1号测温锥的熔点温度，降温速度较慢。（有关所使用釉料的详情请见下文。）

"我喜欢打破单一的釉色装饰，使其更具空间深度感，有些时候会可以营造出一种陈旧感和残破感。我从纺织品中汲取装饰灵感，喜欢把作品做得古旧一些。"

釉料详情

糖白裂纹釉，3号～4号测温锥		蓝色釉下彩	
3124号熔块	25.7	代尔夫特蓝色着色剂，马森陶艺用品公司出品，产品型号为6320 CoAlSiSnZn	64
3134号熔块	5	EPK高岭土	32
碳酸钙	20.2	焦硼酸钠	4
锂辉石	15		
纯碱	9.5	注意事项：配方中的各类原料的比例并不精确，是艺术家目测得出的。	
氧化锌	3.7		
EPK高岭土	20.2		
燧石	0.6		

- 糖白裂纹釉弱化了纹样上的蓝色调，使其具有陈旧感。
- 由于釉层的厚度不同，蓝色纹样呈现出多种色调变化。
- 蓝色与白色相结合，显得既古典又雅致。

花卉静物

68.5 cm×46 cm×8 cm。中等白泥，坯体内嵌蓝色釉下彩，捏塑花卉，糖白裂纹釉。烧成温度为 1 号测温锥的熔点温度，降温速度较慢。（有关所使用釉料的详情请见左侧。）

艾瑞·弗瑞姆斯基 (Erin Furimsky)

艺术家本人是美国人。其抽象型作品极富亲和力，让人忍不住想去触摸。作品的型体由不同的抽象形组合而成，圆润饱满；坯体上的釉料为柔和的亚光釉，花卉纹样遍布整个器型，极富装饰效果。蓝色调看上去既典雅又柔和，为抽象的器型增添了一种纯洁与甜美的气质。

工艺说明

先在纸上剪出装饰纹样的剪影，然后将剪影粘贴在半干的坯体上，并用釉下彩绘制纹样，之后在其上面喷涂一层薄薄的透明缎面釉。采用涂釉法或者喷釉法将蓝色缎面亚光釉罩在坯体的表层上（共喷三层，为了能看得更加明显一些，往每层釉料的配方中都添加一些不同颜色的食品着色剂，注意釉层的厚度），然后将坯体放进窑炉中烧制，烧成温度为 $5\frac{1}{2}$ 号测温锥的熔点温度，烧成速度及降温速度都很慢。最后将贴花纸黏结在釉面上并入窑烧制，烧成温度为 018 号测温锥的熔点温度。

"花朵、婴儿的衣服、点心、曼妥思糖果、祖母放置在桌布上的瓷器、我的小矮马、漂亮的服饰——所有的这一切都散发出柔和的、安静的色彩。我在作品上用的色调就像是情人的蜜语，它让观众忍不住想要去亲近。"

釉料详情

釉下彩

巧克力褐色，阿玛克陶艺用品公司生产的天鹅绒系列颜料，产品型号为 V-314

中蓝色，阿玛克陶艺用品公司生产的天鹅绒系列颜料，产品型号为 V-326

透明缎面釉，5号～6号测温锥

阿玛克陶艺用品公司生产的高温釉料，产品型号为 HF-12

膨胀率较低的 1 号亚光缎面釉，$5\frac{1}{2}$ 号测温锥

霞石正长石	31
3124 号熔块	16
高岭土	32
白云石	18
氧化锌	1
石英	2
+ 柳蓝色着色剂，马森陶艺用品公司出品，产品型号为 6360 CoAlSiCrSn	0.5
+ 膨润土	2

添加膨润土的目的是让釉液具有一定的悬浮性

注意事项：此配方摘录自陶艺家迈克·柏利（Mike Bailey）的著作，这种釉料的烧成温度介于 5 号测温锥的熔点温度与 6 号测温锥的熔点温度之间。与原配方不同的是艾瑞在配方中又多添加了 16% 的 3124 号熔块，该熔块可以降低釉料的膨胀率。釉料中含有大量的铝。这种釉料既适用于炻器坯料也适用于瓷泥，它可以令釉料的发色偏蓝。

• 淡蓝色调看起来十分柔和。

• 贴花纸上不同的蓝色调组合在一起非常协调。

• 褐色位于纹样的中心位置，突出了装饰重点。蓝色线形纹样将观众的视线吸引至中心纹样的周边区域。

等同

46 cm×20 cm×15 cm。手工成型炻器，借助漏字板形成的釉下彩装饰纹样，采用喷釉法施釉，采用泥釉彩饰法装饰坯体。氧化气氛烧窑，烧成温度为 $5\frac{1}{2}$ 号测温锥的熔点温度。贴花纸的烧成温度为018 号测温锥的熔点温度。（有关所使用釉料的详情请见左侧。）

舒克·特鲁亚玛 (Shoko Teruyama)

艺术家创作的这些日用陶瓷作品周身布满了淡绿色、淡黄色及浅蓝色，色彩镶嵌在纹样的刻痕中，透过纹样还能隐隐地看到赤陶坯体的本色，作品给人以安静祥和感。作品"龟形烛台"看上去是背上驮着圆筒形的乌龟，龟背上的蜡烛插座颇具神秘色彩，能引起观众很多联想。作品"郁金香花插"的下部为传统的花插结构，上部则借助捏塑成型法捏制了一只小乌龟和一只小鸟，整个作品形态饱满、圆润，让人爱不释手。

龟形烛台

每个烛台的规格为 13 cm × 18 cm × 10 cm。手工成型，红色陶泥，白色泥浆，剔釉装饰法。烧成温度为 04 号测温锥的熔点温度。釉烧温度为 05 号测温锥的熔点温度。（有关所使用釉料的详情请见下文。）

郁金香花插

38 cm × 25 cm × 25 cm。手工成型，红色陶泥，白色泥浆，剔釉装饰法。烧成温度为 04 号测温锥的熔点温度。釉烧温度为 05 号测温锥的熔点温度。（有关所使用釉料的详情请见下文。）

釉料详情

亮光透明基础釉，04 号测温锥	
焦硼酸钠	55
EPK 高岭土	30
燧石	15

黄绿色

+4% 碳酸铜
+3% 金红石

蓝色

+1% 碳酸钴

浅蓝色

+4% 蓝绿色釉下着色剂，色戴克·德古萨 (Cerdec–Degussa) 陶艺用品公司出品，产品型号为 741–127416

红色／粉色

+4% 大红色釉下着色剂，色戴克·德古萨陶艺用品公司出品，产品型号为 279646

紫色

+4% 马森陶艺用品公司生产的天鹅绒系列颜料，产品型号为 6304 CrSnSi

雅克淡绿色亚光釉，04 号测温锥	
焦硼酸钠	38
碳酸锂	10
霞石正长石	5
EPK 高岭土	5
燧石	42
+ 膨润土	1
+ 氧化铬	0.25

- 柔和的色调为作品增添了一份雅致感。
- 坯体上的蓝色、绿色及黄色在各个方面都很相似，没有形成明显的对比效果，将观众的视线平均分布到作品的各个部位。
- 坯体上遍布卷草纹样，纹样下方隐隐透出赤陶泥的本色。陶土的颜色为作品增添了一种柔和、舒适的感觉。

工艺说明

当坯体达到半干程度后，艺术家借助毛笔将白色泥浆涂抹在坯体的表面上。待泥浆层彻底干燥后，用 X-Acto 牌刀子将装饰纹样小心地刻画到坯体的表面上，然后以 04 号测温锥的熔点温度素烧。所选用的基础釉为有光釉或者亚光釉，将各种着色剂添加到基础釉配方中，添加的比例为 3%~7%。釉液的黏稠度与酸奶相似。先在坯体的表面上罩一层薄薄的透明釉，再将各类着色剂擦涂到纹样的刻痕中，透明釉可以起到黏合着色剂的作用。最后将坯体放进电窑中烧制，烧成温度为 05 号测温锥的熔点温度。

沃特·达姆

艺术家借助拉坯机的离心力创作了这些薄如纸张的雕塑型陶艺作品，将拉好的型体分解重组后就构成了宛若舞姿的器型。每一件作品都要耗费数日才能完成，光是重组形态就需要至少 15 min 的时间。作品看上去极其生动，富有动态美感。作品的外观呈柔和的亚光色调，看上去就像是由颜色本身形成的。用轻若无物、颜色雅致及栩栩如生来描述这些作品一点都不过分。

淡蓝色雕塑
30 cm×29 cm×32 cm。经过改造的拉坯成型炻器，有色化妆土。氧化气氛烧成，烧成温度为 5 号测温锥的熔点温度。（有关所使用化妆土的详情请见下文。）

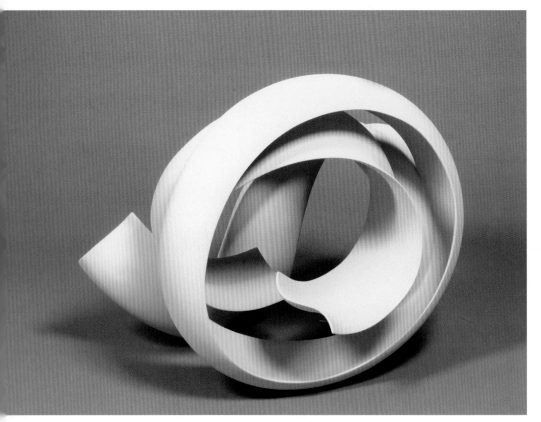

工艺说明

艺术家采用拉坯成型法进行创作，型体经过改造重组。首先将坯体素烧一遍，然后在坯体的表面上喷一层薄薄的有色化妆土。将坯体小心翼翼地放进电窑中烧制，烧成温度为 5 号测温锥的熔点温度。在窑温尚未完全冷却之前，往坯体的表面上喷一层薄薄的有色化妆土，并用 5 号测温锥的熔点温度复烧作品。据艺术家本人介绍，他的作品至少要烧两次，有的作品甚至要烧三次，反复烧窑的目的是达到理想的装饰效果。

化妆土详情

淡蓝色化妆土／泥浆，5 号测温锥

高岭土	62.5
SG1800 碱质透明釉	22.5
蓝绿色釉料着色剂，约翰逊·马特赫（Johnson Matthey）陶艺用品公司出品，产品型号为 14N144	10
氧化锡	5

绿色化妆土／泥浆，5 号测温锥

球土	40
SG1800 碱质透明釉	25
绿色坯料着色剂，瑞赫纳尼亚（Rhenania）陶瓷用品公司出品，产品型号为 F-4049	32
蓝色坯料着色剂，约翰逊·马特赫陶艺用品公司出品，产品型号为 10BS510.A	3

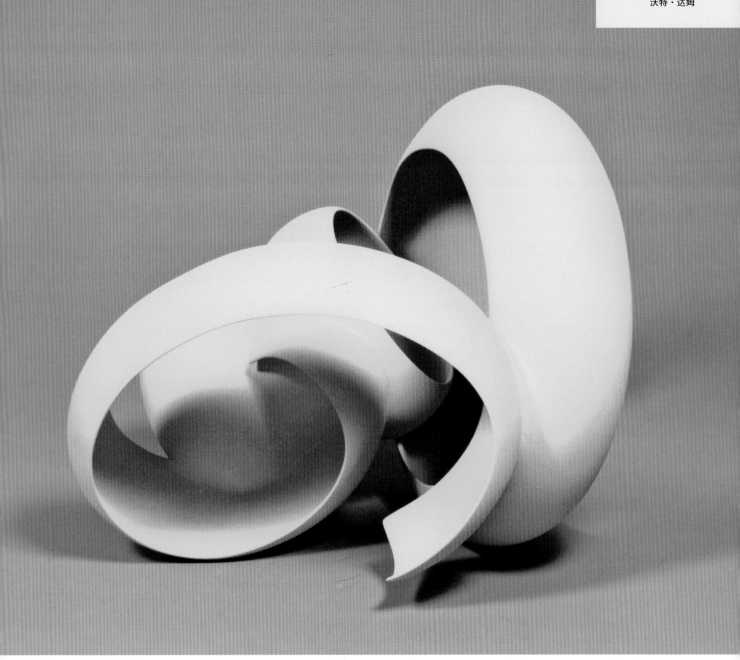

绿色雕塑

27 cm × 28 cm × 30 cm。经过改造的拉坯成型炻器，有色化妆土。氧化气氛烧成，烧成温度为 5 号测温锥的熔点温度。（有关所使用化妆土的详情请见左侧。）

"我在做雕塑型陶瓷作品之前还做过花瓶和碗。我的雕塑陶艺作品是拉坯成型的，造型经过改造组合，极富典雅气质和静态美感。"

- 光影投射在柔和的亚光装饰面上形成了多种色调变化。
- 艺术家借助单一的颜色将观众的视线吸引至作品的整体外形上。

狄姆斯·伯格和
瑞贝卡·梅尔斯 (Timothy Berg and Rebekah Myers)

两位艺术家采用多种材料进行创作，作品上的颜色不仅仅是装饰，它还是作品的灵魂。借助日常生活符号构造出颇具新视幻风格的表现语言，作品以戏谑的形式对人类的不道德行为提出批判。作品"一切都是值得的"从多重角度揭示了人类与环境的关系。木质陶艺工具的两端分别是一个盆栽型的陶瓷摆件，以及一个看上去像塑料玩具的木炭堆，无论从尺寸方面还是材质方面都形成了强烈的对比，面对这一作品观众不禁会联想到人类的行为对环境造成了何等的破坏。

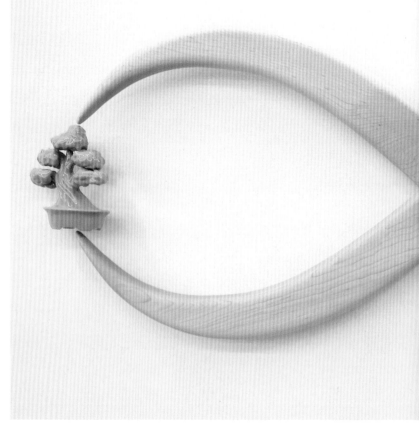

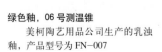

绿色釉，06 号测温锥
美柯陶艺用品公司生产的乳浊釉，产品型号为 FN-007

工艺说明

所选用的坯料为陶泥，所选用的成型方法为注浆成型法。先将坯体素烧一遍，再用淋釉法为坯体施釉。之后将坯体放进窑炉中釉烧，烧成温度为 06 号测温锥的熔点温度。为了得到理想的乳浊效果，需要将坯体按照相同的烧成温度复烧一遍。

"就外观而言，我们的作品与玻璃纤维涂色作品、陶瓷绘画作品及陶瓷釉烧作品极其相像，很难分辨。我们喜欢探寻上述材料的共性及特性。"

- 所选用的颜色与作品的主题内容一致。
- 绿色是树木的颜色；褐色是木炭的颜色。
- 有光商业绿色釉为作品增添了一种工业化产物的情调。

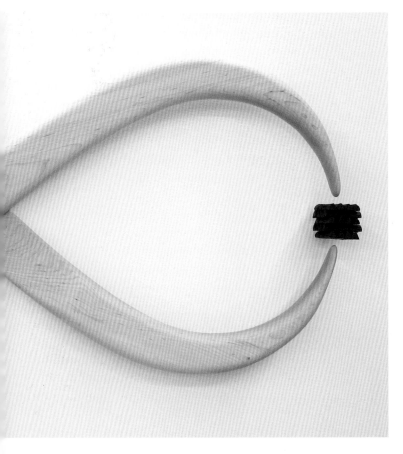

一切都是值得的

132 cm×61 cm×13 cm。枫木，陶泥，采用注浆成型法翻制的树木、木炭及五金件，釉烧温度为 06 号测温锥的熔点温度。（有关所使用釉料的详情请见左侧。）

杰夫·卡帕纳 (Jeff Campana)

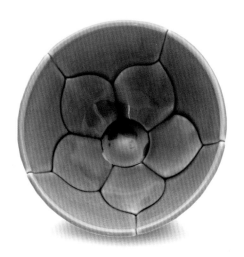

作品造型端庄，釉色雅致。坯体上的线形装饰纹样是由接缝拼合而成的，为作品增添了一种柔美感。绿色的釉料在烧成的过程中熔融流淌，在接缝处形成较深的色调，与其他部位的绿色釉面形成渐变效果，既富有装饰意味也起到了突出型体的作用。这种由艺术家独创的装饰技法丝毫不影响作品的使用功能。

绿色莲纹碗

15 cm × 15 cm × 10 cm。拉坯成型，解构重组，中等瓷泥，绿色釉。电窑烧制，烧成温度为6号测温锥的熔点温度。（有关所使用釉料的详情请见下文。）

绿叶花盆

20 cm × 20 cm × 13 cm。拉坯成型，解构重组，中等瓷泥，绿色釉。电窑烧制，烧成温度为6号测温锥的熔点温度。（有关所使用釉料的详情请见下文。）

工艺说明

先将坯体素烧一遍，然后采用浸釉法为坯体的内部施釉（透明基础釉），浸釉的速度要快一些。紧接着将坯体倒置过来为其外部（底足除外）浸釉（亮光绿色釉）。待釉面彻底干燥后，在坯体上的接缝处涂一层蜡，待蜡液干燥后用海绵轻擦釉面，以形成渐变效果，之后将坯体放在一边晾一天，以确保釉层彻底干燥。最后将坯体的底足浸入褐绿色釉液中，将圈足底部清理干净。将坯体放进窑炉中烧制，烧成温度为6号测温锥的熔点温度，不保温。

釉料详情	由艺术家本人配制的透明釉，6号测温锥		翠绿色	
	锂辉石	13	+1.6% 碳酸铜	
	3134 号熔块	21	+1% 红色氧化铁	
	硅矿石	20		
	EPK 高岭土	20	**褐绿色**	
	硅	18	+1% 红色氧化铁	
	氧化锌	8	+1.4% 碳酸铜	
			+0.05% 碳酸钴	

"器皿上的线形装饰是贯通作品内外部的，在将它们拼合在一起之前，这些线条是一道道的裂缝。这些由接缝形成的线形纹样具有美化坯体、增强作品体量感的作用。"

绿叶水罐

15 cm × 15 cm × 23 cm。拉坯成
型，解构重组，中等瓷泥，绿色
釉。电窑烧制，烧成温度为 6 号
测温锥的熔点温度。(有关所使
用釉料的详情请见左侧。)

- 不同色调的绿色透明釉为作
  品增添了生动性。
- 单纯且光滑的釉料在接缝处
  形成深色调，突出了作品的
  型体感，将观众的视线吸引
  至作品的整个外形上。

贾森·格林 (Jason Green)

每一块陶砖都经历过以下几个环节的历练：塑出坯体的样貌，往坯体上绘制装饰纹样，釉料在烧成的过程中熔融流淌并形成靓丽的视觉效果。艺术家选用的釉料为具有流动性的裂纹釉，该釉料为纹样增添了一种特殊的装饰效果——既突出了黑色线形图案，又打破了图案的连续性。作品上的图案极具视幻感，让人分不清是二维的还是三维的。这些陶砖能激发观众的情感，思考自身与时空的关系。

持续的错觉：开罗的潘洛斯

37 cm×74 cm×8 cm。流域中心（Watershed Center）自产的赤陶泥，泥浆，淡绿色釉，钴蓝色釉，深钴蓝色釉，水蓝色釉。烧成温度为04号测温锥的熔点温度。（有关所使用泥浆、釉料的详情请见下文。）

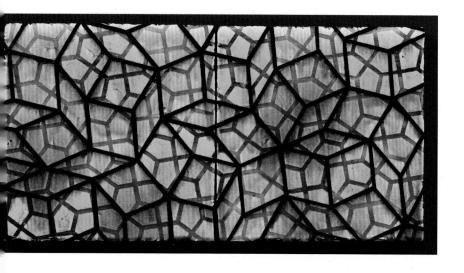

工艺说明

作品是用印坯成型法印制的陶砖，坯体上布满了由泥浆和釉料绘制的装饰纹样。先在素坯的表面上画出纹样，再将黑白二色的泥浆及釉下彩涂抹到纹样上的相应部位。然后将坯体放进窑中素烧，烧成温度为06号测温锥的熔点温度。之后在素烧坯上喷三层釉。由于釉料具有流动性，所以釉层下的装饰纹样亦具有一种动态美感。当窑炉内部的温度达到熔点温度后保温30 min，然后按照65℃/h的速度缓慢降温。

持续的错觉：立方体2号

36 cm×74 cm×8 cm。赤陶泥，泥浆，铁黄色釉，钴蓝色釉，水蓝色釉，淡绿色釉。烧成温度为04号测温锥的熔点温度。（有关所使用泥浆、釉料的详情请见下文。）

沃特·奥斯特姆（Walter Ostrom）

白色基础泥浆，04号测温锥

适用于湿坯及半干坯体

滑石	30
OM4号球土	45
煅烧高岭土	15
3124号熔块	10

釉下彩

白色，阿玛克陶艺用品公司出品，产品型号为LUG-10

黑色，阿玛克陶艺用品公司出品，产品型号为LUG-1

帕森斯（Parsons）亮光基础釉，04号测温锥

焦硼酸钠	26
霞石正长石	20
3124号熔块	30
碳酸锂	4
EPK高岭土	10
燧石	10
+羧甲基纤维素胶	2
+羧甲基纤维素钠胶	1

A-23号铁黄色

+4% 红色氧化铁

+2% 镨黄色着色剂，马森陶艺用品公司出品，产品型号为6450 PrZrSi

A-22号水蓝色

+2% 碳酸铜

+2% 镨黄色着色剂，马森陶艺用品公司出品，产品型号为6450 PrZrSi

PG E浅绿色

+4% 维多利亚绿色着色剂，马森陶艺用品公司出品，产品型号为6263 CrCaSiZr

PG F深钴蓝色

+2% 碳酸钴

PG G钴蓝色

+0.5% 碳酸钴

注意事项：羧甲基纤维素胶（便于运笔）及羧甲基纤维素钠胶（能增强釉面的附着力）在使用之前必须加热水稀释。羧甲基纤维素胶及羧甲基纤维素钠胶与水的混合比例为1:19，所以调配好的胶液总量为20。

"釉料会在烧成的过程中产生多种变化——与颜色熔融为一体，生成釉珠，流淌，开裂——为艺术家提供了无限种装饰灵感。"

- 艳丽的釉色起到了突出型体的作用。
- 用黑色及白色泥浆绘制几何形单元纹样。

- 由于釉料具有流动性，所以生成了丰富多彩的釉色变化。
- 相近的色调（黄色、绿色、蓝色）组合在一起非常协调。

丹尼尔·巴瑞 (Daniel Bare)

艺术家将各类商业陶瓷废品（餐具、饰品等）叠摞、捆绑在一起，经过烧成后，熔融的釉料将各个部位的组成构件永久地黏结为一体。陶瓷废品来自二手店、垃圾堆及陶瓷厂的次品坑，艺术家用这些废品来进行创作，暗示了现代人的过度消费。高温将各类层层叠摞的陶瓷废品熔结在一起。坯体上布满了有色泥浆、凝聚在一处及流淌而下的釉料。整个作品看上去就像现代人随意丢弃的垃圾，寓意非常深刻。

工艺说明

在正式烧窑之前艺术家得为他的作品量身定做一个匣钵，并将作品上的各构成部件都仔细检查一遍，以防某些部位会在烧成的过程中坍塌。匣钵的底部垫着一层窑砂或者高岭土，该垫层一方面可以起到防止流釉粘板的作用，另一方面也可以起到平衡作品的作用。艺术家在匣钵内一层一层地搭建出作品的外形，并用镍铬耐热合金丝将作品的各个部件捆绑在一起，合金丝可以承受高温，烧成后与熔融的釉料粘连在一起亦成为作品的组成部分。接下来，将注浆泥浆及釉料倒在坯体的表面上。有些用手无法够着的部位，可以借助球形挤泥器将泥浆、釉料喷射到该部位，还可以借助刮刀及手将泥浆、釉料涂抹在坯体上。上完釉后开始烧窑，烧成温度为 6 号测温锥的熔点温度，烧成时间为 6~8h。降温的速度极慢，且开窑门的时间较迟。

"我之所以选择某种釉料是因为它可以为作品增添空间深度感，进而可以改变整个造型。施釉的本质就是尘归尘，土归土。"

釉料详情

亚光釉，5 号 ~ 6 号测温锥

霞石正长石	41.7
EPK 高岭土	16.7
硅矿石	16.7
滑石	16.7
焦硼酸钠	4.2
碳酸锂	4

白色
+10% 锆

淡蓝绿色
+0.25%~0.75% 碳酸铜

黄绿色
+5%~10% 黄绿色着色剂，马森陶艺用品公司出品，产品型号为 6236 ZrVSnTi

淡绿色
+5%~10% 维多利亚绿色着色剂，马森陶艺用品公司出品，产品型号为 6263 CrCaSiZr

蓝色
+0.25%~3% 碳酸钴

橙色
+5%~8% 橙色着色剂，马森陶艺用品公司出品，产品型号为 6227 ZrSeCdSi

注意事项：往釉料配方中添加 5%~10% 的锆可以将普通的釉料转变为亚光釉；想要釉料发出光泽就不能添加或者少量添加锆；想让亚光效果更加明显一点，就必须加大锆的用量。锆越多釉色越白，乳浊效果也越强烈。当配方中含有着色剂时，加大锆的用量会令颜色更加柔和、亚光效果更加显著。

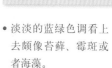

- 淡淡的蓝绿色调看上去颇像苔藓、霉斑或者海藻。
- 积釉处及垂釉处的颜色比周围的釉色深一些、艳丽一些。
- 各类颜色交织在一起，十分引人注目。

包裹（回收利用系列）
41 cm×35.5 cm×35.5 cm。
商业陶瓷废品，瓷器，加沙泥，蓝晶石，镍铬耐热合金丝，釉料。（有关所使用釉料的详情请见左侧。）

安东·瑞吉德 (Anton Reijnders)

艺术家在作品"无题146"中采用了象征性的表现语言。作品批判了现代人的贪婪面目，其寓意发人深省。艺术家用的每一种颜色都是经过深思熟虑的，每一种颜色都有其象征意义。以作品"无题146"中树干上的肉色为例，它看上去仿佛是赤裸的人体，增加了作品的内在含义。

球和舌头
24 cm×17 cm×17 cm。炻器，印坯成型（球）及注浆成型（舌头）。素烧温度较高，氧化气氛一次烧成，烧成温度为7号测温锥的熔点温度。（有关所使用釉料的详情请见下文。）

"我喜欢在作品中营造出反射、单纯及静态化的装饰风格。"

釉料详情

球体上的釉料，7号测温锥	
2495号熔块	25
石英	38
含铝球土	18
碳酸钙	9
氧化锌	4
碳酸锂	6

第一层釉（共罩三层）
+11.5%碳酸铜

第二层釉（共罩两层）
+7%氧化锡

注意事项：在未经烧成的生坯上施釉时，需要往釉料配方内添加1%的羧甲基纤维素钠胶及2%的膨润土。水在配方中占的比例为50%~60%。

舌头上的釉料，7号测温锥	
含铝球土	30
碳酸钙	15
石英	30
2495号熔块	25
+粉色釉料着色剂，瑟格拉斯(Cerglas)陶艺用品公司出品，产品型号为113 CaSnSiCr	30

注意事项：在未经烧成的生坯上施釉时，需要往釉料配方内添加1%的羧甲基纤维素钠胶（由于配方内已含有大量黏土，所以无须再添加膨润土）。水在配方中占的比例为50%~60%。

树上的釉料，7号测温锥	
高岭土	17.5
碳酸钙	40
石英	19
霞石正长石	17
氧化锌	4
3221号熔块	2.5
+金红石	2.5
+灰色釉料着色剂，瑟格拉斯(Cerglas)陶艺用品公司出品，产品型号为478 SnSbV	4

注意事项：在素烧坯上施釉时，需要往釉料配方内添加0.3%的羧甲基纤维素钠胶及1%的膨润土。水在配方中占的比例不宜超过40%。

- 每一种颜色都是作品的构成要素。
- 球体上的亮光绿色釉看上去就像镜子一样，能够反射出周围的环境。
- 树枝上的肉色釉料与球体上的绿色釉料形成鲜明的对比。

◁**工艺说明**（特指作品"无题146"）

　　作品"无题146"，艺术家先将树形坯体素烧至7号测温锥的熔点温度，然后在素烧过的坯体表面上涂抹一层薄薄的黑色着色剂，这层黑色与熔融的釉料结合后呈粉红色。接下来，在坯体上涂抹一层厚厚的釉料，有些地方的釉层极厚，以形成高低不平的肌理。球体上喷了五层釉，前三层釉料配方中添加了碳酸铜，后两层釉料配方中添加了氧化锡。釉层薄厚不均，这样做的目的是形成不同的颜色变化。接下来，将坯体放进窑炉中烧制，烧成温度为7号测温锥的熔点温度，在烧窑的最后阶段采用60℃/h的速度缓慢烧制。球体上的釉料只经过一次烧成。

无题146
33 cm×26 cm×15 cm。捏塑成型（树）及印坯成型（球）。树经过素烧，球体为氧化气氛一次烧成，烧成温度为7号测温锥的熔点温度。（有关所使用釉料的详情请见左侧。）

苏珊·贝尼尔 (Susan Beiner)

作品是大型的墙面装置，一眼望去满是郁郁葱葱的草丛和花卉。在作品"合成现实"中各种形态的植物紧密聚拢在一起，绿叶丛中尽是各色的花卉及茎蔓。光亮的绿色和黄色，象征花朵的粉色、红色及黑色的小球，亚光白色背景，各种颜色和肌理混杂在一起，对比强烈、生动形象，令人目不暇接。

工艺说明

首先，在坯体的表面上喷涂一层烧成温度为 8 号测温锥熔点温度的白色釉料。然后，艺术家采用喷釉法、涂釉法及借助球形挤泥器将各种颜色的釉料装饰在坯体上相应的部位。在某些位置涂上一层蜡，并罩上一层乳浊釉，以得到更加丰富的釉色和肌理。接下来将坯体放进气窑烧制，弱还原气氛，烧成温度为 6 号测温锥的熔点温度。由于底釉的烧成温度为 8 号测温锥的熔点温度，所以底釉不会熔融，但是却能与各种颜色的面釉黏合在一起，面釉具有流动性，可以生成视觉效果极其绚丽的流淌状纹样。

合成现实（局部）
（有关所使用釉料的详情请见下文。）

釉料详情

透明基础釉，5 号～6 号测温锥

霞石正长石	39
焦硼酸钠	27
碳酸钙	8
EPK 高岭土	8
燧石	18

添加的着色剂

为了能够配制出各种色调的绿色，艺术家在釉料配方中添加了各种各样的着色剂。

百慕大绿色，马森陶艺用品公司出品，产品型号为 6242 ZrVPrSi

黄绿色，马森陶艺用品公司出品，产品型号为 6236 ZrVSnTi

维多利亚绿色，马森陶艺用品公司出品，产品型号为 6204 CrCaSiZr

蓝绿色，马森陶艺用品公司出品，产品型号为 6288 ZrVCrCaSi

镨黄色，马森陶艺用品公司出品，产品型号为 6450 PrZrSi

白色釉，8 号测温锥

碱长石	55
焦硼酸钠	10
碳酸钙	8
锆	15
EPK 高岭土	6
燧石	6
+膨润土	3

合成现实

188 cm × 122 cm × 20 cm。瓷器，注浆成
型的组合型体，泡沫，仿丝棉，各种釉
料。气窑烧制，烧成温度为 6 号测温锥
的熔点温度。裱在木板上。（有关所使
用釉料的详情请见左侧。）

- 艺术家选用的釉色都
  是大自然中的柔和色
  调：绿色、黄色。
- 植物的叶子中夹杂着
  小红球，红色象征着
  花朵。

艾斯利·霍沃德 (Ashley Howard)

作品颇具传统气质，器型和装饰自然天成。艺术家从礼器中汲取设计灵感，很注重作品的展示方式及场所，每一件作品都有其独特的寓意。坯体上的背景色为白云石亚光釉形成的白色，带有闪光效果的黄色在白色背景上熔融流淌形成十分生动的装饰效果。柔和的蓝色及绿色交织在一起为釉面增添了一份空间深度感。

炻器碗

15 cm×15 cm×13 cm。炻器，拉坯成型并改造器型。瓷泥浆，笔涂白云石亚光釉，烧成温度为9号测温锥的熔点温度。（有关所使用釉料的详情请见下文。）

"由于釉料具有流动性，所以釉层上的颜色也随之流动。流淌的釉色使整个作品看上去动感十足。"

釉料详情

白云石亚光釉，9号测温锥	
钾长石	60
白云石	20
高岭土	20

白云石缎面亚光釉，9号测温锥	
此配方由陶艺家露西·雷（Lucie Rie）提供	
钾长石	62
碳酸钙	13
白云石	13
高岭土	13

- 绿色调釉色在坯体的表面上形成宛如风景般的装饰效果。
- 流淌的黄色色块形成一个重点装饰区域，吸引着观众的视线。
- 背景颜色为白云石亚光釉料散发出的乳白色。

工艺说明（特指作品"碗"）△

当坯体达到半干程度后，艺术家先用毛笔在坯体上涂抹一层瓷泥浆，之后又涂抹了一层添加3%碳酸铜的瓷泥浆。将坯体放入窑中素烧，之后将配制好的两种釉料随意涂抹在素烧过的坯体表面上。接下来把坯体放进电窑中烧制，烧成温度为9号测温锥的熔点温度。在釉烧过的局部坯体表面上擦涂一些黄色釉上彩并入窑烧制，烧成温度为017号测温锥的熔点温度。

碗

13 cm × 10 cm × 10 cm。炻器，拉坯成型并改造器型。含有碳酸铜的瓷泥浆，笔涂白云石亚光釉，烧成温度为9号测温锥的熔点温度。局部釉面擦涂黄色釉上彩，烧成温度为017号测温锥的熔点温度。（有关所使用釉料的详情请见左侧。）

克莱尔·海顿 (Claire Hedden)

作品"放牧"的创作灵感来源于美丽的草地，艺术家借助抽象符号再现了动物与自然风光。绿色型体是整个作品的灵魂，柔和的绿色让人联想到石块上的苔藓或者郁郁葱葱的青草。陶瓷型体与木质支架及纺织品混合展示，既具有亲和力又为作品增添了深厚的寓意。作品的展出形式是即兴型的，艺术家可以根据自己的设计构思随意调整展示方式。

工艺说明（特指作品"放牧"）▷

艺术家在素烧过的坯体上喷了很多层玻化泥浆，以便形成丰富的肌理变化。由于这种泥浆的玻化程度不是很严重，所以可以将其喷涂在坯体上的任何部位，即便是涂抹在坯体的底部也不会粘板。将坯体放进窑炉中烧制，烧成温度为04号测温锥的熔点温度。与木质支架及纺织品组合展示。

市集
89 cm×46 cm×193 cm。手工成型陶器，喷涂玻化泥浆，马森陶艺用品公司生产的深红色着色剂。烧成温度为04号测温锥的熔点温度。木质支架，纺织品。（有关所使用泥浆的详情请见下文。）

泥浆详情

玻化泥浆，04号测温锥	
OM4号球土	25
EPK高岭土	25
3110号熔块/3124号熔块	20
硅	20
滑石	10
+羧甲基纤维素钠胶	0.5

绿色
+2%氧化铬

红色
+6%深红色着色剂，马森陶艺用品公司出品，产品型号为6088 ZrSeCdSi

"陶瓷只是整个作品中的一个组成部分……我发现将不同的材质、颜色、肌理组合在一起不但不会让人感到混乱，相反还会起到突出展示效果及增加亲和力的作用。"

放牧
124 cm × 46 cm × 117 cm。手工成型陶器，喷涂玻化泥浆，氧化铬。烧成温度为 04 号测温锥的熔点温度。木质支架，纺织品。（有关所使用泥浆的详情请见左侧。）

● 鲜艳的颜色和亚光的外观搭配在一起十分协调，能将观众的视线吸引至作品的整个造型上。

● 绿色象征着草地，为作品增添了一份浪漫的田园情调。

琳达·洛佩兹 (Linda Lopez)

作品的外观比较抽象，由一个骨骼般的框架型结构与一堆看上去几近凋落的花瓣组合而成。作品"以另一种方式重新开始"中的用色颇具人性化色彩。骨骼般的白色与植物般的黄绿色形成鲜明的对比，两种装饰语言相互映衬发人深省。作品是放在木质隔板上展示的，或许可以作为家居饰品，极富现代感。

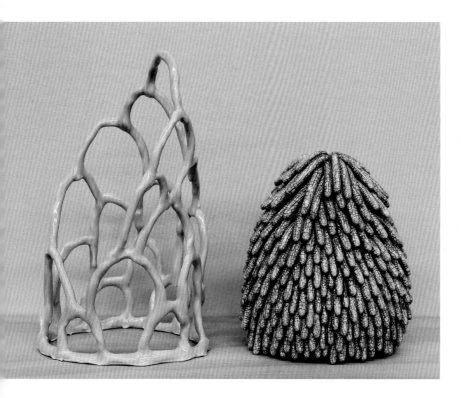

工艺说明

　　作品呈框架结构，当坯体达到半干程度时，艺术家借助一支柔软的毛笔将白泥浆涂抹在整个坯体上，覆盖着泥浆层的作品表面看上去非常光滑。之后将坯体放进窑炉中素烧，出窑后往坯体的表面上涂抹三层釉料，涂新釉层之前务必让旧釉层彻底干燥。最后将坯体放进电窑中烧制，烧成温度为 04 号测温锥的熔点温度。

从一堆到另一堆

33 cm × 28 cm × 13 cm。低温陶器，白泥浆，釉料。烧成温度为 04 号测温锥的熔点温度。过烧光泽彩。（有关所使用釉料的详情请见下文。）

淡蓝色亚光釉，04 号测温锥

3124 号熔块	45
小湖硼酸盐	10
碳酸钙	5
硅	15
EPK 高岭土	5
霞石正长石	15
滑石	5
＋锆	5

　　＋蓝绿色着色剂，马森陶艺用品公司出品，产品型号为 6364 SiVZr　　2

透明釉，04 号测温锥

　　邓肯陶艺用品公司生产的缎面釉，产品型号为 SN 351

亮金色光泽彩

　　邓肯陶艺用品公司出品，产品型号为 OG 801

　　注意事项：作品"从一堆到另一堆"的烧成效果是在无意间得来的。艺术家最初想把整个作品都装饰上金色光泽彩，但是由于效果不理想，她后来就想干脆把光泽彩烧掉。她将坯体放进窑炉中并用 04 号测温锥的熔点温度烧窑，却没想到残留在釉面上的光泽彩渗入釉面裂纹中并形成了奇妙的红色装饰纹样。

氖黄绿色釉，04 号测温锥

　　邓肯陶艺用品公司生产的缎面釉，产品型号为 SN 378

雪白色釉，04 号测温锥

光谱 701 号

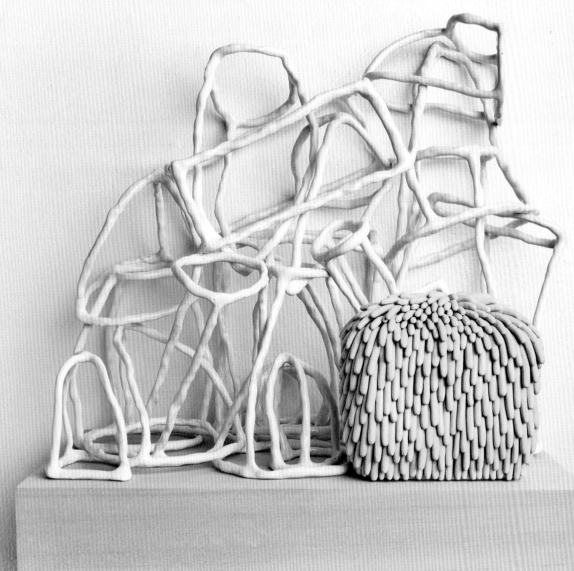

- 鲜亮的绿色是整个作品的装饰重点。
- 用白色装饰框架型造型，能让人联想到骨骼。

"我将颜色视为一种表现语言，与造型一起构建成整个作品。有些部位的釉色比较明艳，而有些部位的颜色则比较暗淡。"

以另一种方式重新开始
35.5 cm × 33 cm × 8 cm。低温陶器，白泥浆，商业釉料。烧成温度为04号测温锥的熔点温度。（有关所使用釉料的详情请见左侧。）

泰霍恩·凯姆 (Taehoon Kim)

这些与人体差不多高大的卡通形象极具人性化特征，很有亲和力。它们看起来虽然很像人类，但无疑却是另一种生物。鲜亮的釉色和有趣的型体成为展厅中一道靓丽的风景，构建出一块趣味十足的交流空间。

工艺说明

釉层很厚，较厚的釉料会覆盖住偏黄色的坯体。黄色釉料及红色釉料的厚度比较适中，需要喷涂三层。尽管这些釉料的烧成温度为05号~04号测温锥的熔点温度，但是艺术家的烧成温度略高一些，为02号测温锥的熔点温度。由于烧成温度较高，所以釉面出现了流淌现象。

秋千大师的儿子
185 cm × 48 cm × 48 cm。在素烧坯上喷涂有色釉料。烧成温度为02号测温锥的熔点温度。（有关所使用釉料的详情请见下文。）

釉料详情

丽莎·奥尔（Lisa Orr）釉，05号~04号测温锥
红色的头、双腿及黄色部位都用到了这种釉。

3110号熔块	63
焦硼酸钠	9.5
纯碱	16
EPK 高岭土	4.5
燧石	7

黄色
+6%~8% 柠檬黄色釉下着色剂，US 陶瓷色剂公司出品，产品型号为1352-Y ZrSiCdSe

红色
+6%~8% 大红色釉下着色剂，US 陶瓷色剂公司出品，产品型号为50672 ZrSiCdSe

脂白色釉，05号~04号测温锥
蓝色部位用到了这种釉

霞石正长石	36.5
碳酸钙	24.5
碳酸锂	12
EPK 高岭土	2.5
燧石	24.5
+ 碳酸铜	1~2

水蓝色釉，04号测温锥
这种釉料与偏黄色的坯体发生反应，生成绿叶上的颜色

3110号熔块	72.5
焦硼酸钠	4.5
纯碱	4.5
EPK 高岭土	7
硅	9.5
膨润土	2
+ 碳酸铜	4.5

T·S·锡白釉，04号测温锥
白色底座部位用到了这种釉

3124号熔块	69.5
燧石	9.5
EPK 高岭土	11.5
锆	9.5

- 艺术家的用色比较鲜
艳：黄色、红色、蓝
色、绿色，这些颜色
组合起来趣味十足。
- 黄色熔融流淌与蓝色
交织在一起，形成了
黑色的光环。

浪漫的花朵
左侧：140 cm×53 cm×46 cm；
右侧：137 cm×61 cm×46 cm。
在素烧坯上喷涂有色釉料。烧
成温度为 02 号测温锥的熔点
温度。（有关所使用釉料的详
情请见左侧。）

罗伯特·希夫曼 (Robert Silverman)

这些大瓷砖颇具极简主义绘画的风貌，不同色调、光泽度、流动性的釉料熔融结合在一起形成极其绚丽的视觉效果。各种饱和度极高的颜色交汇在一起非常引人瞩目。艺术家从6—8世纪伊朗、伊拉克陶工制作的铭文陶器及带有魔鬼装饰纹样的罐子上汲取创作灵感，试图借助陶瓷材质表达人类语言影响的复杂性。在此，艺术家将自己的身份转换成"社会地质学家"，深入探讨不同文化之间的交流体系。

钻石后卫队输赢概率表

91 cm×71 cm。手工成型的大瓷砖，阿曼达（Amanda）黑色基础釉的烧成温度为6号测温锥的熔点温度，烧成后再施一层釉。红色、黄色、橙色釉的烧成温度为04号测温锥的熔点温度。不保温。装饰纹样为亚利桑那钻石后卫队（美国职业棒球队名）的输赢概率表。（有关所使用釉料的详情请见下文。）

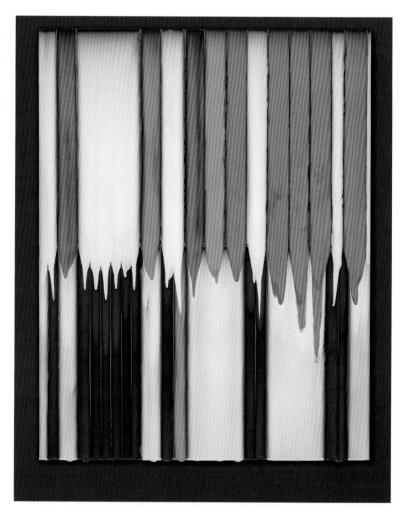

釉料详情

阿曼达黑色釉，6号测温锥

F–4长石	35
碳酸钙	30
燧石	20
EPK高岭土	15
＋黑色着色剂，马森陶艺用品公司出品，产品型号为6657 CrFeCo	10

瑞克斯奥德（Rexrode）蓝色釉，6号测温锥

霞石正长石	45.6
碳酸钡	36.6
球土	7.2
燧石	9.5
碳酸锂	1.1
＋碳酸钴	0.1

红色釉，04号测温锥

约翰逊·马泰陶艺用品公司出品，产品型号为89290

黄色釉，04号测温锥

约翰逊·马泰陶艺用品公司出品，产品型号为89291

釉上彩，04号测温锥

约翰逊·马泰陶艺用品公司生产的2451号釉料，再添加一些着色剂

注意事项：必须让所使用的釉料保持一定的悬浮性，以便于运笔和施釉。

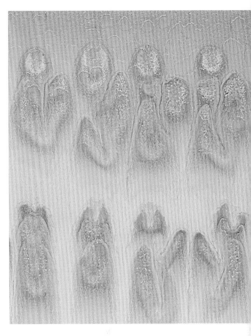

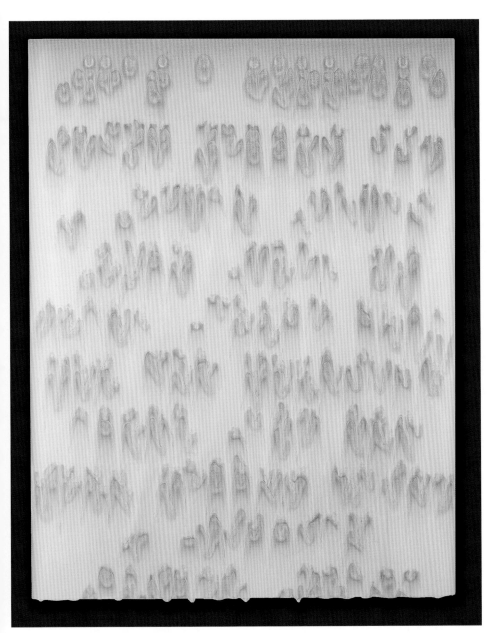

德加／耶茨

91 cm×71 cm。手工成型的大瓷砖，瑞克斯奥德蓝色基础釉的烧成温度为 6 号测温锥的熔点温度，烧成后再施一层釉。黄色釉的烧成温度为 04 号测温锥的熔点温度，烧成后再施一层釉。将德加及耶茨的话绘制在坯体的表面上，再次入窑烧制，烧成温度为 04 号测温锥的熔点温度。不保温。（有关所使用釉料的详情请见左侧。）

工艺说明

　　艺术家在瓷板的表面上喷涂自己配制的釉料，其烧成温度为 6 号测温锥的熔点温度。在烧好的釉面上再喷一层釉，并用 04 号测温锥的熔点温度再烧一遍。最后借助毛笔或者漏字板将装饰纹样绘制在釉面上，并用 04 号测温锥的熔点温度再烧一遍。艺术家通常会将坯体反复烧很多遍，直到获得满意的视觉效果为止。

"颜色和釉料的特性是我最关注的创作因素。它们为我的作品增添了深层次的寓意。"

- 黄色不仅是一种装饰色彩还具有独特的寓意。
- 交织在一起的釉色既相互衬托又相互遮掩。
- 透过流淌状的黄色釉料，可以隐隐看到深绿色的底釉。

夏德拉·德布斯 (Chandra DeBuse)

作品形态圆润，装饰清新，十分招人喜爱。作品"带有蜗牛装饰的食品盘"分上中下三层结构，分别代表了"欲望、决心、成功"的主题。食品盘的外观颇具童趣，看上去宛如一个游乐场，柔和的釉色看上去就像我们小时候吃的糖果。装饰纹样与作品外形搭配协调，描绘了动物们在花丛中热闹嬉戏的场景，除了给使用者带来愉悦感之外也留下了无尽的想象空间。

工艺说明（特指作品"带有蜗牛装饰的食品盘"）

当坯体达到半干程度时，在坯体的表面上刻画出装饰纹样并把黑色釉下彩料填涂到纹样的刻痕中。然后将坯体放进窑炉中素烧，擦拭纹样部位使其更加清晰，之后把坯体放进水中清洗一下再晾干。用胶布将纹样贴住然后在坯体上喷涂一层 EM 黄色缎面釉。接下来，把胶布撕下并将各种颜色釉涂抹在坯体相应的部位上，有些部位用水轻轻地洗一下，这样做可以营造出水彩般的颜色变化。再往坯体上罩一层 EM 黄色缎面釉。局部涂抹锂混合物，能起到促进釉面流动的作用（黑色釉下彩尤甚）。最后，将坯体放进窑炉中烧制，烧成温度为 6 号测温锥的熔点温度。在勺子的柄上喷涂一层金色光泽彩并烧制。

> "我凭借想象创作出作品的型体，并将充满田园色彩的装饰形式点缀其上，尽我所能将创意变成实物。"

釉料·釉下彩详情

EM 缎面釉，6 号测温锥

此配方由陶艺家艾瑞克·米拉贝托（Eric Mirabito）提供

硅	20.8
霞石正长石	19.8
碳酸钙	19.8
EPK 高岭土	19.8
3124 号熔块	19.8
+ 膨润土	2

黄色

+5% 钒黄色着色剂，马森陶艺用品公司出品，产品型号为 6404 AlSnV

蓝色

+5% 钒酸锆蓝色着色剂，马森陶艺用品公司出品，产品型号为 6315 SiVZr

绿色

+5% 维多利亚绿色着色剂，马森陶艺用品公司出品，产品型号为 6264 CrCaSiZr

釉下彩，6 号测温锥

黄绿色，阿玛克陶艺用品公司生产的天鹅绒系列颜料，产品型号为 V-343

淡红色，阿玛克陶艺用品公司生产的天鹅绒系列颜料，产品型号为 V-387

丝绒黑色，阿玛克陶艺用品公司生产的天鹅绒系列颜料，产品型号为 V-370

白色，阿玛克陶艺用品公司生产的天鹅绒系列颜料，产品型号为 V-360

白色和淡红色混合在一起生成粉色；白色和丝绒黑色以及水混合在一起生成灰色

果汁黄色，美柯陶艺用品公司出品，产品型号为 UG-203

流动性极强的锂混合物（适用于擦画法）

碳酸锂	95
膨润土	5

金色光泽彩釉，019 号测温锥

英格哈德·哈诺威国际有限公司产品

带有滴水盘的糖罐

18 cm × 15 cm × 15 cm。中等白色炻器，内嵌黑色釉下彩，有色釉下彩，采用浸釉法在坯体上浸染黄色、蓝色、绿色釉，透明缎面釉。烧成温度为 6 号测温锥的熔点温度。金色光泽彩的烧成温度为 019 号测温锥的熔点温度。（有关所使用釉料、釉下彩的详情请见左侧。）

带有蜗牛装饰的食品盘
28 cm × 25 cm × 19 cm。中等白色炻
器，内嵌黑色釉下彩，黄色缎面釉，
有色釉下彩，透明缎面釉。烧成温
度为 6 号测温锥的熔点温度。金色
光泽彩的烧成温度为 019 号测温锥
的熔点温度。（有关所使用釉料、釉
下彩的详情请见左侧。）

● 金色把手令作品看上去非常　　● 柔和的淡黄色为作品增添了
　　精致。　　　　　　　　　　　　　　亲和力及趣味性。

马特·维德尔 (Matt Wedel)

作品"一棵开花的树"是借助捏塑成型法制作的，其外观颇像朝鲜蓟或者巨大的仙人掌。植物的球茎为块面状，花卉为秩序井然的螺旋形，层层结构极富韵律感。艺术家从自然风景中汲取创作灵感，型体与釉色搭配在一起十分协调。釉色从花卉上流淌到球茎上，仿佛那些颜色就是从植物体内流出来的一样。艺术家的施釉过程很随意。面对这些融具象和抽象于一体的型体和颜色，我们会不禁赞叹窑火的神力。

工艺说明

艺术家通常会在几种基础釉料中添加不同颜色的着色剂。脂白色釉的黏稠度比较大，所以需要在使用前就调配好颜色。首先，在脂白色釉料中添加一些碳酸铜，使釉料的颜色由白变蓝，然后将其喷涂在作品上的平面部位。然后往同一位置喷涂一层小湖陶艺用品公司生产的黄色釉料，蓝黄二色混杂在一起形成斑点效果。在花卉上喷涂丽莎·奥尔釉与百慕大着色剂的混合物。对于那些用手难以碰触到的部位，需要借助注射器喷釉。将各类商业釉料与各种着色剂、金属氧化物混合在一起，以形成丰富多彩的釉色。往坯体上倒釉的时候在坯体下部放一只空碗，以便接住掉落的釉滴。某些位置的釉层厚度达 2.5cm。添加着色剂时无须精确称量，目测即可。

一棵开花的树

48 cm×46 cm×38 cm。手工成型纸浆泥，脂白釉、丽莎·奥尔（Lisa Orr）釉、商业釉料。烧成温度为 04 号测温锥的熔点温度。（有关所使用釉料、釉下彩的详情请见下文。）

釉料详情

脂白色釉，06 号～03 号测温锥

此配方由陶艺家托尼·马什（Tony Marsh）提供

霞石正长石	36.4
碳酸钙	24.5
碳酸锂	11.8
EPK 高岭土	2.8
燧石	24.5

淡蓝色

+ 碳酸铜，根据实际情况酌量添加

淡紫色

+ 紫罗兰色着色剂，马森陶艺用品公司出品，产品型号为 6385 CrSnCoCaSi，根据实际情况酌量添加

丽莎·奥尔釉，06 号～04 号测温锥

3110 号熔块	63
焦硼酸钠	9.5
纯碱	15.1
EPK 高岭土	4.8
燧石	7.6
+ 膨润土	1.8

绿色／蓝色

+10% 百慕大绿色着色剂，马森陶艺用品公司出品，产品型号为 6242 ZrVPrSi

商业釉料，06 号～04 号测温锥

冬青红色釉，小湖陶艺用品公司出品，产品型号为 0-1748

熟香蕉釉，小湖陶艺用品公司出品，产品型号为 G-01764

添加的着色剂

将下列商业着色剂及金属氧化物添加到熟香蕉釉料干粉中：

贝壳粉色，马森陶艺用品公司出品，产品型号为 6000 CrSnCaSi　10%

淡紫色，马森陶艺用品公司出品，产品型号为 6333 CrSnCoAlSi　10%

钴黄色，马森陶艺用品公司出品，产品型号为 6464 ZrVTi　10%

橙色，马森陶艺用品公司出品，产品型号为 6024 ZrSeCdSi　10%

五氧化二钒　10%

- 我选择柔和的色调装饰我的植物、花卉型作品。
- 艳丽、饱和、具有流动性的釉色相互融合，为作品增添了生动性，使观众的注意力集中在作品的全貌上。
- 暖色调与冷色调形成鲜明的对比，为作品增添了空间深度感。

一棵开花的树
79 cm×68.5 cm×61 cm。
手工成型纸浆泥、脂白釉、丽莎·奥尔釉、商业釉料。烧成温度为04号测温锥的熔点温度。（有关所使用釉料、釉下彩的详情请见左侧。）

"颜色富有情感，能吸引我们的目光。颜色的好坏能直接影响到作品的型体。我选定某种颜色，并依照它的感情色彩进行创作。"

大卫·海克斯 (David Hicks)

作品看上去就像一个巨大的金针菇，颇具仿生意味。坯体的表面上布满了流淌的釉纹及沉积的釉池。艺术家在装饰作品时很随意，有些配方中的原料未经过精确称量。烧成时间较长。层层釉料、着色剂及助熔剂在炽热的窑炉中熔融、混合、流淌、滴落，有些甚至被烧化，进而露出坯体本身的颜色。丰富多彩的釉色为作品增添了生动性。

花朵（熔融的黄色）
（细部）（有关所使用釉料、助熔剂的详情请见下文。）

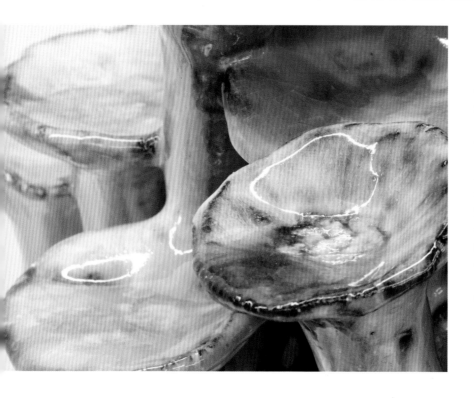

工艺说明

艺术家先在经过素烧的赤陶坯体上喷涂了一层厚厚的锡白釉。然后用擦洗法往坯体上擦拭一些纯碱和助熔剂（其量未经仔细称量），之后往坯体上覆盖数层有色商业釉。再往坯体上擦拭一层助熔剂，并用抛洒的方式往坯体上随意泼溅一些有色玻璃熔块，这些熔块熔融后可以形成有色的斑点。之后，将坯体放进窑炉中烧制，烧成温度为01号测温锥的熔点温度。出窑后看看烧成效果如何，不满意的话就再次施釉、反复烧制，直到达到理想的烧成效果为止。烧成温度较低。烧窑时，在坯体的底部垫一层覆盖着窑砂的耐火砖块，可以将砖块的外形裁切成坯体底座的形状。在硼板上铺一层厚厚的石英砂，以防止流釉粘板。当作品底部出现流釉粘板情况时，需使用金刚砂轮机将黏结的釉料打磨掉。

> "釉色离不开型体的衬托，在制作的过程中，我得考虑在什么部位流釉，在什么部位积釉。我借助助熔剂及熔块增加釉料的流动性，我喜欢商业釉料在无意间出现的烧成效果。"

釉料、助熔剂详情

白锡基础釉，04号~10号测温锥

3124号熔块	53
碳酸钡	6
EPK高岭土	16
硅	8
膨润土	1
锆	14

商业黄色釉

商业釉料，邓肯陶艺用品公司生产的想象系列产品，产品型号为IN 1030

阳光黄色釉，邓肯陶艺用品公司生产的想象系列产品，产品型号为IN 1003

助熔剂

纯碱
3124号熔块
单硅酸铅

注意事项：接触铅、纯碱时必须佩戴手套和防毒面具。

- 锡白釉在我的作品上所起到的作用是提亮坯体的颜色。
- 亮黄色看上去如同流水一般。
- 流动的釉色反映了烧成的过程。

花朵（熔融的黄色）
61 cm×35.5 cm×35.5 cm。
手工成型赤陶，多次烧成。
釉料中含有助熔剂和熔块：
有色玻璃熔块、商业釉料、
艺术家自己配制的釉料。
烧成温度介于 04 号测温锥
的熔点温度与 01 号测温锥
的熔点温度之间。（有关所
使用釉料、助熔剂的详情
请见左侧。）

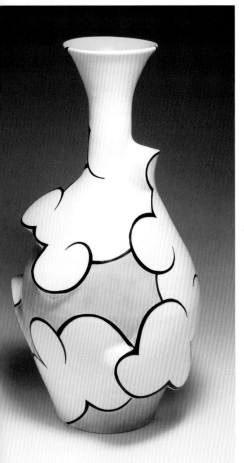

山姆·春 (Sam Chung)

作品的型体看上去像堆积在一起的云朵，坯体上的装饰图案来源于朝鲜古代艺术品上的祥云纹样。型体与釉色非常协调，装饰纹样给人以愉悦感。艳丽的颜色起到了突出型体的作用，云纹上的黑色轮廓为作品增添了空间深度感。

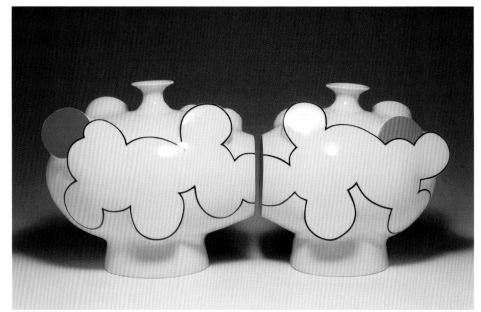

云纹花瓶

35.5 cm × 20 cm × 20 cm。瓷器，拉坯成型后经改造。透明釉，烧成温度为 10 号测温锥的熔点温度。用毛笔涂抹 3~5 层釉上彩，烧成温度为 017 号测温锥的熔点温度。（有关所使用釉料、釉上彩的详情请见下文。）

云纹壶

25 cm × 56 cm × 19 cm。瓷器，拉坯成型后经改造。透明釉，烧成温度为 10 号测温锥的熔点温度。用毛笔涂抹 3~5 层釉上彩，烧成温度为 017 号测温锥的熔点温度。（有关所使用釉料、釉上彩的详情请见左侧。）

云纹茶壶

18 cm × 23 cm × 13 cm。瓷器，拉坯成型后经改造。透明釉，烧成温度为 10 号测温锥的熔点温度。用毛笔涂抹 3~5 层釉上彩，烧成温度为 017 号测温锥的熔点温度。（有关所使用釉料、釉上彩的详情请见左侧。）

亨斯利（Hensley）透明釉（改良版），10 号测温锥

此配方由陶艺家库特·海瑟尔（Kurt Heiser）提供

F-4 长石	37.2
焦硼酸钠	12.1
碳酸钡	4.7
碳酸钙	7.9
硅	27
格罗莱格高岭土	9.3
3110 熔块	1.9
+ 氧化锡	1

瑞妮（Rynne）釉上彩颜料，017 号测温锥

以下各种釉上彩颜料均与珍妮·马克斯（Jane Marcks）配制的"神奇媒介"调和油搭配使用：

正黑色

樱桃红色混合深红色

浅橙色

柠檬黄色混合苔藓绿色

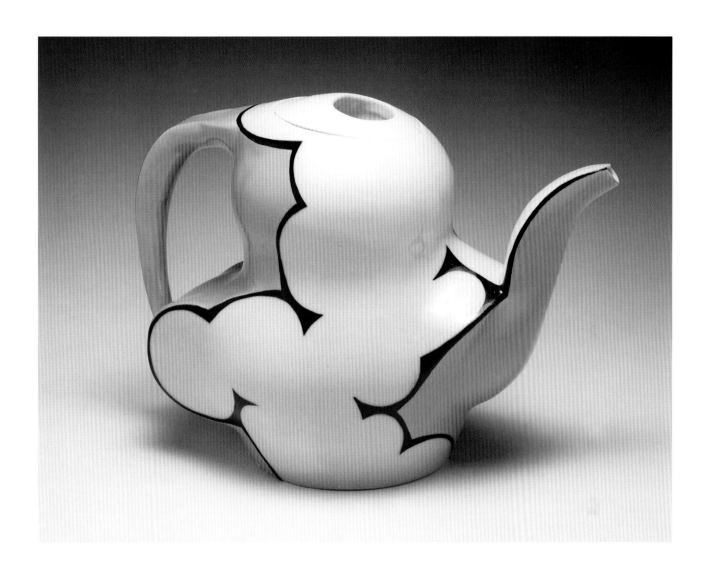

工艺说明

采用浸釉法为素烧过的坯体施釉，透明釉的黏稠度与牛奶相似。弱还原气氛烧窑，烧成温度为 10 号测温锥的熔点温度。还原气氛中生成的白色色调偏冷；氧化气氛中生成的白色色调偏暖。用调和油将各种颜色的釉上彩调配均匀，然后用海绵蘸着釉上彩轻轻地印染在坯体的表面上，并用 017 号测温锥的熔点温度烧窑。出窑后看一下烧成效果如何，根据实际情况反复印染釉上彩并反复烧制，直至达到理想的乳浊釉面效果为止（釉层厚度过厚会出现肌理）。把所有的颜色都涂好后，借助细毛笔绘制线形纹样。烧窑的时候把茶壶盖子微微揭开，留下一条 1.3 cm 的缝隙，以便将茶壶内部釉上彩挥发出来的气体排出。

- 黑色线条能起到突出云朵轮廓的作用，形成漂亮的装饰纹样。
- 每一种颜色都有其特定的感情色彩。
- 乳浊的釉色与器型搭配在一起非常协调。

琳达·阿布克 (Linda Arbuckle)

这些颜色艳丽的日用陶瓷作品造型生动、色调明快，非常惹人喜爱。它们不仅具有实用价值，而且还可以为居家陈设增添一抹亮色，为使用者带来一份愉悦感。艺术家从约瑟夫·阿尔勃斯的色彩学、纺织品、室内装饰杂志及绘画作品中汲取设计灵感，之后在纸上记录下作品的装饰构想。所选用的颜色都是能给人带来愉悦感的色调。艳丽的暖色调与深暗的冷色调形成鲜明的对比，为植物纹样增添了一份生动性。

小公道杯：黄金时代

14 cm×6 cm×10 cm。赤陶器，白锡基础釉，釉下彩。用毛笔填涂颜色，勾画线条。在纹样上覆盖一层蜡，然后整体喷釉。氧化气氛烧窑，烧成温度为 03 号测温锥的熔点温度。（有关所使用釉料的详情请见下文。）

工艺说明

先用赤陶泥塑出作品的型体，之后用刮片为坯体的表面抛光，以防出现针眼、开片等烧成缺陷。将坯体放进窑中素烧，然后借助海绵为素烧坯补水或者将素烧坯快速冲洗一下，采用浸釉法为坯体施釉，所用的釉料为锡白釉，薄薄的一层即可，否则釉料重合处及釉层过厚处极易显现甚至出现开片现象。将着色剂、熔块、膨润土与锡白釉干粉混合在一起。就装饰纹样而言，艺术家先用毛笔绘制出植物图案，然后在图案的上面覆盖一层蜡，最后再为整个坯体施釉。作品的烧成温度为 03 号测温锥的熔点温度，烧成速度为 93 ℃/h。

秋叶红果纹盘

29 cm×20 cm×4 cm。赤陶器，白锡基础釉，釉下彩。用毛笔填涂颜色，勾画线条。在纹样上覆盖一层蜡，然后整体喷釉。氧化气氛烧窑，烧成温度为 03 号测温锥的熔点温度。（有关所使用釉料的详情请见下文。）

釉料详情

艺术家自己配制的锡白釉，03 号测温锥	
3124 号熔块	65.8
F-4 长石	
200 迷你晶石长石	17.2
霞石正长石	6.2
EPK 高岭土	10.8
+氧化锡	4
+锆	9
+膨润土	2

艺术家用商业釉料、釉下彩、马森陶艺用品公司及其他公司生产的着色剂装饰她的陶瓷作品。除了背景颜色及轮廓颜色外，艺术家用毛笔蘸着釉料绘制装饰纹样，所以有些部位的笔触清晰可见

- 将艳丽的陶瓷着色剂与牛奶状的锡白釉混合在一起，并用毛笔蘸着釉色绘制植物纹样。
- 灰色背景及黑色轮廓起到了突出亮色的作用。
- 在白色基础釉中添加各种着色剂可以生成丰富的色调变化。

瑞恩·哈瑞斯 (Rain Harris)

艺术家从旷野的花草中汲取创作灵感，作品的外观十分抽象，看上去就像是植物的剪影。所选的颜色与作品的主题有一定的关系。作品"橘子"上的釉色为橙色，艺术家想借助橙色指代秋天，但由于这种橙色的饱和度太高了，所以整个作品看上去充满了一种"人造物"的感觉。由于艺术家将现代主义观念融入作品的造型、装饰、格调中，所以作品呈现出融性感与知性、优雅与粗俗、收敛与张扬于一身的气质。

灌木丛

48 cm×97 cm×15 cm。瓷器。注浆成型法，捏塑法。烧成温度为6号测温锥的熔点温度。蓝色釉，多次烧成。松木底座，作品的表面上涂着一层树脂。(有关所使用釉料的详情请见下文。)

"尽管我的创作灵感来源于植物，但是作品的表现形式却是抽象型的。"

釉料详情

20X5 釉，5号~6号测温锥	
EPK 高岭土	20
硅	20
硅矿石	20
卡斯特长石	20
3124 号熔块	20

橙色

+8% 橙色釉下着色剂，色戴克·德古萨陶艺用品公司出品，产品型号为 239616 ZrSiCdSe

蓝色

+2% 罗宾 (Robin) 鸭蛋蓝色着色剂，马森陶艺用品公司出品，产品型号为 6376 ZrVSi

- 饱和度极高的橙色使作品呈现出一种浓重的"人造物"的感觉。
- 单色背景具有突出作品型体及贴花纸纹样的作用。

◁ **工艺说明（特指作品"橘子"）**

将素烧坯放在转盘上，用淋釉法为坯体施釉。为釉层较薄处补釉，并将釉层较厚处擦拭一下，以便得到均匀的釉层。然后将坯体放进电窑中烧制，烧成温度为6号测温锥的熔点温度。出窑后看看釉面的烧成效果，对于釉层较薄处及有针眼的地方，需要在釉料中添加一些羧甲基纤维素钠胶，补釉并复烧。将贴花纸粘贴在釉面上并用017号测温锥的熔点温度再次烧制。最后，在坯体的表面上罩一层薄薄的树脂。

橘子

33 cm×25 cm×9 cm。瓷器。注浆成型法，捏塑法。橙色釉的烧成温度为6号测温锥的熔点温度。葡萄树图案贴花纸的烧成温度为017号测温锥的熔点温度。作品的表面上涂着一层树脂。（有关所使用釉料的详情请见左侧。）

约翰·尤塔德 (John Utgaard)

复曲面空间

18 cm×43 cm×25 cm。手工成型陶器，先在坯体上喷涂一层大红色化妆土，再往上面罩一层具有流动性的含锂亚光釉。肌理处的化妆土配方中含有氧化铁颗粒。烧成温度为05号测温锥的熔点温度。（有关所使用釉料、化妆土的详情请见下文。）

作品"水滴"的外观看上去颇具玄妙感，就像是照相机一样将一个动态的画面定格了下来：物体落进水中一刹那激起的水柱。含锂亚光面釉渗透到鲜艳的商业釉料内部，并使其显出几分黯淡感。熔融结合在一起的陶瓷原料为作品增添了一种时间感、深度感及动态美感，部分釉色还流淌到带有矿石般肌理的作品底部上。

工艺说明（特指作品"水滴"）▷

在生坯上有肌理的部位涂抹一层黄绿色釉下彩。之后将坯体放入窑中素烧，在坯体上平坦的部位喷涂一层橙色化妆土，在坯体上有肌理的部位涂抹一层蓝色化妆土。接下来，借助海绵轻擦坯体的表面，露出部分黄绿色底釉，然后将具有流动性的含锂亚光釉喷涂在坯体的表面上（肌理部位可以采用涂釉法）。氧化气氛烧窑，烧成温度为05号测温锥的熔点温度，烧窑的最后阶段以42 ℃/h的速度缓慢升温，当窑温达到熔点温度后保温30 min。以93 ℃/h的速度将窑温降至480 ℃。

> "我试图让釉色呈现出诸如柴烧之类的非同寻常的效果，颜色的饱和度变化极其丰富，难以预料。"

釉料、化妆土详情

化妆土，04号测温锥

卡斯特长石	4
硅	4
煅烧高岭土	4
OM4号球土	4
EPK高岭土	30
霞石正长石	28
锂辉石	11
3195号熔块	15

蓝色

+25% 代尔夫特蓝色着色剂，马森陶艺用品公司出品，产品型号为6320 CoAlSiSnZn

橙色

+100% 橙色釉下着色剂，US陶瓷色剂公司出品，产品型号为1352−O ZrSiCdSe

大红色

+100% 淡红色釉下着色剂，US陶瓷色剂公司出品，产品型号为50672 ZrSiCdSe

具有流动性的含锂亚光釉，04号测温锥

碳酸锂	36
高岭土	13
碳酸镁	13
硅	36
膨润土	2
+ 黑色着色剂	0.5~2

就黑色着色剂而言，陶艺家选用了两种产品：一种是马森陶艺用品公司出品的6600 CrFeCoNi型黑色着色剂，另一种是中南陶艺用品公司出品的S−100CrFeCoNi型黑色着色剂

注意事项：碳酸锂是一种有毒物质，所以在接触的过程中必须佩戴手套。

黄绿色釉下彩

阿玛克陶艺用品公司生产的天鹅绒系列颜料，产品型号为V−343

水滴

23 cm × 38 cm × 36 cm。手工成型陶器，先在坯体上喷涂一层黄绿色釉下彩及橙色、淡蓝色化妆土，再往上面罩一层具有流动性的含锂亚光釉。烧成温度为 05 号测温锥的熔点温度。（有关所使用釉料、化妆土的详情请见左侧。）

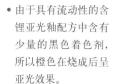
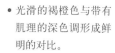

- 由于具有流动性的含锂亚光釉配方中含有少量的黑色着色剂，所以橙色在烧成后呈亚光效果。

- 光滑的褐橙色与带有肌理的深色调形成鲜明的对比。

文迪·沃嘉特 (Wendy Walgate)

作品颇具怀旧风情，艺术家从儿时的绘本书及旧玩具上汲取创作灵感，制作了这些组合展示型陶艺作品。作品集现成物、用玩具翻制的模型、商业釉料于一身，艺术家把上述元素精心设计组合在一起，表达了怀旧、梦想、抱负等综合情绪。艺术家想通过自己的作品批判人类对待动物的不恭态度：把它们当成炫耀自身的物件，把它们当作商品买卖。艺术家所选用的釉色纯度很高、很艳丽，每一种动物都被染成了不同的颜色，看起来非常生动，启发观众去深刻反省我们对待动物的怠慢态度。

迁移地幔

53 cm×91 cm×13 cm。注浆白陶，各种颜色的商业釉料，烧成温度为06号测温锥的熔点温度。烧成后组合展示，木质隔板。（有关所使用釉料的详情请见下文。）

釉料详情

商业釉料，06号测温锥

以下均为作品"橙色真华丽"上的釉色

哈密瓜色釉，邓肯陶艺用品公司生产的想象系列产品，产品型号为 IN 1054

橙汁色釉，邓肯陶艺用品公司生产的陶瓷着色剂，产品型号为 SN 355

淡木瓜色釉，邓肯陶艺用品公司生产的想象系列产品，产品型号为 CN 041

桔色釉，邓肯陶艺用品公司生产的光彩系列产品，产品型号为 GL 632

赤陶色釉，邓肯陶艺用品公司生产的想象系列产品，产品型号为 IN 1021

巴洛克金色釉，邓肯陶艺用品公司生产的想象系列产品，产品型号为 IN 1072

晚霞红色釉，邓肯陶艺用品公司生产的想象系列产品，产品型号为 IN 1004

南瓜橙色釉，邓肯陶艺用品公司生产的想象系列产品，产品型号为 IN 1781

佛罗里达橙色釉，国际标准卡通色 104 号

棕糖色，盖尔（Gare）陶艺用品公司生产的无毒亮光釉，产品型号为 NTG 9331

工艺说明

先将这些注浆成型的白陶以04号测温锥的熔点温度素烧一遍，之后采用涂釉法在坯体的表面上涂抹三层商业釉料，然后将坯体放进窑炉中烧制，烧成温度为06号测温锥的熔点温度。将烧好的坯体组合在一起并用胶水黏结牢固，放在隔板上或者放进箱子中展示。

- 由于釉色及箱子的颜色很接近，所以不同型体的物件组合在一起也非常协调统一。
- 尽管颜色稍有区别，但是从整体上讲依然是十分协调，观众可以从中感受到不同颜色的情感差别。
- 有些釉色是光亮的，有些釉色是亚光的，不同的釉色组合在一起为作品增添了趣味性，让观众忍不住去观赏作品的全貌。

橙色真华丽
56 cm×35.5 cm×35.5 cm。注浆白陶，各种颜色的商业釉料，烧成温度为06号测温锥的熔点温度。烧成后组合展示，20世纪50年代的玩具箱。（有关所使用釉料的详情请见左侧。）

保罗·艾瑟曼 (Paul Eshelman)

这些日用陶瓷作品设计精良，实用功能极好。作品颇具极简主义格调，造型简洁、釉色单纯，整体感很强。绝大部分现代日用陶瓷作品都是白色的，而保罗却选择用饱和度很高的鲜艳颜色装饰他的作品，通过这些作品可以看出亮色起到了突出型体的作用。坯体上的颜色令使用者感到愉悦，同时也对放置在作品中的食物或者花朵起到了陪衬的作用。

"我配制的这种缎面亚光釉极其好用：不易留下痕迹，美观，触摸起来也非常舒适。"

工艺说明

所选用的坯料为赤陶泥，其烧成温度为 04 号测温锥的熔点温度。艺术家做过上百次釉料实验才最终选定了图片中的这种缎面亚光釉。釉料配方中的各类原料及水都经过精确的称量，力求达到最佳的釉液黏稠度。采用浸釉法为坯体施釉，用卡钳精确测量釉层的厚度 (0.5 mm)。将坯体放进窑炉中素烧一遍，在不上釉的部位涂一层蜡，之后用夹子夹住坯体将其浸入釉液中。把积釉处及夹痕处理一下。釉烧温度为 04 号测温锥的熔点温度。

圆形瓶

每个圆形瓶的规格为 19 cm×14 cm×5 cm。注浆成型，经过抛光的赤陶泥，缎面釉。氧化气氛烧窑，烧成温度为 4 号测温锥的熔点温度。（有关所使用釉料的详情请见下文。）

带柄汤碗

每个汤碗的规格为 11 cm×11 cm×14 cm。注浆成型，经过抛光的赤陶泥，缎面釉。氧化气氛烧窑，烧成温度为 4 号测温锥的熔点温度。（有关所使用釉料的详情请见下文。）

釉料详情

基础着色剂，04 号测温锥	
迷你晶石长石	16
锂长石	16
3124 号熔块	25
白云石	17
325 目燧石	10
EPK 高岭土	16

橙色

+0.5% 金红石颗粒

+10% 橙色着色剂，马森陶艺用品公司出品，产品型号为 6027 ZrSeCdSi

+0.5% 深红色着色剂，马森陶艺用品公司出品，产品型号为 6088 ZrSeCdSi

红色

+0.5% 金红石颗粒

+10% 深红色着色剂，马森陶艺用品公司出品，产品型号为 6088 ZrSeCdSi

+0.3% 正黑色着色剂，马森陶艺用品公司出品，产品型号为 6600 CrFeCoNi

哥本哈根蓝色

+0.5% 金红石颗粒

+10% 哥本哈根蓝色着色剂，马森陶艺用品公司出品，产品型号为 6368 CoZnAlSi

+0.25% 正黑色着色剂，马森陶艺用品公司出品，产品型号为 6600 CrFeCoNi

月桂白色着色剂，04 号测温锥	
4 号迷你晶石长石	16
锂长石	16
3124 号熔块	25
白云石	17
325 目燧石	10
EPK 高岭土	16
+ 锆	12
+ 金红石粉	0.5
+ 金红石颗粒	0.5

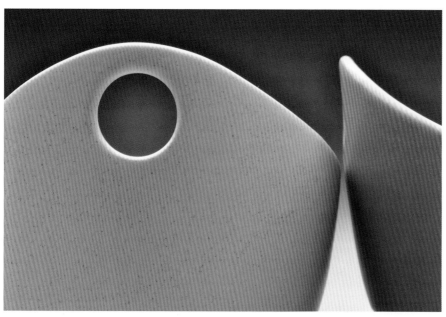

- 坯体上某些部位未施釉，赤陶泥的本色与鲜艳的釉色形成了鲜明的对比。
- 饱和度较高的单一釉色起到了突出器型的作用。

桑塞恩·库伯 (Sunshine Cobb)

　　作品造型简洁，色调明快。橙色、黄色、绿色、蓝色及薄荷色是艺术家目前最常使用的 5 种釉色，这些鲜亮的颜色令作品看起来非常生动。每件作品上只有一两种颜色。艺术家借助喷沙法去掉釉料表面上的光泽，使釉面呈亚光状，有些时候甚至能露出坯体本身的红色。作品颇具怀旧情调，看着眼前的器型及釉色能让观众联想到很多废旧的工业制品，例如旧汽车、旧鼓、旧玩具等。

釉料详情

商业釉料，03 号测温锥
　　南瓜橙色釉，邓肯陶艺用品公司生产的想象系列产品，产品型号为 IN 1781
　　丰收黄色釉，邓肯陶艺用品公司生产的想象系列产品，产品型号为 IN 1053
　　淡猕猴桃色釉，邓肯陶艺用品公司生产的想象系列产品，产品型号为 IN 1062

水罐
每个水罐的规格为 38 cm×18 cm×13 cm。中等红色泥料，商业釉料。烧成温度为 3 号测温锥的熔点温度。喷沙。（有关所使用釉料的详情请见左侧。）

"对我而言，泥料的颜色很重要。色调适宜的红色能让人联想到铁锈，会影响到釉料的发色，能为作品增添一种历史感。"

- 饱和度较高的暖橙色看上去像砖或锈蚀的金属，强化了作品的怀旧情调。
- 喷沙法在坯体上形成的肌理，为作品增添了一份沧桑感。
- 单一的釉色与简洁的器型相互映衬，整体感很强。

大蒜盒
15 cm×10 cm×9 cm。中等红色泥料，商业釉料。烧成温度为 03 号测温锥的熔点温度。喷沙。（有关所使用釉料的详情请见左侧。）

工艺说明

所选用的泥料为中等红泥，采用淋釉法为坯体的内部施釉，借助毛笔往坯体的外部涂釉。坯体上的这种商业釉料，其最佳的釉层厚度为三层，但是艺术家却将釉料调得比较稀，只往坯体上喷涂两层。作品是在电窑中烧制的，烧成温度为 03 号测温锥的熔点温度。出窑后，借助喷沙法将表层釉面破坏掉，釉料原有的光泽度受到影响进而转变为亚光釉面效果。喷沙的时候，对于坯体内部等接触食物及饮品的部位则需要用胶带纸遮挡住，保留釉料原有的面貌。最后，借助砂纸将釉烧过的坯体再仔细打磨一遍。

托马斯·勃勒 (Thomas Bohle)

作品外形圆润、造型简洁，坯体上装饰着靓丽的铜红色釉，由于这种釉料具有流动性，所以在器皿悬空部位形成了很多垂釉珠，这些釉珠为作品增添了动态美感。器型上的凹凸曲线组合在一起，看上去既有几分平静又有几分动感。艺术家在作品上饰以传统的天目釉及铜红釉，这两种釉料熔融结合并流淌形成了类似"兔毫"般的釉面效果，能让人不禁联想到火山喷发时流出的岩浆或者滴淌的鲜血，进而为貌不惊人的器型增添了一份深远的意境。

工艺说明（特指作品"碗"） ▷

这是一只用拉坯成型法制作的双层碗。先将坯体素烧一遍，然后在坯体的表面上涂一层极厚的天目釉作为底釉，趁釉面未干时再罩一层极厚的铜红釉作为面釉。最后将坯体放进窑中烧制，当窑温达到 010 号测温锥的熔点温度后开始强还原气氛烧成，釉料的最终烧成温度为 10 号测温锥的熔点温度。

器皿

20 cm × 20 cm × 15 cm。炻器，拉坯成型双层器皿。喷涂天目釉及铜红釉。烧成温度为 10 号测温锥的熔点温度，还原气氛。（有关所使用釉料的详情请见下文。）

釉料详情

铜红釉，10 号测温锥		天目釉，10 号测温锥	
霞石正长石	41.4	钾长石	59.2
钾长石	17.6	石英	20.4
石英	16	碳酸钙	13.9
硼酸钙	14.2	高岭土	6.5
碳酸钙	7.7	+红色氧化铁	7.5
高岭土	3.1	+悬浮剂（例如羧甲基纤维素钠）	0.3
+碳酸铜	0.4		
+氧化锡	1		
+悬浮剂，例如羧甲基纤维素钠	0.3		

碗

29 cm × 29 cm × 16.5 cm。炻器，拉坯成型双层器皿。喷涂天目釉及铜红釉。烧成温度为 10 号测温锥的熔点温度，还原气氛。（有关所使用釉料的详情请见左侧。）

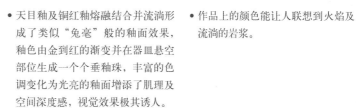

• 天目釉及铜红釉熔融结合并流淌形成了类似"兔毫"般的釉面效果，釉色由金到红的渐变并在器皿悬空部位生成一个个垂釉珠，丰富的色调变化为光亮的釉面增添了肌理及空间深度感，视觉效果极其诱人。

• 作品上的颜色能让人联想到火焰及流淌的岩浆。

比恩·费娜安 (Bean Finneran)

所有的泥条都是手工搓制的，一根根浸釉，一根根染色，一根根烧成，之后又将它们按照一定的秩序组合成具有一定结构美感的雕塑型体。作品从制作到展示都极其耗费精力，尽管单个泥条的外形很简洁，但是将成百上千根泥条组合在一起后，其组合形式却有着无穷的可能性。选择好展示场所后，将泥条小心翼翼地穿插在一起，借助于摩擦力泥条会牢牢地固定在作品上。展示形式变幻无穷。

颜色在作品中扮演着极其重要的角色，单独一根泥条看上去没什么特别的，但成百上千根泥条组合在一起后，颜色所起到的作用就异常明显了。由于每一根泥条的顶端都有釉料，在光线的照射下光亮的釉色自然就成为作品上的视觉重点。

锥形红潮
107 cm × 107 cm × 152 cm。15 000 根手工搓制的泥条，陶泥，泥条的顶端有低温红色釉。烧成温度为 08 号测温锥的熔点温度。泥条上的红色为陶瓷丙烯颜料。（有关所使用釉料的详情请见下文。）

工艺说明

构成这些雕塑型作品的泥条都是艺术家一根根搓出来，一根根单独上釉的。有些时候，艺术家会在某些未经烧制的泥条上涂抹一层阿玛克陶艺用品公司生产的天鹅绒系列釉下彩；在某些烧好的泥条上涂抹一层陶瓷丙烯颜料及着色剂。先将泥条素烧一遍，然后为泥条的顶端施釉，最后将泥条放入窑炉中釉烧，烧成温度为 08 号测温锥的熔点温度。把泥条架在立柱上烧，别让泥条顶端有釉料的部位接触窑具。

釉料详情

红色商业釉料，08 号测温锥
圣诞节红色釉，邓肯陶艺用品公司出品，产品型号为 GL637
角斗士红色釉，邓肯陶艺用品公司出品，产品型号为 GL614
海中女神红色釉，邓肯陶艺用品公司出品，产品型号为 GO134
圣诞节红色陶瓷丙烯颜料，美柯陶艺用品公司出品，产品型号为 SS1762

红色圆环
183 cm×183 cm×13 cm。7 000 根手工搓制
的泥条，白色陶泥，低温红色釉。烧成温度
为 08 号测温锥的熔点温度。陶瓷丙烯颜料。
（有关所使用釉料的详情请见左侧。）

"颜色、结构及转变是我的表达重点。我喜欢釉
下彩及陶瓷丙烯颜料的亚光颜色，与釉料发出的亮
光颜色之间形成的鲜明对比效果。"

- 纯度极高的鲜红色能
  让人联想到能量、情
  感、活力。
- 在自然背景的映衬下，
  红色看上去尤为醒目，
  充满了"人造物"的
  气息。

夏德思·艾达赫 (Thaddeus Erdahl)

作品颇具怀旧气息。作品"红色"看上去就像是从沉船里打捞上来的古董或者某个旧宗教雕塑。人物眼神空洞，神态沮丧，为作品的主题增添了一份不确定因素。艺术家从木制旧玩具、旧锡罐子中汲取设计灵感，借助开片、裂缝、肌理及着色剂营造古旧的视觉效果。观众在欣赏这件作品时不禁会赞叹艺术家的卓越技艺，作品令人过目难忘。

工艺说明

当坯体达到多半干程度后，艺术家在坯体上涂抹各类化妆土、封泥饰面泥浆、普通泥浆、釉下彩。除此之外，艺术家还借助擦拭法将某些原料擦涂到坯体的表面上。当局部涂层出现裂纹效果后，在裂纹处涂一层 TB 化妆土。在坯体的表面上交替涂抹化妆土、泥浆、里格斯（Riggs）封泥饰面泥浆、商业釉下彩（有些原料只涂局部坯体，有些原料覆盖整个作品）。在某些位置涂一层薄薄的稀泥浆，并借助工具泼溅一些斑点。之后将坯体放入窑炉素烧，烧成温度为 08 号测温锥的熔点温度。艺术家用铁锉和砂纸为坯体做旧，然后借助擦拭法将某些原料擦涂到坯体的表面上（两层）。用各类釉下彩料绘制人物的眼睛，然后在坯体的表面上喷一层邓肯陶艺用品公司生产的透明釉，并将坯体放入窑中烧至 04 号测温锥的熔点温度。用蜡和陶瓷着色剂绘制人物的脸颊，需做出肌理效果。最后在坯体上罩一层蜡，并用吹风机将蜡层烤化，形成一层保护膜。蜡在融化的过程中会挥发含碳气体，由于坯体上的细微孔洞吸收了碳元素，所以作品的表面看起来更加富有古旧气息了。待蜡层彻底冷却后，用硬刷子抛光其表面。

> "我选择的颜色带有怀旧色彩。它们都是从古董、旧玩具及其他旧物件上提取出来的。"

装饰详情

TB 化妆土（改良版），04 号测温锥

此配方由陶艺家汤姆·巴特尔（Tom Bartel）提供

硼砂	4.5
焦硼酸钠	9.1
3110 号熔块	31.9
球土	13.6
高岭土	27.3
硅	13.6
＋碳酸镁	0.25

含有玄武岩成分的卡西乌斯（Cassius）泥浆，04 号测温锥

土豚陶艺用品公司出品

里格斯封泥饰面泥浆，04 号测温锥

此配方由陶艺家劳拉·德安吉利斯（Laura DeAngelis）提供

15.9 L 水

1 汤匙硅酸钠

1 汤匙纯碱

6.8 kgXX 匣钵球土

釉下彩

中蓝色，阿玛克陶艺用品公司生产的天鹅绒系列颜料，产品型号为 V-326

鳄梨色，阿玛克陶艺用品公司生产的天鹅绒系列颜料，产品型号为 V-333

蓝绿色，阿玛克陶艺用品公司生产的天鹅绒系列颜料，产品型号为 V-327

白色，阿玛克陶艺用品公司生产的天鹅绒系列颜料，产品型号为 V-360

丝绒黑色，阿玛克陶艺用品公司生产的天鹅绒系列颜料，产品型号为 V-370

黄色，阿玛克陶艺用品公司生产的天鹅绒系列颜料，产品型号为 V-308

表面擦画物质

2 杯纯碱

2 杯硼砂

$\frac{1}{2}$ 茶匙焦硼酸钠

2 杯水混合 1 杯原料干粉

透明釉，04 号测温锥

邓肯陶艺用品公司生产的想象系列产品，产品型号为 IN 1001

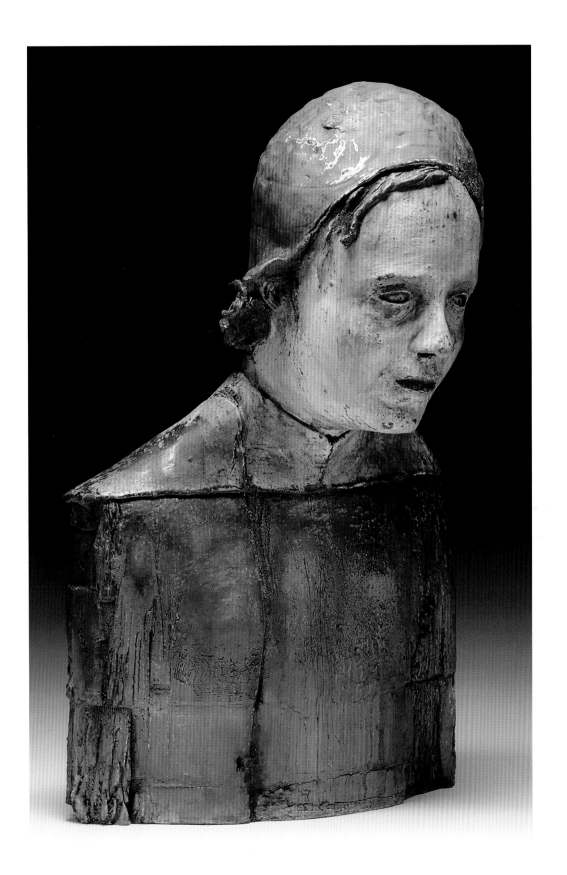

- 厚重的坯体表面上包含多种釉色装饰，它们或浓艳或隐晦，为作品增添了一份沧桑感。
- 帽子、脸颊及嘴唇上的红色尽管不是特别鲜艳，但与整个作品上的古旧色调相比依旧很醒目，为作品增添了几分生机。

红色
43 cm × 28 cm × 23 cm。赤陶泥，多层化妆土，封泥饰面泥浆，普通泥浆，釉下彩，擦拭碳酸钠，透明釉。烧成温度为04号测温锥的熔点温度。（有关所使用釉料的详情请见左侧。）

瑞贝卡·夏贝尔 (Rebecca Chappell)

艺术家从诸如鲜亮的柠檬、翠绿的苹果等日常生活的常见颜色中提取自己中意的色调，她用赤陶泥制作器型然后将选定的颜色按照互补色的原理装饰在坯体的表面上。装置型陶艺作品"红地毯"位于展厅的正中央，在一张低矮的展台上陈列着一个个整齐排列的花瓶型陶瓷器皿，远远望去其外观轮廓犹如城市的剪影，在花瓶的内部竖直插入 850 株修剪成同等高度的红色康乃馨，花朵密密匝匝地排列在一起，远远望去就像是一张悬浮在城市上空的红色地毯。花瓶上装饰着红色的釉料，在赤陶泥与花朵之间起到了承上启下的作用。看着眼前的火红色，观众们不禁会联想到展厅窗外喧嚣的费城街景。作品的展示形式是艺术家在制作花瓶型体的过程中灵机一动想到的，她的绝大部分作品的展示形式也都具有偶然性。

釉料详情

红色着色剂，04 号测温锥

3124 号熔块	70
白云石	5
氧化锌	5
EPK 高岭土	15
燧石	5
＋深红色着色剂，马森陶艺用品公司出品，产品型号为 6097	
ZrSeCdSi	8
＋羧甲基纤维素钠胶	0.5
＋羧甲基纤维素胶	1

红地毯

91 cm×51 cm×35.5 cm。泥条盘筑赤陶泥，红色缎面釉。烧成温度为 04 号测温锥的熔点温度。红色康乃馨。（有关所使用釉料的详情请见左侧。）

工艺说明

　　艺术家先将釉液配制到比较浓稠的状态，用滤网过滤三遍，然后往釉液中添加 0.5% 的羧甲基纤维素钠胶，便于运笔。将坯体放进窑炉中素烧，之后往赤陶坯体的表面上涂抹三层红色缎面釉，以生成乳浊烧成效果。用手指将笔触及针眼轻轻抹掉，将坯体放进窑炉中烧至 04 号测温锥的熔点温度。

- 花瓶型的作品上装饰着火红的釉色，与红色康乃馨相映成趣。排列在一起的花瓶远远望去就像是都市的风光，康乃馨看上去则像是悬浮在城市上空的一张巨型红色地毯。

- 在绿色条纹的映衬下，赤陶土的本色显得亮了许多，甚至有些微微偏红，于是形成了第三种红色。

莫利·哈兹 (Molly Hatch)

作品"里昂丝绸2号"的创作灵感来源于在英国伦敦维多利亚·阿尔伯特博物馆举办的一次展览：1765—1770年法国纺织品展。作品由很多盘子组合而成，盘子上绘制着靓丽的犹如纺织品纹饰般的花纹，融传统装饰与现代设计于一身，极具现代感。装饰纹样的颜色为饱和度极高的蓝色和红色，对比十分强烈。型体与纹饰搭配在一起十分协调，启发观众思考人类与图案、装饰及日用陶瓷用品之间的关系。

工艺说明

先把坯体放进窑炉素烧一遍，然后借助化妆土和商业釉下彩仔细描绘坯体上的装饰纹样。用手动搅拌器将化妆土调和至非常黏稠的状态，再将着色剂按照不同的比例添加到化妆土中（比例为1:4至1:1，可以生成丰富的颜色变化）。为了方便运笔，可以在化妆土中添加1%的羧甲基纤维素钠胶（添加之前先用热水调和一下）。采用浸釉法为坯体施釉，然后将坯体放进窑炉中烧制，烧成温度为8号测温锥的熔点温度。将凯腾（Kitten）透明釉调配得稀一些，并用100~120目的滤网过滤一下。

里昂丝绸2号

66 cm × 56 cm × 5 cm。灵感来源于在英国伦敦维多利亚·阿尔伯特博物馆举办的一次展览：1765—1770年法国纺织品展。拉坯成型结合手工成型的盘子，商业釉下彩，透明釉。烧成温度为8号测温锥的熔点温度。（有关所使用釉料、化妆土的详情请见下文。）

> "我经常思考这样的问题：日用品是如何出现的？人类与日用品之间的关系是怎样的？日用品是怎样一步步发展至今的？我将作品上的装饰视为人类日常生活的写照。"

釉料、化妆土详情

凯腾透明釉，5号~6号测温锥

此配方由陶艺家凯西·金（Kathy King）提供，这种釉料的烧成温度介于5号测温锥的熔点温度与6号测温锥的熔点温度之间，但是莫利将其烧成温度提升至8号测温锥的熔点温度

成分	份额
霞石正长石	28.8
硅矿石	7.7
焦硼酸钠	20.2
碳酸锶	14.4
EPK 高岭土	9.6
燧石	19.2

釉下彩

带有发光效果的红色，阿玛克陶艺用品公司生产的天鹅绒系列颜料，产品型号为V-388

紫罗兰色，阿玛克陶艺用品公司生产的天鹅绒系列颜料，产品型号为V-380

栗色，阿玛克陶艺用品公司生产的天鹅绒系列颜料，产品型号为V-375

淡绿色，阿玛克陶艺用品公司生产的天鹅绒系列颜料，产品型号为V-345

深绿色，阿玛克陶艺用品公司生产的天鹅绒系列颜料，产品型号为V-353

黑色，阿玛克陶艺用品公司出品，产品型号为LUG-1

辛迪·克洛德杰斯基（Cindy Kolodjeski）玻化化妆土，04号测温锥

这种化妆土的烧成温度为04号测温锥的熔点温度，但是莫利将其烧成温度提升至8号测温锥的熔点温度。艺术家还在化妆土的配方中添加了马森陶艺用品公司生产的着色剂，采用氧化气氛烧成。烧成温度较高时其烧成效果与釉相似

成分	份额
高岭土	5
肯塔基球土	15
煅烧黏土	25
3110 号熔块	18
滑石	15
硅	20
羧甲基纤维素钠胶	1
硅藻土（与膨润土相似）	1

蓝色

1份蔚蓝色着色剂，马森陶艺用品公司出品，产品型号为6379 ZrV；1份化妆土

粉色

6份MnAl粉色着色剂，马森陶艺用品公司出品，产品型号为6020 MnAl；5份化妆土

- 红色和蓝色的饱和度不但高而且还很接近，所以组合在一起之后看上去颇具"边界震动"效果。

- 由于装饰图案比较大，所以颜色和纹样看上去极其醒目。一个个盘子就像一个个画框，将整个作品的装饰构图分割开来。

- 除了红色和蓝色之外，还添加了诸如紫色等次生颜色，这类颜色的介入令作品的装饰纹样看起来更加复杂多变。

夏昂·高夫 (Shannon Goff)

作品为线形雕塑，整体结构是在制作的过程中即兴形成的，面对它们，观众的脑海中会浮现出一系列的词汇：音乐、绘画、光影、节奏、重力。饱和度极高的釉色与生动的、错综复杂的网格状型体融合在一起，为作品增添了一种抽象的气质。作品"火星漫游者"的坯体上覆盖着一层外观效果极其艳丽的亚光红色化妆土，可以让观众联想到火星地表的颜色。

雷鸣电闪

42 cm × 37 cm × 41 cm。陶泥，瓷泥，泥条盘筑法结合捏塑成型法，多种商业釉料和艺术家自己配制的釉料。烧成温度为 04 号测温锥的熔点温度。

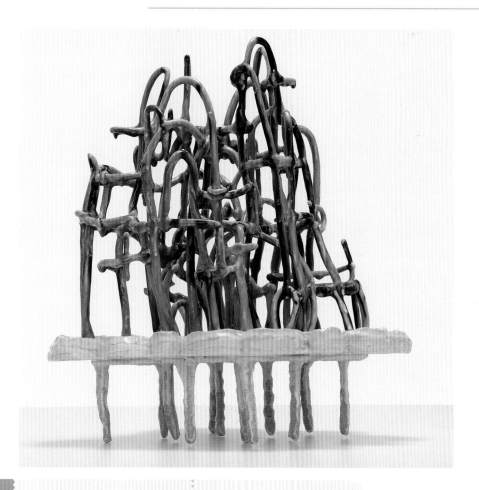

工艺说明（特指作品"火星漫游者"）▷

作品"火星漫游者"的坯料为含沙量极高的陶泥（制作砖瓦用的泥料）。采用喷釉法及涂釉法将具有熔结特征的红色化妆土喷绘在坯体的表面上，之后把作品放入电窑中烧制，烧成温度为 04 号测温锥的熔点温度。说到作品的创作过程，艺术家引用了著名歌手保罗·西蒙（Paul Simon）的一句话："即兴创作，无所不能。"

"我将颜色视为一种雕塑材料，我迷恋世上所有的色彩。诚如罗伯特·欧文（Robert Irwin）所说，花园才是色调最全的调色板。"

SE10 号熔结化妆土，04 号～1 号测温锥

高岭土	23
碳酸锂	5
霞石正长石	32
石英	22
碳酸钙	15
氧化锌	3
＋龙虾色着色剂，马森陶艺用品公司出品，产品型号为 6026 ZrSeCdSi	15

注意事项：此化妆土配方摘录自陶艺家安东·瑞吉德斯（Anton Reijnders）的著作《陶艺技法》。

火星漫游者
41 cm×38 cm×41 cm。陶泥，
泥条盘筑法结合捏塑成型法，
具有熔结特征的红色化妆土。
烧成温度为 04 号测温锥的熔
点温度。(有关所使用化妆土
的详情请见左侧。)

- 红色用于隐喻火星的
  颜色——红色星球。

- 饱和度极高的红色看
  上去热情、向上、生
  动、性感。

- 单一的亚光红色起到
  了突出作品整个型体
  的作用。

尼尔·福瑞斯特 (Neil Forrest)

在克韦尔内斯（Kvernes）木板教堂两列座位之间的走廊上空，悬挂着由海军中将托丁斯杰德（Tordenskjold）驾驶的北方之星号沉船的木制模型。其制作者是水手斯巨尔·柯乔（Sjur Kjol），作品纪念了历史上著名的挪威反瑞典入侵大海战。尼尔以此题材创作了装置型陶艺作品"艰难航行"。

整个作品共由四艘船组成，每一艘船的构造都不一样，悬挂在一起后形成一个特殊的"内部空间"，向置身其中的观众讲述着那段历史。船身上装饰着纯度极高的釉色，某些部位布满了斑斑锈蚀般的时间印痕。垂直悬挂的船体、艳丽的釉色与作品周围的环境组合在一起极具叙事性。

釉料详情

杰克亚光釉，06 号测温锥

此配方由陶艺家杰奎琳·莱斯（Jacqueline Rice）提供

焦硼酸钠	38
霞石正长石	5
EPK 高岭土	5
硅	42
碳酸锂	10
＋锆	10

商业釉料

红色釉，小湖陶艺用品公司出品，配方中含铅熔块，产品型号为 940

黄色釉，小湖陶艺用品公司出品，配方中含铅熔块，产品型号为 941

透明釉，配方中含铅熔块，产品型号为 1007

工艺说明

手工成型炻器，素烧温度为 5 号测温锥的熔点温度。往坯体的表面上交替涂抹下列两种釉：最下面一层是杰克亚光黑色釉；第二层是配方中含熔块的颜色釉；第三层是杰克亚光黑色釉；最上面一层是配方中含熔块的颜色釉。（为了便于运笔，可以在釉液中添加一些羧甲基纤维素钠胶，这种胶可以增加釉液的悬浮性。）接下来将坯体放入窑炉中烧制，烧成温度为 06 号测温锥的熔点温度。由于作品要挂在展厅的房顶上展示，所以需要在坯体上相应的部位预留金属构件插孔，展示前借助树脂将小五金构件与坯体牢牢地黏结在一起。

艰难航行
（局部）。整艘船的规格为 138 cm×35 cm×42 cm。（有关所使用釉料的详情请见左侧。）

艰难航行

红色船的规格为 143 cm×
34 cm×42 cm。手工成型
炻器,素烧温度为 5 号测
温锥的熔点温度。杰克亚
光釉,商业红色及黄色釉。
烧成温度为 6 号测温锥的
熔点温度。小五金件。(有
关所使用釉料的详情请见
左侧。)

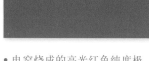

- 电窑烧成的亮光红色纯度极
  高,看上去像血一样。

- 其他船上带有锈蚀感的颜色
  起到了衬托红色的作用,为
  作品增添了一种动态美感。

- 炻器泥料的深暗本色为作品
  增添了空间深度感,并起到
  了突出型体的作用。

"颜色与作品的主题之间存在一定的关
联,令船只呈现出不同程度的古旧感。"

琳达·斯万森 (Linda Swanson)

作品的型体与釉色结合在一起相得益彰，纹饰极其抽象，变化莫测。艳丽的颜色既存在于大自然中也存在于人体上，启发观众在欣赏作品的同时思考人类与自然的密切关系。艺术家的用色富有诗意，结晶釉面触感极佳。

红色的眼睛

58 cm×58 cm×14 cm。注浆瓷器，神秘结晶釉。烧成温度为9号测温锥的熔点温度，氧化气氛。铝质边框。红色纹样由还原气氛下的铜及碳化硅结合反应形成。（有关所使用釉料的详情请见下文。）

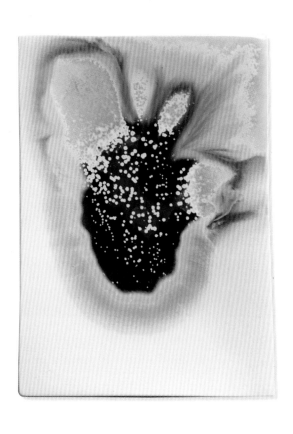

工艺说明

艺术家从来不过滤釉液，调配好后立即使用。釉层非常厚，釉面具有一定的流动性。添加着色剂的方式也与众不同，有些时候是直接撒在喷好的釉面上，这样做可以得到极其丰富的釉色变化。作品的烧成温度为9号测温锥的熔点温度，当窑温达到1 093 ℃时保温15~30 min，以便于结晶釉析晶。作品"红色的眼睛"中的红色是由釉料配方中的碳酸硅与铜结合反应形成的（还原气氛）。所选用的泥料为瓷泥，其烧成温度为9号测温锥的熔点温度，这种泥发色洁白，能对结晶釉的烧成效果起到衬托作用。

加州黄绿色

15 cm×11 cm×2.5 cm。注浆瓷器，11号结晶釉。烧成温度为9号测温锥的熔点温度，氧化气氛。（有关所使用釉料的详情请见下文。）

釉料详情

神秘结晶釉，9号测温锥		11号釉，9号测温锥	
P-25熔块	24.75	3110号熔块	50
3110号熔块	29.7	氧化锌	25
氧化锌	24.75	燧石	23
硅	19.8	二氧化钛	2
硼砂	1	+氧化镍	2
+碳酸铜	1.5	+碳酸镍	2
+碳酸硅	1.5		
（添加少量着色剂）			

注意事项：神秘结晶釉的配方是从陶艺家菲尔·摩根（Phil Morgan）录制的视频资料"结晶釉的奥秘"中摘录的；11号釉的配方是从陶艺家乔·普莱斯（Jon Price）及陶艺家勒隆·普莱斯的著作《结晶釉的艺术：基本技法》中摘录的。

"作品上的釉色散发出光泽，肌理纹样看上去就像由陶瓷原料形成的地图一般。"

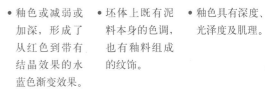

- 釉色或减弱或加深，形成了从红色到带有结晶效果的水蓝色渐变效果。
- 坯体上既有泥料本身的色调，也有釉料组成的纹饰。
- 釉色具有深度、光泽度及肌理。

达芙妮·克雷根 (Daphne Corregan)

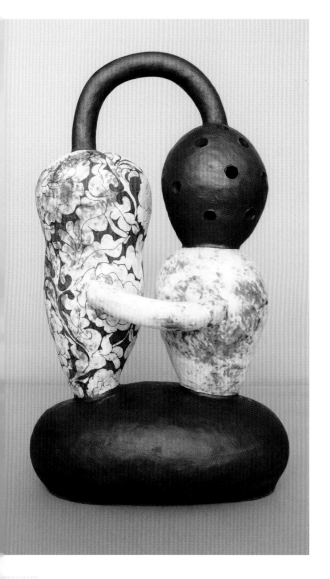

作品看上去就像两个连接在一起的大脑袋，坯体上的图案是宋代的剃釉牡丹纹。化妆土与坯体的本色相互掩映，牡丹纹样盘根错节令人眼花缭乱。纹饰仿佛是罩在人脸上的面纱，让观众忍不住去想面纱下的脸庞究竟长什么样。由于白色化妆土的表面上擦拭过一层黑色氧化物，而氧化物在烧成的过程中释放出含碳气体，所以留下了犹如黑云般的印迹，其外观和乐烧的釉面效果相似。牡丹花纹的背景色是剃花之后露出的赤陶泥本色。

工艺说明

往未经烧成的坯体表面上涂抹三层氧化物，为了层与层之间不混淆，可以往其配方中添加一些蓝钢笔水。接下来，艺术家将白色化妆土溶液调和至牛奶状，并将其涂抹在坯体的表面上（六七层）。待坯体表层彻底干燥后，用笔勾画出纹饰图案，再借助工具剃画纹样，直到露出坯体的本色为止。不要用漏字板，徒手勾画的纹饰图案更加生动。最后将坯体放入气窑中缓慢烧制，烧成温度为 2 号测温锥的熔点温度，氧化气氛。

连接在一起的器型
29 cm×20 cm×48 cm。赤陶泥，擦拭黑色氧化物，白色化妆土，宋代牡丹剃花纹。烧成温度为 2 号测温锥的熔点温度，氧化气氛。（有关所使用釉料的详情请见下文。）

氧化物、化妆土详情

黑色氧化物，2 号～ 10 号测温锥

氧化铜	33.3
氧化钴	33.3
氧化铁	33.3

注意事项：往每 250 g 氧化物中添加 1 茶匙低温透明釉，可以令坯体和釉料结合得更加紧致。

化妆土

白色化妆土，色拉戴尔（Ceradel）陶艺用品公司出品，产品型号为 E1

注意事项：艺术家有时会在化妆土中添加一些阿拉伯树脂胶，其目的是让化妆土层牢固地黏结在坯体的表面上。

表象下的呼吸

65 cm×38 cm×65 cm。赤陶泥，擦
拭黑色氧化物，白色化妆土，宋代
牡丹剃花纹。烧成温度为 2 号测温
锥的熔点温度，氧化气氛。(有关所
使用釉料的详情请见左侧。)

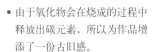

• 剃出花纹后露出坯体本身
的橙红色，颜色饱满鲜亮，
让人联想到肉体或者丝绒。

• 由于氧化物会在烧成的过程中
释放出碳元素，所以为作品增
添了一份古旧感。

雷蒙·杰费柯特 (Remon Jephcott)

作品的寓意极其深刻，艺术家从 16—17 世纪荷兰静物画家的作品（特别是"虚空派"风格的作品）中汲取创作灵感，揭示了死亡的必然性及生死轮回的必要性。坯体上的釉色惟妙惟肖地模仿了腐烂水果的色调。作品上附加的银质苍蝇及光泽彩从另一方面反映了生者的贪婪本性。

釉料详情

火红色釉下彩
邓肯陶艺用品公司出品，产品型号为 EZ 075

1 号釉，04 号测温锥

二氧化铅	68
硼酸钙熔块	12
高岭土	12
燧石	8
+ 大红色着色剂	10

康特姆（Contem）陶艺用品公司出品，产品型号为 GS26 ZrSiCdSe

+ 倒挂金钟色着色剂	5

康特姆陶艺用品公司出品，产品型号为 GS25 CrSn

+ 碳酸钴，一点点即可，无须精确称量

2 号釉，015 号测温锥

倍半硅酸铅	57.5
碳酸钙	19.5
碳酸钡	9
碳酸锂	7
高岭土	7
+ 碳酸铜	3
+ 五氧化二钒	5

注意事项：铅属于有毒物质，不适用于日用陶瓷作品。在接触及烧制含铅釉料时亦需要格外小心。

梨
每一只梨的规格为 5 cm × 5 cm × 8 cm。注浆成型，陶泥中添加可燃有机物，素烧温度为 02 号测温锥的熔点温度；初次釉烧温度为 04 号测温锥的熔点温度；二次釉烧温度为 015 号测温锥的熔点温度；光泽彩的烧成温度为 016 号测温锥的熔点温度。用银铸的蛆虫。（有关所使用釉料的详情请见左侧。）

- 鲜亮的红色使腐烂的水果看起来仍不失诱人感。
- 坯体内部的颜色惟妙惟肖地模仿了腐烂水果的色调。

工艺说明（特指作品"落着银苍蝇的苹果"）△

　　在泥料中添加一些可燃有机物，它们会在烧成的过程中化为灰烬，进而在坯体上留下一个个孔洞。先将坯体放入窑中素烧一遍，之后在坯体内部及有孔洞的位置擦洗一层氧化物（碳酸铜、锰）；在坯体的外部涂抹一层邓肯陶艺用品公司生产的红色釉下彩。将坯体放入窑中烧至 02 号测温锥的熔点温度。然后往坯体外部罩一层 1 号釉并再次烧制，烧成温度为 04 号测温锥的熔点温度。接下来，在坯体内部及有孔洞的位置涂抹一层 2 号釉并再次烧制，烧成温度为 015 号测温锥的熔点温度。之后，在苹果的柄上涂一层光泽彩，其烧成温度为 016 号测温锥的熔点温度。最后，用银铸一只苍蝇，并将其黏结在坯体的表面上。

落着银苍蝇的苹果
8 cm×6 cm×6 cm。注浆成型，陶泥中添加可燃有机物，素烧温度为 02 号测温锥的熔点温度；初次釉烧温度为 04 号测温锥的熔点温度；二次釉烧温度为 015 号测温锥的熔点温度；光泽彩的烧成温度为 016 号测温锥的熔点温度。用银铸的苍蝇。（有关所使用釉料的详情请见左侧。）

苏珊·奈蒙斯 (Susan Nemeth)

艺术家选用的颜色是从绘画大师亨利·马蒂斯（Henri Matisse）及保罗·克利（Paul Klee）绘画作品的背景色中汲取的，十分艳丽生动。作品"莉莉斯（Lillies）2号"的背景色为粉色，该色来源于马蒂斯 1912 年创作的名著"金鱼"中的背景色。成型方法比较独特，展示了陶瓷材料的另类美感。坯体上的装饰纹样是借助镶嵌法形成的。作品的型体与釉色搭配在一起颇具端庄气质。

工艺说明

艺术家借助搅拌器将各种颜色的着色剂与瓷泥混合在一起，加少量水调和成均匀的有色泥浆，并将其放在石膏板上晾干。将色泥擀成薄薄的泥板，并在上面切割出各种形状的图案，用海绵把图案的边缘仔细擦拭一下，以形成不同的层次，然后把这些图案按照一定的装饰形式放置在潮湿的石膏模具内壁上。接下来，用擀泥棍擀一张大泥板，并把它按压在潮湿的石膏模具内壁上（覆盖住色泥纹样）。待器型达到半干程度后将其从模具中取出来并添加底足。等坯体彻底干燥后入窑素烧，烧成温度为 08 号测温锥的熔点温度。把素烧坯浸入水中，用砂纸打磨坯体的表面。待坯体彻底干燥后将其放入匣钵中（在匣钵内放一些沙子，将坯体彻底掩埋到沙粒中，这样做可以防止坯体变形）烧制，烧成温度为 9 号测温锥的熔点温度，所选用的窑炉为电窑。

"在我的作品上保留着很浓重的人工制作的痕迹。我在坯体上故意营造出一种类似于陶瓷缺陷的表现语言。我很喜欢借助镶嵌法将不同颜色的泥料和泥浆镶嵌在坯体的表面上，形成带有肌理效果的装饰纹样。之所以选择瓷泥，是因为它纯净，质感好，虽然看上去很脆弱但实际上却很有力度。"

着色剂详情

肉红色着色剂，9 号测温锥
斯尼德（Sneyd）陶艺用品公司出品，产品型号为 SC 527 ZrSiCdSe

将 1.5% 的这种着色剂添加到安德瑞·布莱克曼（Andrey Blackman）牌瓷泥中可以生成淡粉色

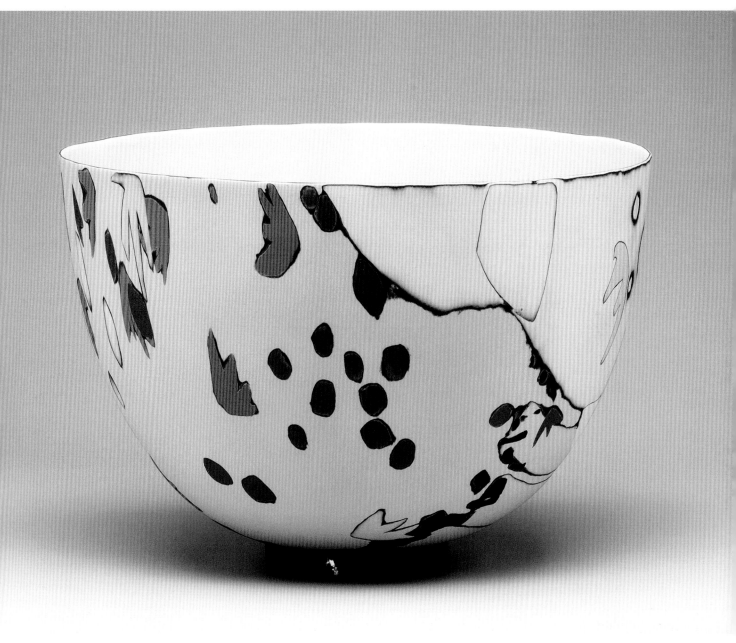

莉莉斯 2 号
23 cm × 33 cm × 33 cm。瓷器，
印坯成型，镶嵌有色瓷泥及有
色泥浆。烧成温度为 9 号测温
锥的熔点温度。（有关所使用
釉料的详情请见左侧。）

• 坯体在亚光淡粉色的映衬下
  显得非常精致。

• 粉色通常象征着女性，与器
  型上的曲线、粉色背景及飞
  舞的花瓣纹饰搭配在一起十
  分协调。

艾米丽·施罗德·威利斯 (Emily Schroeder Wills)

虽然作品的造型和装饰纹样都很简洁，但是其使用功能却很好，外观也很优雅。线条、印痕及曲线是作品上的三大装饰要素。在制作过程中留在坯体表面上的手指压痕形成了一种独特的、永久的装饰效果。柔和的色调、缎面般的釉色、精致的肌理结合在一起，与盛放在坯体内部的食物或者花朵相映成趣。釉面上的粉红色印痕看上去仿佛是少女的脸颊，令作品更具亲和力。

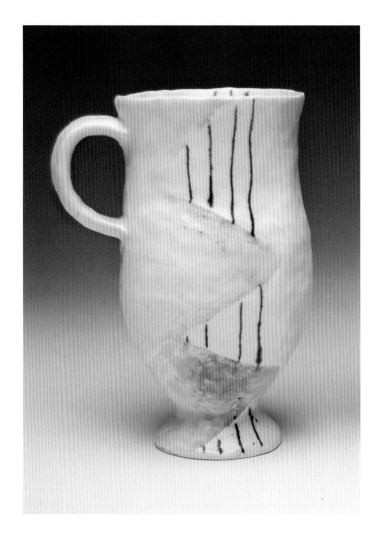

工艺说明

先将坯体素烧一遍，然后借助毛笔将瓦尔（Val）缎面亚光釉涂抹在坯体的表面上。待釉面彻底干燥后用铅笔绘制出线形纹样，并在线条上面涂一层蜡。然后用钢针沿着线条刻画，直到露出坯体为止。借助细毛笔将黑色着色剂镶嵌到刻痕内部，再用潮湿的海绵将刻痕外的印记擦干净。之后把坯体放进电窑中烧制，烧成温度为 10 号测温锥的熔点温度。粉色是由铬元素形成的。

杯子

8 cm×8 cm×11 cm。涂釉，用蜡作为遮挡媒介，浸釉法，擦拭黑色着色剂。烧成温度为 10 号测温锥的熔点温度，氧化气氛。（有关所使用釉料的详情请见下文。）

釉料详情

瓦尔缎面亚光釉，10 号测温锥

此配方由陶艺家瓦尔·库史因（Val Cushing）提供

碳酸钙	34
康沃尔石	46
EPK 高岭土	20
+氧化锡	6

注意事项：靠近铬元素的釉面会在烧成的过程中生成粉色。

托尼（Tony）亚光釉，10 号测温锥

此配方由陶艺家托尼·弗莱恩（Tony Flynn）提供

卡斯特长石	18
白云石	12
碳酸钙	16
EPK 高岭土	32
硅	22

黑色线条上的擦拭物

焦硼酸钠	60

正黑色着色剂，马森陶艺用品公司出品，产品型号为 6600 CrFeCoNi

- 由于黑色线条内含有铬，所以在锡白釉面上形成了粉红色的痕迹，为作品增添了一份柔和感。
- 镶嵌在坯体上的黑色线条为作品增添了一种平面构成般的装饰元素。

罐子

18 cm × 18 cm × 30 cm。涂釉，用蜡作为遮挡媒介，浸釉法，擦拭黑色着色剂。烧成温度为 10 号测温锥的熔点温度，氧化气氛。（有关所使用釉料的详情请见左侧。）

艾娃·王 (Eva Kwong)

　　艺术家本人是中国人，仿生型作品"水神花瓶"是她的系列作品"对立抽象"中的一个，表达了永恒与转变的主题。作品的名称来源于希腊神话故事中的水神阿瑞塞萨（Arethusa），她从人形变化为泉水。作品由一条狭窄的管道和一个膨胀的球体组合而成，符合下列四项动态平衡法则："开启/闭合，充实/空虚，阳刚/阴柔，缺失/存在"。不插花的时候看着平淡无奇，当把花卉插入管口后，花瓶的特质就立刻显现出来了。作品融使用价值与观赏价值于一身。

能量震动

152 cm × 279 cm × 15 cm。瓷器，拉坯成型，透明釉，擦拭氧化锡/氧化铬。烧成温度为 6 号测温锥的熔点温度，氧化气氛。（有关所使用釉料的详情请见下文。）

水神花瓶

25 cm × 20 cm × 20 cm。瓷器，拉坯成型，透明釉，擦拭氧化锡/氧化铬。烧成温度为 6 号测温锥的熔点温度，氧化气氛。（有关所使用釉料的详情请见下文。）

釉料、擦拭物详情

透明釉，6 号测温锥	
霞石正长石	35
硅矿石	10
焦硼酸钠	10
氧化锌	10
球土	10
燧石	25
＋碳酸铜	0.25

　　有些时候往釉料配方内添加碳酸铜可以生成多种颜色变化

带有闪光效果的擦拭物	
氧化锡	75
氧化铬	25

　　注意事项：当此擦拭物的黏稠度较稠时可以生成绿色，其黏稠度较稀时可以生成粉色。

工艺说明

　　先将坯体素烧一遍，然后采用浸釉法为坯体施釉。待釉面彻底干燥后，将含有锡/铬的擦拭物按照一定的装饰形式擦涂在坯体的表面上，上述两种元素会在烧成的过程中挥发粉色气体。最后，将坯体放入电窑中烧制，烧成温度为 6 号测温锥的熔点温度。

"在我看来，颜色除了具有装饰作用之外，它还能起到强化主题、抽象性、情感性、象征意义的作用。颜色的表现力极其强大。"

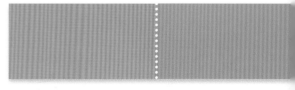

● 带有闪光效果的粉红色具有强化作品主题的作用。

● 作品腹部的绿色斑点与整个器型搭配在一起非常协调。

德克·斯塔斯兹克 (Dirk Staschke)

艺术家从 16 世纪北欧"虚空派"静物画中汲取创作灵感，该风格以描绘堆放在一起的食物、花卉、动物为主，表达了人类的贪婪欲望及死亡的必然性。作品"糖果表面"由无数个堆叠在一起的蛋糕组成，形成一个高大的蛋糕塔；作品"消费寓言"看上去就像万花筒中的镜面幻象，各类食物以垂直对称的形式分布在观众眼前，这两件作品都暗示着人类永无止境的贪婪本性。蛋糕的表面上点缀着光亮的斑点，红色樱桃的外面沾满糖浆，一堆堆粉红色的肉食……艺术家用淡雅、柔和的色调装饰作品的外表面，视觉效果极其逼真。这些美食看似柔软实则冰凉僵硬，从深层角度揭示了事物的欺骗性。

消费寓言
188 cm×162.5 cm×76 cm。烧成温度为 6 号测温锥熔点温度的陶泥，有色化妆土，釉烧温度为 04 号测温锥熔点温度。金色光泽彩。（有关所使用釉料的详情请见下文。）

糖果表面
259 cm×122 cm×23 cm。烧成温度为 6 号测温锥熔点温度的陶泥，有色化妆土，釉烧温度为 04 号测温锥熔点温度。金色光泽彩。（有关所使用釉料的详情请见下文。）

工艺说明

艺术家用的泥料和釉料都是他按照自己的设计构想量身配制的。他采用 6 号测温锥熔点温度素烧坯体，采用喷釉法为坯体施釉，釉烧温度为 04 号测温锥的熔点温度。

釉料详情

碱性陶器釉料，04 号测温锥	
F-4 长石	30
碳酸钡	16
碳酸锂	10
3110 号熔块	10
碳酸钙	7
EPK 高岭土	15
燧石	12

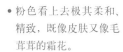

- 粉色看上去极其柔和、精致，既像皮肤又像毛茸茸的霜花。
- 作品上的亮色调欢快、柔和，充满亲和力，使观众忘却了叠摞在一起的蛋糕随时都有坍塌的危险。
- 樱桃上的红色是用浸釉法施釉的，鲜亮的红色看上去极其诱人。

博瑞达·奎尼 (Brenda Quinn)

艺术家从历史上各种装饰艺术门类中汲取创作灵感，并以此设计制作了这些融实用价值与审美价值于一体的陶瓷作品。这些釉色、外形、纹饰俱佳的日用陶瓷产品深受自然数字体系的影响，特别是受到了斐波那契数列的影响。作品"盘子"上有很多色彩，装饰纹样的整体性被色块打破，形成不同的视觉中心区域，丰富了作品的装饰效果。纹饰从坯体的棱边、弧线、转角处展开又结束。由白色釉下彩形成的白色斑点及线形植物纹饰布满了整个器型，再加上黄色及粉色的映衬，作品的表面极具空间深度感。

矩形容器

25 cm × 16.5 cm × 10 cm. 瓷器，拉坯成型结合泥条盘筑、泥板成型。釉下彩，釉料，釉下刮擦纹样。烧成温度为 6 号测温锥熔点温度，氧化气氛。(有关所使用釉料的详情请见下文。)

工艺说明

先将坯体放入窑中素烧一遍，然后用手指蘸着白色商业釉下彩点画在坯体的表面上。然后采用浸釉法为坯体施釉，待釉面彻底干燥后借助铅笔绘制出装饰纹样。接下来，在纹样上涂一层蜡，用钢针或者刀子刻画纹饰，直到露出坯体为止。之后，借助毛笔将灰色釉下彩填涂到纹样的刻痕中。最后将坯体放入电窑中烧制，烧成温度为 6 号测温锥的熔点温度。

"将纯度、明度等方面都很接近的颜色组合在一起，可以产生极其协调的视觉效果。"

釉料详情

艺术家自己配制的透明釉，6 号测温锥

原配方来源于主线艺术中心，该中心坐落在宾夕法尼亚州的哈弗福德，配方经过改良

焦硼酸钠	25
硅矿石	8
霞石正长石	26
EPK 高岭土	10
硅	31

粉色

+3.5% 波尔多红色密封着色剂，色戴克·德古萨陶艺用品公司出品，产品型号为 279497 ZrSiCdSe

+3% 白色着色剂，马森陶艺用品公司出品，产品型号为 6700 AlZrSi

黄色

+4% 镨黄色着色剂，马森陶艺用品公司出品，产品型号为 6450 PrZrSi

蓝色

+8% 蓝绿色着色剂，马森陶艺用品公司出品，产品型号为 6288 ZrVCrCaSi

绿色

+2.5% 镨黄色着色剂，马森陶艺用品公司出品，产品型号为 6450 PrZrSi

+5% 鳄梨色着色剂，马森陶艺用品公司出品，产品型号为 6280 ZrVCrFeCoZnAlCaSi

釉下彩

白色，阿玛克陶艺用品公司生产的天鹅绒系列颜料，产品型号为 LUG-10

暖灰色，阿玛克陶艺用品公司生产的天鹅绒系列颜料，产品型号为 LUG-15

盘子

28 cm×23 cm×5 cm。瓷器，
拉坯成型结合泥条盘筑。釉
下彩，釉料，釉下刮擦纹样。
烧成温度为 6 号测温锥熔点
温度，氧化气氛。（有关所使
用釉料的详情请见左侧。）

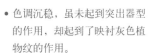

• 器型坚实平整，釉色通透诱
　人，作品的装饰效果极佳。

• 色调沉稳，虽未起到突出器型
　的作用，却起到了映衬灰色植
　物纹的作用。

劳伦·加拉斯比 (Lauren Gallaspy)

你无须成为一座鬼宅

20 cm × 29 cm × 15 cm。瓷器，商业釉料，烧成温度为 6 号测温锥熔点温度；釉下彩的烧成温度为 1 号测温锥熔点温度。借助树胶水彩颜料在烧好的釉面上绘制装饰纹样，并在纹样的上面罩一层清漆。（有关所使用釉料的详情请见下文。）

艺术家本人出生在美国，作品颇具神秘色彩和诗意。艺术家的创作过程很是随意，基本上是凭借直觉完成作品的。作品"伸入脑海的茎蔓"，其创作灵感来源于乔治亚州诗人劳拉·所罗门（Laura Solomon）的诗句，启发观众思考人类自身。粉色和红色代表了人类，既包括心理也包括身体，黑色的纹样代表了混合突触，线形结构是用小型挤泥条工具挤出来的。

工艺说明（特指作品"伸入脑海的茎蔓"）▷

借助水罐将釉料小心翼翼地倾倒在坯体的表面上。由泥条搭建的结构为作品增添了一份精致感。待釉面彻底干燥后，借助硬毛毛笔将线形结构上多余的釉料涂抹干净，之后将坯体放入窑炉烧制，烧成温度为 6 号测温锥熔点温度。出窑后借助喷砂法在装饰面上营造出粗糙的肌理，然后用釉下彩料绘制装饰纹样，再次入窑烧制，烧成温度为 1 号测温锥熔点温度。往线形结构上喷涂一层釉料，以便为其增添一份空间深度感。借助树胶水彩颜料在烧好的釉面上绘制装饰纹样，并在纹样的上面罩一层清漆。

"我的作品通常都是表现一些离奇古怪的事物。"

釉料详情

透明釉，6 号测温锥

　　光谱陶艺用品公司出品，产品型号为 1500

釉下彩

　　阿玛克陶艺用品公司生产的半玻化釉下彩料，包括以下这些颜色：
粉色，产品型号为 41412H

桃红色，产品型号为 41422T
玫瑰红色，产品型号为 41420R
红色，产品型号为 41425J
淡红色，产品型号为 41426K
浅橙色，产品型号为 41432S
蓝绿色，产品型号为 41409E
深蓝色，产品型号为 41401H
暖灰色，产品型号为 41413J
黑色，产品型号为 41406B

深红色密封着色剂

　　马森陶艺用品公司出品，产品型号为 6021 ZrSeCdSi
　　先将坯体素烧一遍，然后将这种着色剂及釉下彩涂抹到坯体的表面上。使用之前需要加水调和

- 各种粉色调让人联想到人的皮肤及肌肉。
- 白色看上去既纯洁又干净。
- 由黑色釉下彩绘制的平面图形（线条、网格、茎蔓），将型体下部的光滑饰面与型体上部的白色网状结构连接为一体。
- 在烧好的釉面上绘制装饰纹样，为作品增添了空间深度感。

伸入脑海的茎蔓

18 cm×16.5 cm×8 cm。瓷器，商业釉料，烧成温度为6号测温锥熔点温度；釉下彩的烧成温度为1号测温锥熔点温度。借助树胶颜料在烧好的釉面上绘制装饰纹样，并在纹样的上面罩一层清漆。（有关所使用釉料的详情请见左侧。）

迈克尔·伊甸 (Michael Eden)

作品"韦奇伍德盖碗"以全新的制作工艺再现了韦奇伍德皇家陶瓷厂18世纪著名的盖碗类陶瓷产品。韦奇伍德皇家陶瓷厂在工业革命时期掌握着世界上最先进的陶瓷制作工艺，迈克尔亦如是——他用高科技仿制具有传统装饰意味的陶瓷产品。韦奇伍德皇家陶瓷厂的创始人乔赛亚·韦奇伍德（Josiah Wedgwood）也曾用陶瓷材料仿制其他材质的产品。作品的陶瓷原型为翠玉色或者黑陶色，迈克尔用带有荧光效果的粉色装饰坯体，不但突出了作品的型体，还为作品增添了一种"人造物"的气质。

工艺说明（特指作品"韦奇伍德盖碗"）▷

先用软件（Rhino 3D，FreeForm）设计出作品的数字影像模型，再借助兹柯普（ZCorp）3D打印机将其打印出来，所选用的原料为131号石膏。之后，往坯体的表面上喷涂一层固化剂，以增强其硬度，往坯体的表面上喷涂三层无须烧制的色拉尔（Ceral）陶瓷涂层，喷涂的时候尽量使涂层薄厚均匀，避免出现"积釉"现象。色拉尔陶瓷涂层无须烧制，它会在数小时内硬化凝结。

涂层详情

陶瓷涂层

色拉尔，一种法国阿夏特克（Axiatec）有限公司生产的陶瓷涂层，无须烧制

注意事项：这是一种含有铝/硅的粉末状陶瓷装饰涂料，将其喷涂在陶瓷坯体的表面上，可以在数小时内硬化凝结。

逆天
38 cm×30 cm×28 cm。局部借助激光煅烧，无须烧制的陶瓷涂层，金箔。（有关所使用釉料的详情请见左侧。）

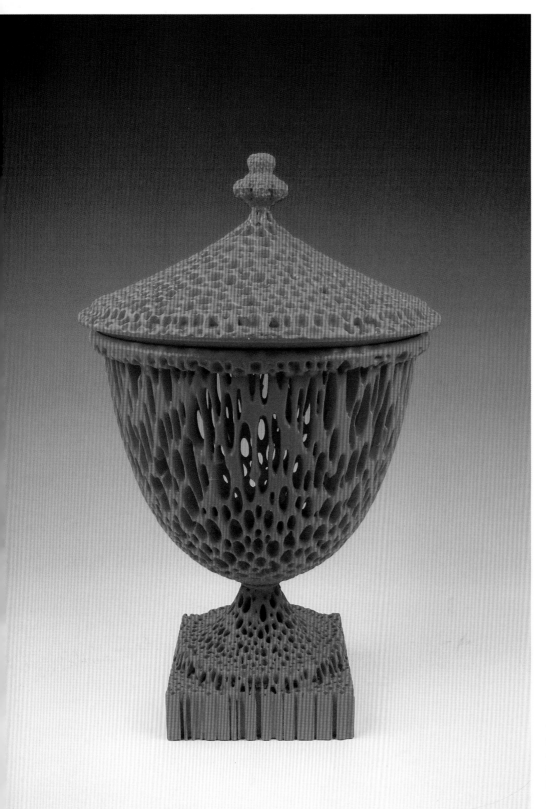

- 荧光粉色带有早熟及人造物的寓意，暗示了作品的制作方式。
- 单一色调突出了作品的复杂结构。

"我的作品是用完全不同于传统的陶瓷成型方法制作的，我试图通过这种形式为陶瓷艺术开辟一条新的发展道路。"

韦奇伍德盖碗
40 cm × 25 cm × 15 cm。坯体由兹柯普 3D 打印机打印而成，所选用的原料为 131 号石膏，固化剂，坯体的表面上罩了三层无须烧制的色拉尔陶瓷涂层。（有关所使用釉料的详情请见左侧。）

马克·迪格罗斯 (Marc Digeros)

艺术家选用的泥料为赤陶泥，他先擀一些泥板，然后将泥板按照一定的设计构想压印在石膏模具的内部，塑造出作品的型体。作品外形简洁，可以看到泥板的接缝。坯体上的装饰图案为几何形折线纹样，装饰与器型搭配在一起十分协调。釉下彩纹饰的表面上覆盖着一层中等亚光釉，由于受到釉面的影响，纹样有些模糊，为作品增添了一份空间深度感。

工艺说明

借助商业釉下彩料在未经烧制（有时需素烧）的坯体表面上绘制纹样。采用淋釉法、浸釉法或者涂釉法在坯体的表面上罩一层薄薄的蓝绿色中等亚光釉，力求薄厚均匀。有纹样的部位不施釉。作品的烧成温度为 04 号测温锥的熔点温度。由于锂的可溶性较低，所以艺术家每次配制的釉料并不多。

花瓶

13 cm×13 cm×24 cm。赤陶泥，手工成型，淡绿色釉下彩，蓝绿色中等亚光釉。烧成温度为 04 号测温锥的熔点温度，氧化气氛。（有关所使用釉料的详情请见下文。）

釉料详情			
蓝绿色中等亚光釉，04 号测温锥		**釉下彩**	
F-4 长石	31.9	淡绿色，光谱陶艺用品公司出品，产品型号为 556	
碳酸锂	20.2		
碳酸锶	12.7	粉色，光谱陶艺用品公司出品，产品型号为 570	
EPK 高岭土	15.9		
硅	12.7		
碳酸钙	6.4		
碳酸镁	0.2		
＋羧甲基纤维素钠胶	0.2		
＋碳酸铜	1		

几何形小碗

23 cm×10 cm×5 cm。赤陶泥，手工成型，淡绿色釉下彩，蓝绿色中等亚光釉。烧成温度为 04 号测温锥的熔点温度，氧化气氛。(有关所使用釉料的详情请见左侧。)

- 作品边缘上的粉色及绿色釉下彩纹样在釉面下显现出些许模糊感。

- 折线纹饰上的色彩带有霓虹效果，为作品的型体增添了一份趣味性。

"我喜欢釉料和釉下彩在烧成过程中的融合反应。有些时候可以形成很微妙的视觉装饰效果，极具神秘感。"

卡迪·帕克和盖·迈克尔·达维斯
(Katie Parker and Guy Michael Davis)

两位艺术家将现代 3D 制模技术及 3D 绘图技术与传统的陶瓷注浆技术结合在一起，创作了这些颇具现代感的雕塑型陶艺作品。作品"阿方索·塔夫脱（Alphonso Taft），塞夫勒"的原型是陈列在俄亥俄州辛辛那提塔夫脱艺术博物馆中的一座大理石半身像，陶瓷作品上的装饰纹样来源于同一博物馆中展出的塞夫勒盖碗，半身像上的装饰纹样看上去很像面纱。这种组合形式为作品增添了一种既滑稽又严肃的寓意。

工艺说明（特指作品"阿方索·塔夫脱，塞夫勒"）▷

先在半身像上喷涂一层比较稀的凯腾透明釉，然后将坯体放入窑中烧至 6 号测温锥的熔点温度。然后，借助喷笔往坯体的表面上喷涂一层粉色釉上彩，并再次入窑烧制，烧成温度为 016 号测温锥的熔点温度。出窑后用细毛笔蘸着釉上彩及光泽彩绘制纹样，再次入窑烧至 016 号测温锥的熔点温度。之所以采用多次烧成，是为了避免弄脏纹饰。

"我们借助颜色衬托型体，为作品增添一种历史感及特殊的装饰格调。"

悬挂的尸体

38 cm×51 cm×36 cm。瓷器，注浆成型，钴蓝色透明釉。烧成温度为 6 号测温锥的熔点温度。釉面上是用釉上彩及光泽彩绘制的纹样，其烧成温度为 016 号测温锥的熔点温度。模切纸质尾巴。（有关所使用釉料的详情请见左侧。）

釉料详情

凯腾透明釉，6 号测温锥

霞石正长石	26
硅矿石	7
焦硼酸钠	18
EPK 高岭土	9
燧石	27
碳酸锶	13

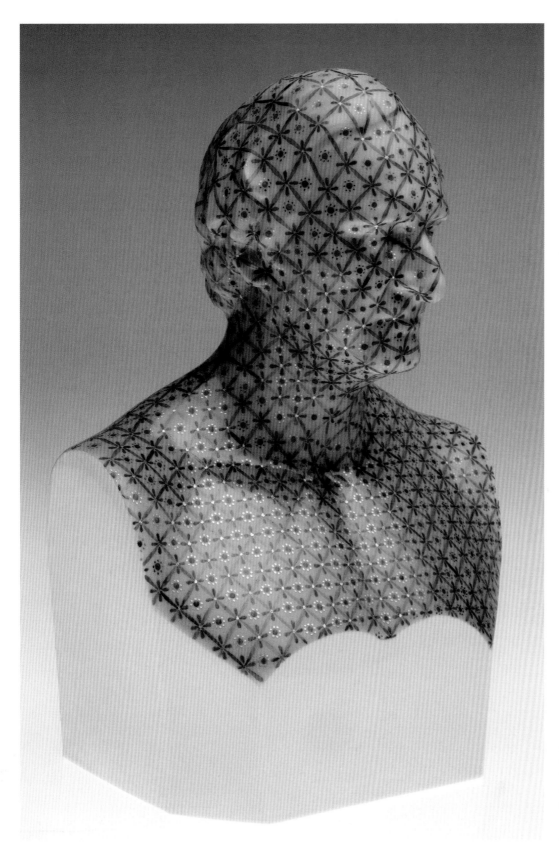

- 坯体上的颜色来源于历
  史上著名的塞夫勒皇家
  瓷器。
- 粉色本是女性的象征，
  在男子半身像上覆盖犹
  如面纱般的粉色装饰纹
  样，为作品增添了一种
  模糊的寓意。
- 用釉上彩及光泽彩绘制
  的精美纹饰看上去极像
  印刷品上的纹样。

阿方索·塔夫脱，塞夫勒
18 cm×30 cm×14 cm。瓷
器，注浆成型，釉烧温度为
6 号测温锥的熔点温度。釉
面上是用釉上彩及光泽彩绘
制的纹样，其烧成温度为
016 号测温锥的熔点温度。
（有关所使用釉料的详情请
见左侧。）

科瑞克·曼古斯 (Kirk Mangus)

艺术家从古老的金字塔及庙塔中汲取创作灵感。按照一定的设计构想在生坯上喷涂各种颜色的釉料，营造出犹如彩虹般的釉面效果。作品的外形看上去颇像小型的金字塔或者庙塔，极具叙事性；作品上的颜色看上去颇像莫里斯·路易斯（Morris Louis）的绘画作品。曼古斯将各种颜色的釉料交替喷涂在坯体的表面：有些颜色相接，有些颜色相融，有些颜色相互覆盖。厚厚的、带有光泽度的粉橙色、蓝绿色、黄色搭配在一起，衬托着作品的型体，为作品增添了一份生动性。

工艺说明

所选用的坯料为赤陶泥，所选用的釉料其烧成温度为1号测温锥的熔点温度，所选用的窑炉为电窑。先在坯体的表面上罩一层孔雀釉，然后再将调配好的各色釉料喷涂到底釉上，以便形成犹如彩虹般的釉面效果。所用的釉料都是无毒的，可以用来装饰餐具。釉层较薄处烧成后很平滑，釉层较厚处烧成后有积釉现象。当烧成温度较高时釉料会流淌、发光。着色剂与釉料之间会发生一定的熔融反应，需要提前做烧成实验。

"我用颜色装饰作品。釉料与绘画颜料不同，光线照射在釉面上会反射出光泽。我最近的作品都是以釉色作为主打装饰。我力图让釉色与坯料搭配协调。"

孔雀釉，1 号测温锥

吉莱斯皮（Gillespie）陶艺公司生产的硼酸盐	60
霞石正长石	20
燧石	20

绿色
+5% 碳酸铜

其他颜色
+8% 商业着色剂

- 借助着色剂配制多种
  颜色。
- 在一个坯体上使用多
  种颜色可以营造出彩
  虹般的视觉效果。
- 当某种釉料的釉层较
  厚时，该种釉料会在
  烧成的过程中熔融流
  淌，并与釉层下面的
  着色剂发生融合反应。
- 艺术家在每件作品上
  装饰的釉料种类多达
  十种。

船居庙塔
46 cm × 23 cm × 23 cm。赤陶泥，
孔雀釉底釉，各种颜色的釉料。
烧成温度为 1 号测温锥的熔点温
度，氧化气氛。（有关所使用釉
料的详情请见左侧。）

尼古拉斯·阿罗亚威·波特拉 (Nicholas Arroyave-Portela)

高开口波纹器皿及椭圆形褶皱纹器皿

左侧作品的高度为 46 cm；右侧作品的高度为 28.5 cm。炻器，拉坯成型经改造，外部喷涂封泥饰面泥浆，内部喷涂商业透明釉。烧成温度为 4 号测温锥的熔点温度。（有关所使用泥浆的详情请见下文。）

作品暗含大自然中的六大要素：土、空气、风、火、陆地、天空。艺术家从中国古代的圣贤老子的名言"道冲，而用之或不盈。渊兮，似万物之宗"（以盛水的容器之空与注水之满盈来形容道之虚空以应无穷之用）中汲取创作灵感。作品以十分抽象的形式再现了水的自然特征：波纹、曲线、冲击河岸形成的沟壑，并以此构建出作品的器型。器型看上去极具静态美感，肌理和颜色与器型搭配在一起相得益彰。

工艺说明

所选用的坯料为白色炻器泥料，采用拉坯成型法拉出器型并适度修改，晾至半干。将某种颜色的泥浆喷涂在坯体的表面上，待其彻底干燥后再喷涂另外一种颜色的泥浆（彻底干燥很重要，否则颜色会互相渗透，纹饰会弄花）。然后，将坯体放入窑炉中素烧，烧成温度为 06 号测温锥的熔点温度。往坯体的内部喷涂一层封泥饰面泥浆，有时还需罩一层透明釉。任何一种烧成温度接近于 4 号测温锥熔点温度的透明釉都可以，烧成温度高于此温度的透明釉不利于封泥饰面发色。接下来，将坯体放入窑炉中烧制，烧成温度为 4 号测温锥的熔点温度。在添加水及球土之前，先把六偏磷酸钠、着色剂、氧化物球磨一遍，这样做的目的是让装饰纹样的视觉效果更加细腻。将上述混合物调配好之后用 200 目的滤网过滤一遍。

有色泥浆详情

白色泥浆
3 L 水
15 g 六偏磷酸钠

添加以下着色剂
将下列商业着色剂按照 8% 的比例添加到白色泥浆中
矢车菊蓝色着色剂，斯卡瓦（Scarva）陶艺用品公司出品，产品型号为 1047
翠鸟蓝色着色剂，斯卡瓦陶艺用品公司出品，产品型号为 HFC452
铁饼蓝色着色剂，斯卡瓦陶艺用品公司出品，产品型号为 HFC800
黄色着色剂，斯卡瓦陶艺用品公司出品，产品型号为 HFC899
添加氧化物时，其使用量应为 1%~2%

封泥饰面泥浆
3 L 水
1 kg 白色球土
15 g 六偏磷酸钠
+4% 红色氧化铁

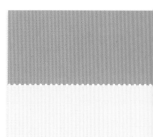

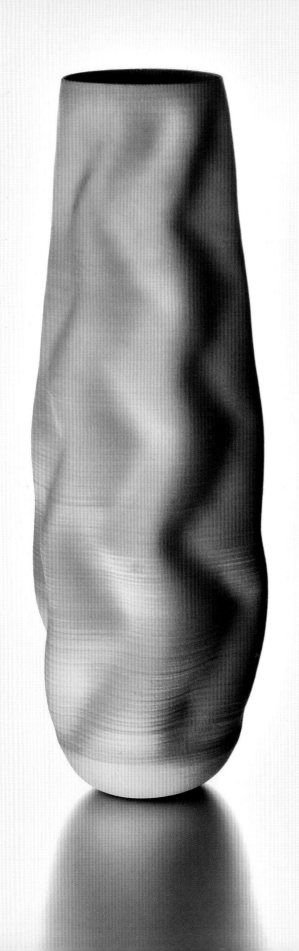

- 由于颜色层的厚度较薄，所以坯体上的肌理一目了然。
- 采用喷釉法为坯体喷涂颜色可以形成渐变效果。
- 亚光釉面为作品增添了一份体量感，与坯体内部的光洁釉面形成了鲜明的对比。

"我想让作品呈现出一种犹如清水般的质感，仿佛器型是由透明的水流凝聚而成的。"

高折线形器皿

高 47 cm。炻器，拉坯成型经改造，从上至下喷涂一种有色泥浆，从下至上喷涂另一种有色泥浆，这两种泥浆的颜色为互补色，对比强烈。烧成温度为 4 号测温锥的熔点温度。（有关所使用泥浆的详情请见左侧。）

莫腾·隆勃内·伊思珀森
(Morten Løbner Espersen)

　　艺术家做过大量釉料烧成实验，手中掌握着 100 多个釉料配方，他在作品的表面上喷涂多种、多层釉料，并采用多次烧成的方式烧制作品，釉面效果极其丰富：团块、积釉、开片、流釉、层叠、黏结。色彩从面釉下部点点渗出，极其华美。系列作品"恐惧留白"融曲折缠绕的有机型体与丰富多变的釉色于一体。作品的中心是一个类似于敞口花瓶的器皿，在花瓶的上面缠绕着球根状有机型体，缠绕的"茎蔓"布满整个器型，生怕有什么部位是空白的，正是这种结构形式突出了"恐惧留白"这一主题。

黄色圆柱体，留白 1577 号
24 cm×30 cm×30 cm。手工成型炻器，玻璃纤维，涂釉法施釉，多次烧成，烧成温度为 9 号测温锥的熔点温度。最后一次烧成的温度为 08 号测温锥的熔点温度。（有关所使用釉料的详情请见下文。）

恐惧留白
50 cm×60 cm×60 cm。手工成型炻器，玻璃纤维，涂釉法施釉，多次烧成，烧成温度为 9 号测温锥的熔点温度。（有关所使用釉料的详情请见下文。）

釉料详情

215 号黄赭石釉，9 号测温锥
第一次烧制

霞石正长石	60
碱长石	5
钾长石	20
碳酸钙	5
黄赭石	5
高岭土	5
+膨润土	0.5

216 号锆白色釉，9 号测温锥
第一次烧制

霞石正长石	50
钾长石	18
氧化锌	8
滑石	8
硅酸锆	6
高岭土	8
燧石	2
+膨润土	0.5

125 号锡白釉，9 号测温锥
第二次及第四次烧制

钾长石	60
石灰岩	17
氧化锌	3
石英	10
氧化锡	1
高岭土	9
+膨润土	0.5

220 号锆白色釉，9 号测温锥
第三次烧制

钾长石	20
碱长石	26
碳酸钙	21
氧化锌	6
硅酸锆	10
高岭土	26
+膨润土	0.5

138 号蓝绿色亚光釉，9 号测温锥
第三次烧制

霞石正长石	60
钾长石	6
碳酸钡	22
氧化锌	6
高岭土	6
+膨润土	0.5
+氧化铜	3

柠檬黄亮光釉，08 号测温锥
第四次烧制
　　色拉玛陶艺用品公司生产的 E-2007 号陶器釉

工艺说明

　　艺术家在同一件作品上装饰了很多种釉料，并采用多次烧成法烧制坯体。坯料中添加了玻璃纤维，这样做的目的是增加坯料的强度，作品的素烧温度为08号测温锥的熔点温度。作品的釉烧温度分为两种：第一种是电窑缓慢烧至08号测温锥的熔点温度，升温速度为150 ℃/h；第二种是电窑烧至09号测温锥的熔点温度。艺术家先将釉料调和至理想的黏稠度（和酸奶差不多），然后把釉料喷涂在坯体的表面上，直到达到满意的釉层厚度和肌理（按照一定的设计构思逐层涂抹）为止。通常，艺术家会在釉液中添加0.5%的膨润土以便让釉层与坯体结合得更加牢固，除此之外，含有膨润土成分的釉液也不易沉积在釉桶底部。罩第二层乃至更多层釉料时，为了让釉层之间结合得更加牢固，艺术家会借助虹吸原理抽掉釉液表层的水分，或者往釉液中添加少量的壁纸胶。艺术家用毛笔或者塑料片蘸着釉液往坯体上涂抹。想要薄一点的釉层时才会用喷釉法施釉。

　　"陶瓷釉料是一种极其特殊的耐高温材料，它具有空间深度感、颜色及触感，世界上再没有什么原料能够与之相比了。"

恐惧留白 1665 号
56 cm×44 cm×44 cm。手工成型炻器，玻璃纤维，涂釉法施釉，多次烧成，烧成温度为9号测温锥的熔点温度。（有关所使用釉料的详情请见左侧。）

- 作品的型体看上去就像盘根错节的球根，坯体上的釉料极富流动性，釉色为作品增添了一种超现实感，能让人联想到某种生物。
- 饱和度极高的釉色层层叠落，看上去似乎带有辐射感。

罗伯特·海瑟尔 (Robert Hessler)

　　作品的型体比较简洁，但是坯体上的釉色却极为靓丽。不同色调的晶花在背景色的掩映下熠熠生辉，仿佛朝阳初现一般。晶花虽绚丽却也有一种平静感，看上去就像漂浮在背景上一样。釉料配方中的某些原料在烧成的过程中析晶、生长并在降温的过程中永久地凝固为一朵朵艳丽的花朵。

工艺说明（特指作品"2 号结晶釉瓶"）▷

　　所选用的坯料为瓷泥，其烧成温度为 6 号测温锥的熔点温度，所选用的成型方式为拉坯成型法。先将坯体放入窑中素烧一遍，然后采用涂釉法为坯体施釉，水平方向分割釉色，每种釉料涂三遍。作品"2 号结晶釉瓶"上共有三种结晶釉——坯体的最底层是镨黄色着色剂，在它的上面是一层含有 3% 氧化钴的结晶釉，再往上是一层含有 2.5% 红色氧化铁的结晶釉，最上面是一层基础结晶釉。作品是在电窑中烧制的，由于结晶釉的流动性比较大，所以烧窑的时候需要在坯体底部垫一个圈足形支架。当窑温达到 6 号测温锥的熔点温度时保温 10 min。然后，在 90 min 之内将窑温降到 1 038 ℃，以促进晶花生成。当窑温为 650~843 ℃时，通过往窑炉中添加小木材的方式营造还原气氛。

釉料详情

9 号作品上的结晶釉，6 号测温锥

钾长石	31
氧化锌	22
碳酸钙	8
碳酸钡	5
碳酸锂	2
焦硼酸钠	3
田纳西 5 号球土	3
燧石	26

绿色／红色
+2% 碳酸铜

深蓝色
+3% 碳酸钴

2 号作品上的结晶釉，6 号测温锥

3110 号熔块	48.5
氧化锌	24.5
EPK 高岭土	1.5
燧石	18
二氧化钛	7.5

灰紫色
+2.5% 红色氧化铁

深蓝色
+3% 氧化钴

9 号结晶釉瓶
48 cm × 13 cm × 13 cm。拉坯成型瓷器，两种结晶釉——坯体的最底层是镨黄色着色剂，再往上是一层含有碳酸钴的结晶釉，最上面是一层含有碳酸铜的结晶釉。烧成温度为 6 号测温锥的熔点温度，缓慢降温，气窑烧成。（有关所使用釉料的详情见左侧。）

- 釉面效果如梦如幻，包括蓝色、柔和的白色、灰色及亮丽的黄色。
- 简洁的器型及光滑的釉面突出了结晶的美感及颜色的丰富。
- 深色背景与不同色调的结晶形成强烈的对比，使作品上的装饰纹样极具空间深度感，结晶花朵就像是悬浮在釉面上一样。

2 号结晶釉瓶
28 cm×17 cm×17 cm。拉坯成型瓷器，三种结晶釉——坯体的最底层是镨黄色着色剂，在它的上面是一层含有氧化钴的结晶釉，再往上是一层含有红色氧化铁的结晶釉，最上面是一层基础结晶釉。烧成温度为 6 号测温锥的熔点温度，缓慢降温，气窑烧成。（有关所使用釉料的详情请见左侧。）

劳伦·马布瑞 (Lauren Mabry)

作品的外形呈圆筒状，坯体上的装饰纹样十分抽象。艺术家在坯体的表面上喷涂多种、多层泥浆、釉下彩、着色剂及釉料，有些部位用笔画，有些部位用手涂，因此视觉效果极其生动。颜色在她的作品上扮演着极为重要的角色，最底层是淡雅的色调，上面是饱和度较高的艳丽色调。具有流动性的、光亮的釉层为纹饰增添了些许动态美感。

圆柱体
34 cm×32 cm×32 cm。（有关所使用泥浆、釉料的详情请见下文。）

工艺说明

先在坯体的表面喷涂一层白色泥浆作为底色，它可以起到衬托颜色的作用。艺术家用毛笔及手指蘸着有色泥浆在未经烧成的坯体上绘制纹样。不满意的地方可以刮掉重画，直至达到理想的装饰效果为止。有些时候，艺术家也会采用贴花纸等转印方法装饰她的作品。在素烧过的坯体上喷涂釉下彩及着色剂，最后再罩上不同的釉料入窑烧制，烧成温度为 04 号测温锥的熔点温度。

"我为各种颜色混合在一起后所呈现出的效果深深着迷，它们相互掩映、相互衬托、流动、交融，艳丽的颜色与淡雅的颜色交织在一处太诱人了。"

艺术家自己配制的低温泥浆，04 号~03 号测温锥

原始配方由陶艺家维多利亚·克里斯蒂（Victoria Christen）提供，后经劳伦改良

EPK 高岭土	31
球土	31
硅	25
滑石	6.5
3124 号熔块	6.5

C2 基础釉，04 号测温锥

3124 号熔块	80
锂辉石	5
透锂长石	5
EPK 高岭土	10

颜色

+5%~15% 由马森、光谱、德古萨（Degussa）陶艺用品公司出品生产的着色剂

艺术家在基础泥浆及基础釉料中添加相同颜色的着色剂，配制出多种有色泥浆及多种颜色釉

红色

+ 大红色着色剂，色戴克·德古萨陶艺用品公司出品，产品型号为 ZrSiCdSSe，在其下方是阿玛克陶艺用品公司生产的天鹅绒系列红色釉下彩，产品型号为 V-388

黄色

+ 钒黄色着色剂，马森陶艺用品公司出品，产品型号为 6404 AlSnV

白色

+7% 锆

圆柱体

34 cm×32 cm×32 cm。赤陶泥，泥
浆，釉料。烧成温度为 04 号测温锥
的熔点温度，电窑烧成。（有关所使
用泥浆、釉料的详情请见左侧。）

- 艺术家借助光谱陶艺
用品公司生产的各种
陶瓷颜料为作品增添
了表现力、生动性及情
感因素。

- 采用泼溅法将各种颜
色的釉料像彩虹一样
排列组合在一起，为作
品增添了一份趣味性。

- 有些颜色是在素烧之
前喷涂到坯体上的，还
有一些颜色是在素烧
之后喷涂到坯体上的。
这些颜色流淌、交融，
为装饰面增添了空间
深度感。

皮特 · 平克斯 (Peter Pincus)

作品"坛子"的原型为塞夫勒皇家瓷厂生产的瓷坛，艺术家用全新的表现语言再现了这一历史名品，作品看上去颇有"镶器"的味道。整个坛子由四个面组合而成，面与面之间是优美、舒展的曲线，加上具有亚光效果的各种艳丽色块，令作品看上去既生动又抽象。就装饰方面而言，艺术家是从现代服饰图案中汲取的设计灵感，因此观众可以隐隐感受到这一特征。

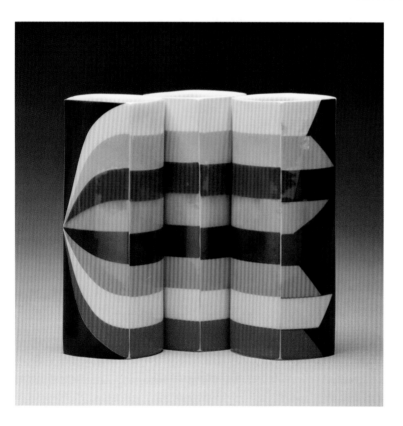

随身杯
每个杯子的规格为 18 cm×9 cm×9 cm。注浆成型，有色瓷泥，透明釉。烧成温度为 6 号测温锥的熔点温度。（有关所用釉料的详情请见左侧。）

工艺说明

艺术家用有色泥浆及透明釉装饰他的作品。首先，艺术家将各种颜色的着色剂添加到注浆泥浆中，将泥浆调配成各种色调，包括 6 阶灰度。然后在注浆成型的器皿上依次绘制色条纹样。无色细线是趁着坯体半干时用刀划出来的。一条一条地填涂颜色直到完成所有的色块为止。接下来，将坯体放入窑炉中素烧，出窑后采用浸釉法或者淋釉法为坯体施釉，釉烧温度为 6 号测温锥的熔点温度，所用的窑炉为电窑，当窑温达到顶点时保温 5~20 min。釉液要调配得稀一些，以便形成云雾状背景纹样。保温时间越长釉面越透明，但是长时间保温会加大瓷泥的收缩率，所以有必要针对不同的坯料设置不同的保温时间。

"颜色在我的作品上主要起到以下几个作用：衬托型体；是背景颜色与前景颜色之间的纽带；分隔线形纹样。"

釉料详情

SG-4 透明基础釉，6 号测温锥
原始配方来自阿尔弗雷德大学，后经艺术家改良

3195 熔块	22
硅矿石	26.6
霞石正长石	4
焦硼酸钠	4.8
EPK 高岭土	26.6
硅	16

- 饱和度极高的颜色整齐地排列在一起，看上去与彩虹差不多。
- 将三个杯子并列摆放时，杯身上的颜色弱化了杯子的外形，三个杯子看上去就像一幅绘画作品一样。
- 鲜亮的颜色在黑色及白色几何线形的映衬下更加引人瞩目。

坛子
43 cm×20 cm×18 cm。注浆成型，有色瓷泥，透明釉。烧成温度为 6 号测温锥的熔点温度。白金色光泽彩，烧成温度为 018 号测温锥的熔点温度。（有关所使用釉料的详情请见左侧。）

莫瑞迪斯·霍斯特 (Meredith Host)

作品上的装饰纹样源自随处可见的卫生间墙面图案。花瓶、碗、盘子、杯子、平底酒杯的表面上绘制着颜色鲜亮的圆点、花边及贴花纸图案。用厕纸及面巾纸上的纹样装饰日用陶瓷产品是个不错的创意，厕纸及面巾纸属于一次性消费品，而陶瓷餐具却属于永久性消费品，把这两种东西结合在一起既满足了使用需求，也满足了审美需求。因此，作品还从更加深层的角度启发观众关注日常生活中普通事物的美感及价值。

工艺说明

所选用的坯料为瓷泥，其烧成温度为6号测温锥的熔点温度。借助漏字板及丝网印工艺将装饰纹样转印在坯体的表面上，之后将坯体放入窑炉中素烧。出窑后，采用倒釉法将面盆白色釉倾倒在纹饰的表面上。然后，往坯体的表面上涂抹一层凯腾透明釉，这种釉料可以起到预防釉下彩纹饰边缘起泡的作用。接下来，将坯体放入电窑中缓慢烧制，烧成温度为6号测温锥的熔点温度，不保温。出窑后把乙烯基漏字板黏合在坯体的表面上，然后用橘皮釉绘制圆点纹饰，再次入窑烧至05号测温锥的熔点温度。出窑后在釉面上粘贴含有氧化铁的贴花纸（05号测温锥）或者丝网印釉上彩（015号测温锥）图案，完成后用相应的烧成温度烧窑。

圆点纹饰餐具

23 cm×11 cm×11 cm。瓷器，注浆成型，漏字板，釉下彩，凯腾透明釉，面盆白色釉，痰色釉绘制圆点纹饰，烧成温度为6号测温锥的熔点温度。丝网印釉上彩贴花纸，烧成温度为015号测温锥的熔点温度。（有关所使用釉料的详情请见下文。）

釉料详情

凯腾透明釉，6号测温锥

此配方由陶艺家凯西·金（Kathy King）提供

霞石正长石	24
硅矿石	6.4
焦硼酸钠	16.8
碳酸锶	12
EPK 高岭土	8
燧石	32.8

面盆白色釉，6号测温锥

康沃尔石	34.5
硅矿石	12.5
碳酸钙	12.5
焦硼酸钠	5.2
3124 熔块	7.3
EPK 高岭土	11.5
膨润土	1
燧石	15.5
+ 锆	10

痰色釉，6号测温锥

卡斯特长石	40
焦硼酸钠	18
碳酸钙	16
EPK 高岭土	10
燧石	16

+ 镨黄色着色剂，马森陶艺用品公司出品，产品型号为 6450 PrZrSi

+ 黄绿色着色剂，马森陶艺用品公司出品，产品型号为 6236 ZrVSnTi

橘皮釉，05号测温锥

美柯陶艺用品公司出品，产品型号为 SC-75

釉下彩

黄绿色，阿玛克陶艺用品公司生产的天鹅绒系列颜料，产品型号为 V-343

绿松石蓝色，阿玛克陶艺用品公司生产的天鹅绒系列颜料，产品型号为 V-327

黄色，阿玛克陶艺用品公司生产的天鹅绒系列颜料，产品型号为 V-380

橙色，阿玛克陶艺用品公司生产的天鹅绒系列颜料，产品型号为 V-384

白色，阿玛克陶艺用品公司生产的天鹅绒系列颜料，产品型号为 V-360

圆点纹饰餐具

高度为8~27 cm。瓷器，拉坯成型，丝网印及漏字板工艺，釉下彩，透明釉，白色釉，烧成温度为6号测温锥的熔点温度。含有氧化铁的贴花纸，用商业橙色釉绘制的圆点，烧成温度为5号测温锥的熔点温度。（有关所使用釉料的详情请见左侧。）

"装饰具有平衡作用。我在坯体上绘制非对称形式的颜色及纹饰，为的是让作品呈现出一种动态美感。"

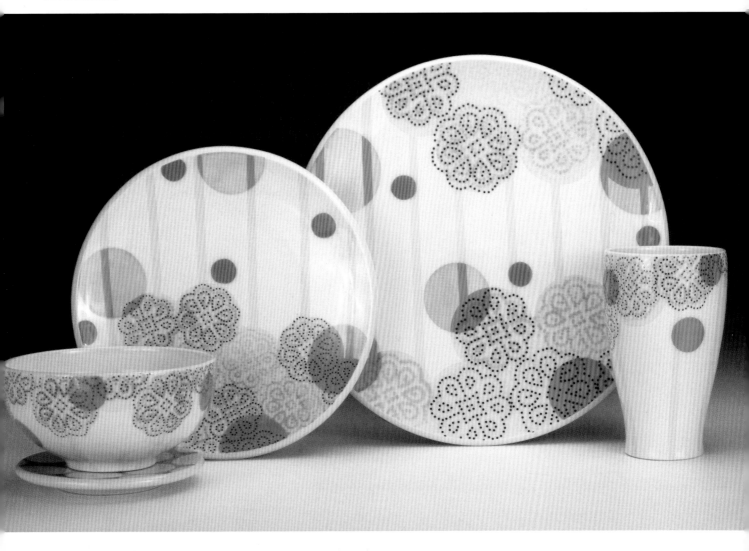

- 各种颜色组合在一起形成层次非常丰富的纹饰，包括白色在内都为作品增添了空间深度感。

- 鲜亮的橙色及蓝色小圆点为作品增添了生动性，将观众的目光吸引至整个器型上。

夏乐妮·维伦祖拉 (Shalene Valenzuela)

作品颇具错觉画法风格，艺术家创作了一系列极其逼真的雕塑型陶艺作品，坯体的表面上包含多种釉面效果。装饰纹样为家庭主妇的日常生活状态，启发观众深入思考女性在家庭中的重要角色。作品"追随纹饰：自由样本"的外观看上去就像纸质服装裁剪图版，与作品上的家庭主妇日常生活场景纹饰搭配在一起非常协调。作品"闲置的吸尘器：太棒了"上的装饰纹样向观众展示了家庭主妇完全不同的两种日常生活状态，观众不禁会暗想：这难道是真的吗？艺术家的用色颇具怀旧气质：橙粉色、蓝绿色、南瓜橙色、黄绿色，都是家居环境中的常见色调。鲜亮的黄色及红色等广告中常见的色调为作品增添了生动性及时代感。

工艺说明

　　坯体用白色瓷泥浆注浆而成，借助丝网印工艺在半干的坯体上转印装饰纹样，然后将坯体放入窑炉中素烧，烧成温度为 04 号测温锥的熔点温度。出窑后用毛笔蘸着釉下彩料绘制黑色轮廓线及填涂颜色，完成后在图案上罩一层透明釉。借助锋利的刀子刮掉作品边缘上凝聚的陶瓷颜料，之后把坯体放入电窑烧制，烧成温度为 6 号测温锥的熔点温度。

追随纹饰：自由样本
38 cm×58 cm×5 cm。瓷泥，釉下彩，转印，烧成温度为 6 号测温锥的熔点温度。（有关所使用釉料的详情请见下文。）

釉料详情

釉下彩，6 号测温锥
　　白色，阿玛克陶艺用品公司生产的天鹅绒系列颜料，产品型号为V-360
　　淡肉色，邓肯陶艺用品公司生产的表层颜料，产品型号为CC112
　　褐色，阿玛克陶艺用品公司生产的天鹅绒系列颜料，产品型号为V-310
　　桃红色，阿玛克陶艺用品公司生产的天鹅绒系列颜料，产品型号为 V-315
　　黄色，阿玛克陶艺用品公司生产的天鹅绒系列颜料，产品型号为V-308
　　带有闪光效果的红色，阿玛克陶艺用品公司生产的天鹅绒系列颜料，产品型号为 V-388
　　乌黑色，阿玛克陶艺用品公司生产的天鹅绒系列颜料，产品型号为 V-361
　　蓝绿色，邓肯陶艺用品公司生产的表层颜料，产品型号为CC161

透明基础釉，6 号测温锥

卡斯特长石	40
焦硼酸钠	18
碳酸钙	16
EPK 高岭土	10
燧石	16

　　注意事项：这种透明基础釉只用在作品"闲置的吸尘器：太棒了"上，艺术家在釉料配方中添加 5%~10% 的各种颜色着色剂（马森陶艺用品公司出品），配制出了很多有色釉料。

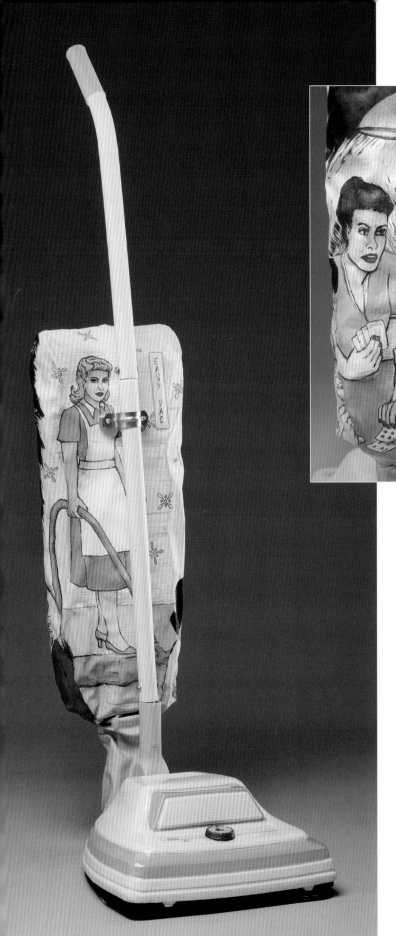

- 颜色为作品增添了一份时代感。
- 橙色让人联想到羊皮纸上的纹饰。
- 鲜亮的颜色起到了突出作品型体的作用。

闲置的吸尘器：太棒了
107 cm × 28 cm × 35.5 cm。
注浆白泥，釉下彩，透明釉，烧成温度为 6 号测温锥的熔点温度。（有关所使用釉料的详情请见左侧。）

"作品的外观虽然是一个真空吸尘器，但是其深层含意却远远超过其外表。"

阿德罗·维拉德 (Adero Willard)

平底杯

每个杯子的规格为 16.5 cm×
9.5 cm×9.5 cm。赤陶泥，
借助泥浆绘制纹样，釉下
彩，刮擦工艺，用蜡做遮挡
物完成纹饰。烧成温度为 03
号测温锥的熔点温度，氧化
气氛。（有关所使用釉料的
详情请见下文。）

这些日用陶瓷类作品的表面上装饰着极其华美、复杂的纹饰，能让人联想到纺织品、
绘画、木版画及玻璃。由于所选用的坯料为赤陶泥，所以坯体上的颜色看起来十分柔和。
鲜亮的色调为作品增添了一份生动性。植物纹样及几何图案与各种颜色搭配在一起非常
协调，给使用者带来一种愉悦感。

工艺说明

艺术家往半干的坯体上喷涂多
层釉下彩，并借助刮擦工艺及用蜡作
为遮挡物完成坯体上的装饰纹样。之
后将坯体放入窑炉中素烧，出窑后采
用浸釉法为坯体施釉：将坯体浸入皮
特·平内尔（Pete Pinnell）透明釉中，
3 s 即可。釉层较薄时可以生成缎面
烧成效果，釉层太厚的话釉料容易流
淌粘板。最后将坯体放入窑炉中缓慢
烧至 03 号测温锥的熔点温度，当窑
温达到顶峰时保温 30 min，保温的目
的是减少釉面烧成缺陷。

釉料详情

比尔基础釉，04 号～2 号测温锥

用于器皿内部

3124 号熔块	65.8
F-4 长石	17.1
霞石正长石	6.3
6 号砖高岭土	10.8
+锆	14

艺术家的锆使用量为 10，用量
较少时可以让釉料的发色更加洁白
通透

+金红石	0.5
+膨润土	2

**皮特·平内尔透明釉，04 号～2 号
测温锥**

这是艺术家最常用的釉料。当其
烧成温度介于 03 号测温锥的熔点温
度与 2 号测温锥的熔点温度之间时，
釉料的烧成效果极佳：融美观、坚
固、耐久性于一体。此配方由陶艺家
皮特·平内尔提供

3195 号熔块	73
碳酸镁	10
EPK 高岭土	10
燧石	7
+膨润土	2

釉下彩

艺术家使用了大量由阿玛克陶艺用
品公司生产的釉下彩颜料。LUG 代表
液态釉下彩，V 代表天鹅绒系列产品。

深红色，阿玛克陶艺用品公司出
品，产品型号为 LUG-58

蓝绿色，阿玛克陶艺用品公司出
品，产品型号为 LUG-25

黄色，阿玛克陶艺用品公司出品，
产品型号为 V-308

深黄色，阿玛克陶艺用品公司出
品，产品型号为 V-309

黄绿色，阿玛克陶艺用品公司出
品，产品型号为 V-343

深绿色，阿玛克陶艺用品公司出

品，产品型号为 V-353

乌黑色，阿玛克陶艺用品公司出
品，产品型号为 V-361

淡红色，阿玛克陶艺用品公司出
品，产品型号为 V-383

橙色，阿玛克陶艺用品公司出品，
产品型号为 V-384

浅橙色，阿玛克陶艺用品公司出
品，产品型号为 V-390

火焰橙色，阿玛克陶艺用品公司
出品，产品型号为 V-389

电光蓝色，阿玛克陶艺用品公司
出品，产品型号为 V-386

亮红色，阿玛克陶艺用品公司出
品，产品型号为 V-387

- 艺术家借助暖色系的色调
  装饰作品。
- 中性色调与鲜艳的红色及
  蓝色形成鲜明的对比。

茶壶
17 cm×20 cm×14 cm。赤陶泥，
用泥浆绘制纹样，釉下彩，刮擦
工艺，用蜡做遮挡物。烧成温度
为 03 号测温锥的熔点温度，氧
化气氛。（有关所使用釉料的详
情请见左侧。）

盘子
33 cm×33 cm×5 cm。赤陶泥，
借助刮擦技法绘制纹样，用蜡
做遮挡物完成纹饰。烧成温度
为 03 号测温锥的熔点温度，氧
化气氛。（有关所使用釉料的详
情请见左侧。）

"我借助颜色突出作品的纹饰、
形状、型体及内涵。颜色具有无穷的
表现力。"

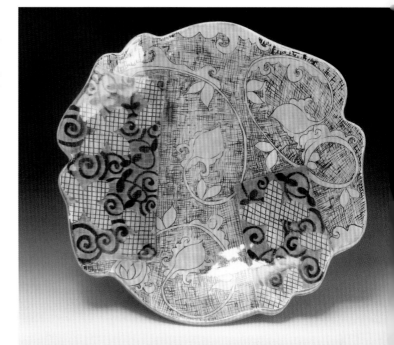

布莱恩·琼斯 (Brian R Jones)

作品十分招人喜爱。无论是杯子、碗还是黄油容器，每一件作品都是融实用性与观赏性于一体，能带给使用者一丝愉悦感。坯体上的装饰纹样及釉色虽然简单，但是却很诱人。作品上的色调和纹样装饰与艺术家本人的穿衣风格、配菜风格如出一辙。对于艺术家本人而言，他就是喜欢这种极其简洁的图案和器型。

平底杯

每个杯子的规格大约是 8 cm×8 cm×15 cm。赤陶泥，拉坯成型经改造，普通泥浆，有色泥浆，卡瑞（Kari）优质釉，伍迪（Woody）冰蓝色、粉色基础釉，SWO 釉。烧成温度为 03 号测温锥的熔点温度，氧化气氛。（有关所使用釉料的详情请见下文。）

黄油容器

20 cm×10 cm×15 cm。赤陶泥，手工成型，普通泥浆，有色泥浆，卡瑞优质釉，伍迪透明、黄色基础釉。烧成温度为 03 号测温锥的熔点温度，氧化气氛。（有关所使用釉料的详情见下文。）

釉料、封泥饰面泥浆详情

皮特·平内尔白色泥浆，04 号测温锥

OM4 号球土	40
滑石	40
硅	10
霞石正长石	10
+ 锆	7

注意事项：往配方中添加 10%~15% 的锆，可以降低泥浆的黏稠度。

伍迪基础釉，03 号测温锥

此配方由陶艺家伍迪·胡戈赫斯（Woody Hughes）提供

焦硼酸钠	26
碳酸锂	4
3124 号熔块	30
霞石正长石	20
EPK 高岭土	5
硅	10
煅烧 EPK 高岭土	5
+ 羧甲基纤维素胶	0.6

黄色

+3.5% 阳光色着色剂，马森陶艺用品公司出品，产品型号为 6479 SiCdZr

冰蓝色

+3% 硅
+0.4% 碳酸铜

粉色

+7% 贝壳粉色着色剂，马森陶艺用品公司出品，产品型号为 6000 CrSnCaSi

卡瑞优质釉，03 号测温锥

此配方由陶艺家卡瑞·拉达斯兹（Kari Radasch）提供

P-626 号熔块	25
3124 号熔块	15
焦硼酸钠	15
锂辉石	18
硅矿石	7
EPK 高岭土	20
+ 羧甲基纤维素胶	0.6

蓝色

+1.5% 碳酸钴
+2% 碳酸铜

注意事项：往伍迪基础釉及卡瑞优质釉中添加 0.6% 的羧甲基纤维素钠胶，更加便于运笔。要想用涂釉法为坯体施釉，就添加羧甲基纤维素钠胶。

白色基础泥浆

此配方由陶艺家皮特·平内尔提供

12.8 L 水
6.4g OM4 号球土
大约 2 汤匙硅酸钠

注意事项：往每杯基础泥浆配方中添加 1 茶匙二氧化钛，可以起到预防泥浆层开片的作用。

艺术家在基础泥浆中（以 1 杯为单位）添加下列着色剂，将泥浆染成了各种颜色

作品"黄油容器"上的蓝色
+2 茶匙碳酸钴

作品"黄油容器"上的白色
+3 茶匙二氧化钛

灰白色
+1 茶匙二氧化钛

绿色
+1$\frac{1}{2}$茶匙氧化铬

平底杯上的蓝色
+1$\frac{1}{2}$茶匙碳酸钴

黑色
+1 茶匙正黑色着色剂，马森陶艺用品公司出品，产品型号为 6600 CrFeCoNi

紫色
+1 茶匙番红铁粉

SWO 釉，03 号测温锥

3124 号熔块	72
霞石正长石	12
硅	10
EPK 高岭土	6
+ 羧甲基纤维素胶	2

工艺说明

先把半干的坯体浸入白色泥浆中，然后在坯体的表面上绘制纹样。艺术家用 X–Acto 牌刀子修整器型。待坯体彻底干燥后，用大号毛笔蘸着稠泥浆涂抹在坯体的表面上，共涂抹三层（前面的泥浆层彻底干燥后才能涂抹后面的泥浆层）。之后将坯体放入窑炉中素烧至 04 号测温锥的熔点温度。出窑后采用涂釉法为坯体施釉，也涂抹三层，待釉面彻底干燥后将坯体放入窑炉中釉烧，烧成温度为 03 号测温锥的熔点温度，当窑温达到顶峰时保温 30~45 min。艺术家往釉料配方中添加了羧甲基纤维素钠胶（便于运笔）及羧甲基纤维素胶（利于坯釉结合），使用之前需搅拌均匀、过滤及加水调和。

"我像使用水粉画颜料或者水彩颜料那样使用釉料。因此，我不需要了解过多釉料化学方面的知识。"

- 作品"黄油容器"上的彩色几何块面为作品增添了空间深度感。
- 平底杯上的彩虹状纹饰在白色背景的映衬下显得十分艳丽，为作品增添了一份生动性。

乔哈尼斯·纳格尔 (Johannes Nagel)

作品"即兴"的外观诚如其名，每一个型体、每一种装饰、每一个部分，无一不显示出一种随意、洒脱的气质。作品是由几个独立的部分组合而成的，布局颇具静物写生的味道，可以按照不同的构想随意安排每个型体的位置。坯体表面上的装饰形式多种多样：锯齿痕、挖掘痕、绘制的图案、拼贴碎片、各种组合。坯体内外皆是艳丽的颜色、几经斟酌的图形及流淌的痕迹，颜色是各种装饰形式中的重点。

釉料洋情

透明釉，8 号~ 10 号测温锥
艾莫瑞斯（Imerys）陶艺用品公司出品，产品型号为 EK451T

绿色
+5% 影青色着色剂

蓝色
+5% 氧化钴

黑色着色剂，06 号~ 10 号测温锥
伯克瑞·克拉特兹（Borkey Keratech）陶艺用品公司出品，产品型号为 43600 CoFeCr

釉上着色剂
艺术家使用的着色剂都是汉斯·霍尔布灵（Hans Wohlbring）陶艺用品公司生产的，具体的颜色包括以下这些：
代尔夫特蓝色，产品型号为 121635

淡蓝色，产品型号为 121632
钴蓝色，产品型号为 121631
深绿色，产品型号为 111640
铬绿色，产品型号为 111630
五月绿色，产品型号为 111641
蛋黄色，产品型号为 131638
赭石色，产品型号为 131631
深褐紫色，产品型号为 771637
黄色氧化铁（当釉上彩使用）

即兴
高度为 5~150 cm。炻器、瓷器，拉坯成型，注浆成型，堆摆组合，釉下着色剂，商业透明釉，烧成温度为 8 号测温锥的熔点温度。釉上着色剂的烧成温度为 010 号测温锥的熔点温度。（有关所使用釉料的详情请见左侧。）

◁ 工艺说明（特指作品"器皿，猜想 1 号"）

艺术家在创作的过程中使用了多种成型方法和施釉方法。外形酷似大花瓶的组合型陶艺作品"器皿，猜想 1 号"有三个独立的型体组合而成，所选用的坯料为炻器泥料，外面罩着一层白色注浆泥浆，坯体经过素烧。在坯体的表面上喷涂一层透明釉，大花瓶口沿部的蓝色是用透明釉和氧化钴调和而成的。把坯体放入窑炉中烧制，烧成温度为 8 号测温锥的熔点温度。出窑后，往釉面上泼洒、喷溅各种颜色的釉上着色剂，故意营造出一种流淌效果，之后再将坯体入窑烧一遍，烧成温度为013 号测温锥的熔点温度。最前面的小花瓶是从一块泥板上切割下来的，不是立体的，上面的纹样也是用各种颜色的釉上着色剂绘制的。

器皿，猜想 1 号

高度 160 cm。炻器、瓷器，拉坯成型，注浆成型，堆摞组合，釉下着色剂，商业透明釉，烧成温度为 8 号测温锥的熔点温度。釉上着色剂的烧成温度为 010 号测温锥的熔点温度。（有关所使用釉料的详情请见左侧。）

- 从作品外表面上的颜色印记可以看出艺术家的运笔速度极快，不少颜色都是直流到底的。
- 白色坯体看上去就像画布一般，各种颜色浮于其上。
- 不同色调的蓝色和红色组合在一起非常协调，为画面增添了一份稳定性。

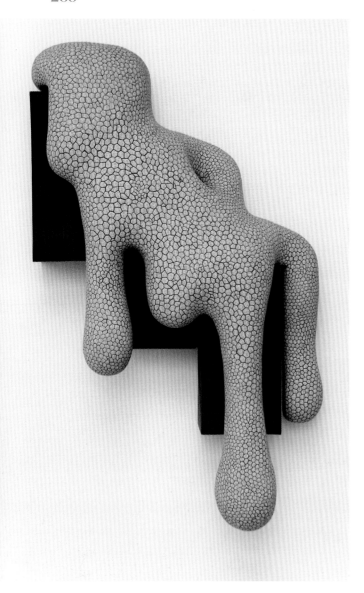

青野千穗 (Chiho Aono)

日本艺术家青野千穗的作品外观看上去就像从楼梯或者硬木上流出的黏稠液体，坯体的表面上布满了密密麻麻的斑点状纹样。型体模仿液体的流动性及悬垂性特征，外观颇具怪诞感。艺术家从动物的警戒色及捕猎饵料中汲取装饰灵感，在坯体的表面上用艳丽的亮色调绘制出密密麻麻的气泡状图形，颜色对比十分强烈，为作品增添了一份独特的趣味性。

工艺说明

由于艺术家选用的坯料为含锰、加沙炻器泥料，因此坯体的颜色比较深。坯体的表面上是由各种有色泥浆及釉下彩绘制的纹样，有些部位采用刮擦技法露出坯体的本色，深色坯体与表面上的亮色调形成对比。在E-01 号商业基础泥浆配方中添加各种颜色的着色剂，调配出多种有色泥浆，除此之外还需添加羧甲基纤维素胶，以便于笔。有些时候也在泥浆配方中添加各种颜色的釉下彩。作品均为一次烧成，烧成温度为 02 号测温锥的熔点温度。

泥浆、釉下彩详情

大红色釉下彩

阿玛克陶艺用品公司生产的天鹅绒系列颜料，产品型号为 V-387

绿色泥浆，02 号测温锥

白色陶器泥浆，勒赫瑞 (Lehrer) 陶艺用品公司出品，产品型号为 E-01　82.51

蓝绿色着色剂，赫拉斯·斯卡尔 (Heraeus Schauer) 陶艺用品公司出品，产品型号为 FK605　5.77

淡黄色着色剂，赫拉斯·斯卡尔陶艺用品公司出品，产品型号为 FK763　10.72

羧甲基纤维素钠胶　1

淡绿色泥浆，02 号测温锥

绿色泥浆，勒赫瑞陶艺用品公司出品，产品型号为 E-41　49.5

淡黄色着色剂，赫拉斯·斯卡尔陶艺用品公司出品，产品型号为 FK763　49.5

羧甲基纤维素钠胶　1

橙色釉下彩

亮黄色釉下彩，阿玛克陶艺用品公司生产的天鹅绒系列颜料，产品型号为 V-391　50

火焰橙色釉下彩，阿玛克陶艺用品公司生产的天鹅绒系列颜料，产品型号为 V-389　50

淡蓝色泥浆，02 号测温锥

白色陶器泥浆，勒赫瑞陶艺用品公司出品，产品型号为 E-01　82.51

土耳其蓝色着色剂，赫拉斯·斯卡尔陶艺用品公司出品，产品型号为 FK544 ZrVSi　16.49

羧甲基纤维素钠胶　1

深蓝色泥浆，02 号测温锥

白色陶器泥浆，勒赫瑞陶艺用品公司出品，产品型号为 E-01　82.51

钴蓝色着色剂，赫拉斯·斯卡尔陶艺用品公司出品，产品型号为 FK522 CoSi　16.49

羧甲基纤维素钠胶　1

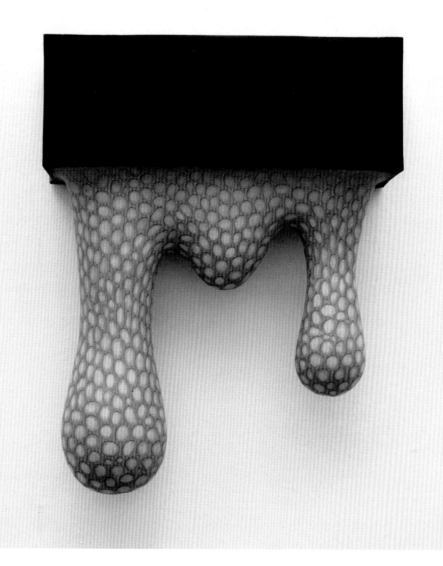

细胞

75 cm × 45 cm × 20 cm。泥料中含锰及直径为 5 mm的沙粒。泥板成型结合泥条盘筑。红色釉下彩，淡绿色及绿色泥浆。烧成温度为 02 号测温锥的熔点温度。（有关所使用釉料的详情请见左侧。）

变形 1 号

70 cm × 45 cm × 20 cm。泥料中含锰及直径为 5 mm 的沙粒。泥板成型结合泥条盘筑。橙色釉下彩，淡蓝色及蓝色泥浆。烧成温度为 02 号测温锥的熔点温度。（有关所使用釉料的详情请见左侧。）

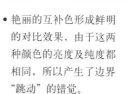

• 艳丽的互补色形成鲜明的对比效果，由于这两种颜色的亮度及纯度都相同，所以产生了边界"跳动"的错觉。

• 颜色与纹样组合在一起很像 3D 图片。

• 艳丽的颜色为有机型体增添了一种神秘的气质，仿佛是某种外星生物降临地球，坯体表面上的装饰色调看上去似乎有一种辐射感。

巴瑞·斯特德曼 (Barry Stedman)

作品的外形极为简洁，坯体上的装饰纹样洒脱豪放。黑色、红色及绿色的条纹交织在一起十分抽象，颇具印象派绘画风格。艺术家从一系列绘画作品中汲取装饰灵感：深绿色的池水反射出周围物体的色彩；水面上曼妙流转的微光；摇曳多姿的阴影。艺术家的用色、用笔极其随意，为作品增添了一份生动性。

工艺说明

　　首先采用浸釉法往赤陶坯体上罩一层白色泥浆。待泥浆层略干后再喷涂一层，放置一边晾干，然后往坯体的表面上涂抹有色泥浆及氧化物。接下来，将坯体放进窑炉中素烧，出窑后往坯体的表面上涂抹一些有色泥浆及氧化物。按照预定的装饰构想将局部坯体用蜡遮挡住，然后采用浸釉法为坯体施釉，釉层要厚。最后将坯体放入窑中烧制，烧成温度为 04 号测温锥的熔点温度，当窑温达到顶点温度时保温 1 h。

带有绿色装饰纹样的器皿
高度为 17 cm。拉坯赤陶泥，白色泥浆，各种颜色的泥浆，氧化物，局部喷涂铅釉。烧成温度为 04 号测温锥的熔点温度。(有关所使用釉料的详情请见下文。)

泥浆，04 号测温锥
　　注意事项：艺术家将这种泥浆烧至 04 号测温锥的熔点温度，其烧成温度还可以更高一些。

高岭土	50
球土	33
钾长石	17

　　往泥浆配方中添加 4% 的釉下彩粉末可以将泥浆配制成多种颜色的泥浆。艳丽颜色中添加的着色剂未经过精确称量，只是凭借直觉添加的，所添加的染色物质包括釉下彩粉末、氧化钴及黑色氧化铁

透明釉，04 号测温锥
　　此配方由陶艺家尼格尔·伍德 (Nigel Wood) 提供

倍半硅酸铅	74
瓷石	15
高岭土	6.7
燧石	4.3

"颜色在我的作品中扮演着极其重要的角色，艳丽的色调是装饰重点，充满趣味性的装饰纹样与型体结合在一起相得益彰。"

带有红色、绿色装饰纹样的器皿

高度为 32 cm。拉坯赤陶泥，白色泥浆，各种颜色的泥浆，氧化物，局部喷涂铅釉。烧成温度为 04 号测温锥的熔点温度。（有关所使用釉料的详情请见左侧。）

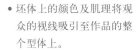

• 坯体上的颜色及肌理将观众的视线吸引至作品的整个型体上。

• 鲜亮的绿色、红色及黑色极其醒目，为作品增添了一份生动性。

艾利克斯·克拉夫特
(Alex Kraft)

作品的外观颇具荒诞性，由球根状、茎干状、肌肉状等各种有机型体组合而成的坯体上布满了各种艳丽的颜色，作品的名称并无实质性意义。艺术家从植物及肉体中汲取创作灵感，将各种元素拼贴在一起。各种颜色、各种肌理与有机型体搭配在一起，看上去很像造型奇特的生物。

斯波鲁克（Sploonk）

35.5 cm×35.5 cm×20 cm。中等瓷泥，釉料。烧成温度为6号测温锥的熔点温度，氧化气氛。（有关所使用釉料的详情请见下文。）

海笋病毒

25 cm×28 cm×23 cm。中等瓷泥，多种釉料。烧成温度为6号测温锥的熔点温度，氧化气氛。（有关所使用釉料的详情请见下文。）

釉料详情

皮特（Pete）褪色青铜色，6号测温锥

此配方由陶艺家皮特·平内尔提供

霞石正长石	60
球土	10
碳酸锶	20
碳酸锂	1
燧石	9
＋二氧化钛	5
＋碳酸铜	5
＋膨润土	2

黄油色，5号～7号测温锥

此基础釉由陶艺家杰瑞·本奈特（Jerry Bennett）提供

霞石正长石	20
碳酸钙	17
锆	9
卡斯特长石	29
EPK 高岭土	14
燧石	7
＋二氧化钛	8~10

马克·贝尔（Mark Bell）青苔色釉料，6号～8号测温锥

碳酸镁	31
滑石	8
氧化锌	6
3195 号熔块	6
F–4长石	30
EPK 高岭土	19

青苔色基础釉，04号测温锥

碳酸镁	35.71
碳酸锂	7.14
硼砂	35.71
焦硼酸钠	21.43

帕崔克·艾克曼（Patrick Eckman）绿色釉，6号～8号测温锥

卡斯特长石	24.8
F–4 长石	5
锆	4.8
硅矿石	7.6
球土	4.8
燧石	15.2
滑石	1.9
焦硼酸钠	9.5
碳酸钙	15.2
EPK 高岭土	6.7
＋碳酸铜	2
＋铬	5

紫灰色，5号～6号测温锥

霞石正长石	34
燧石	41
碳酸钙	17
高岭土	8
＋氧化锡	1.5
＋氧化铬	0.55

桃红色，6号测温锥

碳酸钙	38.1
卡斯特长石	50.8
格罗莱格高岭土	11.1
＋镁锆硅酸盐	15.8
＋贝壳粉色着色剂，马森陶艺用品公司出品，产品型号为6000 CrSnCaSi	12.1

亚光白色釉，6号～7号测温锥

霞石正长石	50
碳酸钙	10
白云石	20
燧石	10
EPK 高岭土	10
＋锆	10

提尔紫色釉，6号测温锥

焦硼酸钠	20
霞石正长石	15.2
EPK 高岭土	10.5
碳酸钙	19.1
燧石	30.5
＋氧化锡	4.8
＋氧化铬	0.14

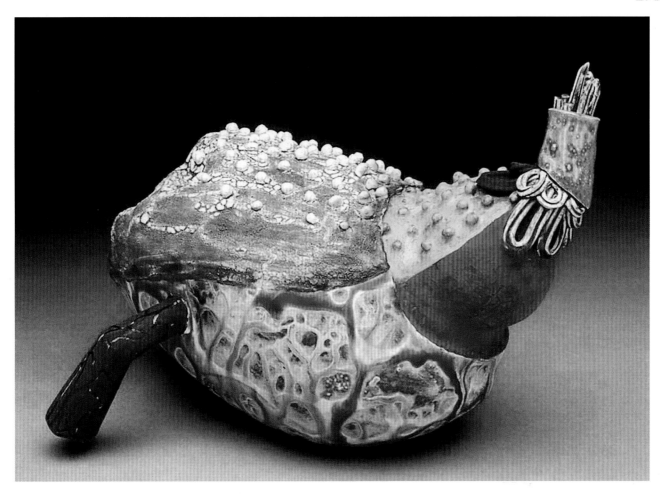

工艺说明

　　艺术家在其雕塑型瓷器作品上装饰着各种颜色的釉料，肌理十分丰富，采用的装饰技法多种多样，烧成温度为6号测温锥的熔点温度。坯体表面上的装饰技法包括：泥釉彩饰法绘制装饰纹样、镶嵌纹饰、涂蜡法、热转印、单色纹样。先将坯体放入窑炉中素烧，出窑后往坯体的表面上喷涂各种商业生产及艺术家自己配制的亚光釉、着色剂、亮光釉。作品经过多次烧成，这样做的目的是给装饰面增添肌理及空间深度感。

　　"在有机型体上装饰各种肌理及釉色，不同的色调和图案交织在一起为作品增添了一份原始美感。"

- 艺术家借助各种颜色的釉料装饰她的作品，视觉效果极其生动。
- 带有肌理效果的各种釉色交织在一起令人目不暇接。
- 鲜亮的紫色与器型上部带有点状肌理的黄色形成鲜明的对比。
- 艳丽的红色釉具有流动性，烧成后形成网格状纹样。

阿尔宾·斯坦福德 **(Albion Stafford)**

艺术家采用独特的成型技法创作了这些日用陶瓷产品，使用功能极好，符合人体工程学的要求。坯体表面上密密麻麻的彩色斑点看上去既像现代电子图像中的像素点，又像庆典活动中漫天抛撒的彩色纸屑。把作品端拿在手中近距离观赏时，点绘纹样越发醒目，让人过目难忘。

工艺说明

　　所选用的坯料为瓷泥，所选用的成型方法为拉坯成型法及印坯成型法，所选用的窑炉为电窑，烧成温度为9号测温锥的熔点温度。艺术家在印坯的过程中采用了一种极其独特的方式：他把石膏模具切成数段，每次印坯时故意把石膏模具的各个段落放错位一些，这样一来就可以翻制出外形各异的作品。采用浸釉法为素烧坯体施釉，采用泥釉彩饰法在坯体的表面上点画出密密麻麻的色斑。

器皿组合

规格各异，过滤器的高度为23 cm。拉坯成型，印坯成型，泥釉彩饰法。烧成温度为9号测温锥的熔点温度，氧化气氛。(有关所使用釉料的详情请见下文。)

釉料详情

缎面亚光釉，9号测温锥

霞石正长石	47
白云石	10
碳酸钙	8
滑石	7
燧石	28
＋膨润土	2

蓝绿色

　　＋5% 钒钛蓝着色剂，马森陶艺用品公司出品，产品型号为6391 ZrVSi

灰色

　　＋1% 正黑色着色剂，马森陶艺用品公司出品，产品型号为6600 CrFeCoNi

亮光釉，9号测温锥

卡斯特长石	28
碳酸钙	23
氧化锌	3
格罗莱格高岭土	19
燧石	27

红色

　　＋10% 深红色着色剂，马森陶艺用品公司出品，产品型号为6021 ZrSeCdSi

黄色

　　＋5% 钒黄色着色剂，马森陶艺用品公司出品，产品型号为6404 AlSnV

"在坯体上绘制了装饰纹样之后，与其之前的视觉效果完全不一样。在观看作品纹样的时候会产生一种视幻感，发人深省，让观众思考看似不变的事物其实都是在缓慢的改变中。"

盖罐，碗，平底杯，带把手杯

规格各异，平底杯的高度为 15 cm。拉坯成型，印坯成型，彩色泥浆装饰纹样采用泥釉彩饰法绘制而成。烧成温度为 9 号测温锥的熔点温度，氧化气氛。坯体上的装饰纹样看上去特别像狂欢节上抛撒的五彩纸屑。（有关所使用釉料的详情请见左侧。）

- 坯体内部的白色釉料看起来十分干净，强化了作品的实用性，与坯体外表面上密密麻麻的点纹装饰形成鲜明的对比。
- 密集的色点对比鲜明，为作品增添了一份生动感。
- 从远处看，各种颜色交织在一起形成中性色调。

尤苏拉·哈根斯 (Ursula Hargens)

作品表面装饰着美丽的植物纹样，非常惹人喜爱。艺术家从大自然中汲取创作灵感，设计制作了大量精美绝伦的日用陶瓷产品及陶瓷饰面砖。坯体上的装饰纹样介于真实与想象之间、解构与重组之间、天然与非天然之间。颜色包括绿色、蓝色及鲜亮的红色，艺术家极善于运用和组织颜色，作品上的色调让观众看后心生愉悦感。

水罐与托盘
28 cm×28 cm×20 cm。赤陶泥，白色泥浆，有色德比 (Deb) 釉及透明德比釉，VC 透明基础着色剂。烧成温度为 04 号测温锥的熔点温度。(有关所使用釉料的详情请见下文。)

工艺说明

当赤陶坯体达到半干程度后，艺术家往坯体的表面上涂抹白色泥浆，以便盖住赤陶泥的本色。先将坯体放入窑炉中素烧一遍，然后借助球形挤泥器将浓稠的泥浆按照一定的装饰构想挤在坯体的表面上。然后在泥浆轮廓中填涂颜色釉。在纹样上面涂一层冷蜡，然后采用浸釉法在坯体的表面上浸一层薄薄的透明釉。釉层的厚度极为重要，只有厚度适中时才能烧制出理想的釉面效果。最后将坯体放入电窑中缓慢烧制，在烧窑的最后阶段保温 15 min。

"我经常把商业着色剂与各类氧化物混合在一起，所配制出的颜色与马森陶艺用品公司生产的颜色有所区别。"

釉料详情

德比基础釉，05 号～04 号测温锥	淡红色	野鸭蓝色	VC 透明基础着色剂，04 号测温锥	黄绿色
此配方由陶艺家德比·祖兹克 (Deb Kuzyk) 提供	+15% 龙虾色着色剂，马森陶艺用品公司出品，产品型号为 6026 ZrSeCdSi	+3% 碳酸铜 +0.5% 碳酸钴	3124 号熔块 52	+ 黄绿色着色剂，马森陶艺用品公司出品，产品型号为 6236 ZrVSnTi
3195 号熔块 45	**草绿色**	**橙色**	F-4 长石 15	
3134 号熔块 30	+5% 拿浦黄色着色剂，马森陶艺用品公司出品，产品型号为 6405 FePrZrSi +1% 碳酸铜	+8% 钒黄色着色剂，马森陶艺用品公司出品，产品型号为 6404 AlSnV +4% 橘色着色剂，马森陶艺用品公司出品，产品型号为 6027 ZrSeCdSi	焦硼酸钠 17	**淡蓝绿色**
EPK 高岭土 25			碳酸钙 3	+2% 碳酸铜
			EPK 高岭土 2	
			燧石 11	

水罐

18 cm×18 cm×35.5 cm。
赤陶泥，白色泥浆，有
色德比釉及透明德比釉，
VC透明基础着色剂。烧
成温度为04号测温锥的
熔点温度。金色光泽彩，
烧成温度为018号测温锥
的熔点温度。（有关所使
用釉料的详情请见左侧。）

盘子

41 cm×41 cm×8 cm。赤
陶泥，白色泥浆，有色德
比釉及透明德比釉，VC
透明基础着色剂。烧成温
度为04号测温锥的熔点
温度。（有关所使用釉料
的详情请见左侧。）

- 从植物中汲取装饰灵感
  （颜色及纹样）。
- 颜色在装饰纹样中扮演
  着极其重要的角色。
- 艳丽的红色将观众的视
  线吸引至整个器型上。

马蒂·菲尔丁 (Marty Fielding)

杯子

13 cm × 11 cm × 8 cm。中等泥料，拉坯成型经改良，有色泥浆，商业有色釉下彩，克莱赫（Kelleher）亮光釉。烧成温度介于 2 号测温锥的熔点温度与 3 号测温锥的熔点温度之间。（有关所使用釉料、封泥饰面泥浆的详情见下文。）

艺术家从现代建筑及抽象绘画作品中汲取创作灵感，作品的外观颇具现代构成感。坯体上的颜色都是亚光效果的，有些纯度较高有些色调偏中性，有些能看到笔触，具体的颜色包括橙色、灰色及绿色。艺术家借助各种颜色刺激观众的视觉神经，进而诱发我们的情感。

工艺说明

艺术家选用的坯料为赤陶泥，用拉坯成型法及手工成型法制作器型。当坯体彻底干燥后，往坯体的表面上涂抹三层有色泥浆及白色泥浆，之后将坯体闲置至少 8 h，让泥浆层彻底干透。然后将坯体放入窑炉中素烧一遍，出窑后往坯体的表面上擦涂一层黑色釉下着色剂，并用海绵擦出纹饰。在坯体某些位置涂抹蓝绿色釉料，然后在涂釉部位抹一层蜡，之后采用浸釉法在坯体上罩一层透明釉。在茶壶的表面上喷涂一层 VC5000 缎面透明釉，并将其烧至 04 号测温锥的熔点温度。杯子的表面上是一层克莱赫亮光釉，其烧成温度为 2 号测温锥的熔点温度，所用的窑炉是电窑。

釉料、封泥饰面泥浆详情

VC5000 透明着色剂，04 号测温锥

此配方由陶艺家瓦尔·库斯因提供

3124 号熔块	77
F-4 长石	14
碳酸钙	7
EPK 高岭土	2
+ 膨润土	2

+ 泻利盐，可作为悬浮剂，每 10 kg 着色剂中添加大约 1 汤匙泻利盐

蓝绿色釉，03 号测温锥

此配方改良自陶艺家荣·米尔（Ron Meyer）配制的透明釉

3124 号熔块	80
EPK 高岭土	10
燧石	10
+ 膨润土	2
+ 碳酸铜	4

克莱赫亮光釉，3 号测温锥

此配方由陶艺家马特·克莱赫（Matt Kelleher）提供

3134 号熔块	27
霞石正长石	30
碳酸锶	10
滑石	2
EPK 高岭土	13
硅	18
+ 膨润土	1

白色基础泥浆

此配方由陶艺家皮特·平内尔及陶艺家麦瑞迪斯·科纳普·布瑞克尔提供

9 L 水	
4.5 kgXX 匣钵球土	
22.7 g 硅酸钠	

颜色添加剂

往每 1 杯白色基础泥浆中添加 1 茶匙～2 汤匙氧化物或着色剂，可以配制出各种颜色的泥浆

黄色

+1 汤匙二氧化钛
+2 汤匙钛黄色着色剂，马森陶艺用品公司出品，产品型号为 6485 CrTiSb

浅蓝绿色

+1 茶匙二氧化钛
+1 汤匙蓝绿色着色剂，马森陶艺用品公司出品，产品型号为 6364 SiZrV

橙色

+ 将 1 汤匙橘色密封着色剂（US 陶艺用品公司出品，产品型号为 1352 ZrSiCdSe）添加到 3/4 杯白色泥浆与 1/4 杯红色泥浆的混合物中

粉色

+2 汤匙锰铝粉色着色剂，马森陶艺用品公司出品，产品型号为 6020 MnAl

深绿色

+1 茶匙深野鸭绿色着色剂，马森陶艺用品公司出品，产品型号为 6254 CrCoAlSiZn

釉下彩

苹果绿，美柯陶艺用品公司出品，产品型号为 UG-68
粉色，美柯陶艺用品公司出品，产品型号为 UG-146
火焰红色，美柯陶艺用品公司出品，产品型号为 UG-207
乌黑色，美柯陶艺用品公司出品，产品型号为 UG-50

茶壶

16.5 cm×25 cm×10 cm。赤陶泥，泥板成型法，商业黑色釉下彩，VC5000透明着色剂，蓝绿色釉。烧成温度为03号测温锥的熔点温度。（有关所使用釉料、封泥饰面泥浆的详情请见左侧。）

- 灰色及绿色部分能看出笔触，为装饰面增添了肌理。
- 有些颜色搭配在一起十分协调，有些颜色则不然。
- 茶壶上鲜亮的橙色将观众的视线吸引至整个器型上。
- 茶壶上的红色线条具有突出作品外形的作用。

"由于我特别热衷于展现黏土本身的质地和美感，所以作品上最主要的装饰媒介是化妆土，它对黏土本色的影响相对较小"。

卡瑞·拉达兹 (Kari Radasch)

作品为日用陶瓷产品，外表面上装饰着犹如糖果般的釉色，图案很有个性化特色。艺术家从她的花园、肥料、马赛克、现代纺织品及装饰品中汲取创作灵感。装饰纹样寥寥数笔，极具卡通色彩，与器型搭配在一起非常协调。透过坯体表面上的白色泥浆及彩色纹饰可以隐隐约约地看见赤陶坯体的本色，特别是作品的棱边部位尤其显著，为作品增添了一种空间深度感。

贴花杯子及托盘

13 cm×13 cm×3 cm。赤陶泥，白色泥浆，透明釉及有色釉。烧成温度为 03 号测温锥的熔点温度。贴花纸的烧成温度为 08 号测温锥的熔点温度。（有关所使用泥浆、釉料的详情请见下文。）

工艺说明

所选用的坯料为赤陶泥，坯体上罩着一层白色泥浆。由于艺术家本人配制的透明釉中含有大量熔块，所以她在配方中添加了一些羧甲基纤维素胶及羧甲基纤维素钠胶，这样做的目的是让釉液保持一定的悬浮性，便于运笔。先将坯体放入窑中素烧一遍，出窑后用海绵擦掉坯体表面上的尘土，并将坯体冲洗一下，以便减慢其吸釉速度。待坯体略干后借助大毛笔将釉料涂抹到坯体的表面上。首先通体涂抹一层透明釉，然后将圆点纹饰处的釉料擦干净，再往上涂一层有色釉。接下来，将坯体放入窑炉中烧至 03 号测温锥的熔点温度，采用氧化气氛烧窑，保温 5~10 min。出窑后将贴花纸粘贴到坯体的表面上并再次入窑烧制，烧成温度为 08 号测温锥的熔点温度。

泥浆、釉料详情

皮特·平内尔白色泥浆，04 号测温锥

OM4 号球土	40
滑石	40
硅	10
霞石正长石	10
＋锆	15

透明釉，05 号测温锥

阿玛克陶艺用品公司出品，产品型号为 LG-10

作品上的白色部分都是皮特·平内尔白色泥浆外罩这种透明釉

艺术家自己配制的透明釉，03 号测温锥

这种乳白色釉料由陶艺家瓦尔·卡什因首创，后又经过陶艺家麦瑞迪斯·科纳普·布瑞克尔及陶艺家卡瑞·拉达兹改良。卡瑞所有作品上的有色釉料都是用这种透明釉调配出来的

3124 号熔块	59
P-626 号熔块	14
霞石正长石	11
硅	10
EPK 高岭土	6
＋羧甲基纤维素胶	1.6
＋羧甲基纤维素钠胶	0.6

添加颜色

艺术家往透明基础釉中添加下列商业着色剂，调配出多种釉色

鳄梨色着色剂，马森陶艺用品公司出品，产品型号为 6280 ZrVCrFeCoZnAlSi 4.5

贝壳粉色着色剂，马森陶艺用品公司出品，产品型号为 6000 CrSnCaSi 8

橘色着色剂，马森陶艺用品公司出品，产品型号为 6027 ZrSeCdSi 5

苜蓿粉色着色剂，马森陶艺用品公司出品，产品型号为 6023 ZrVCrSn 6

镨黄色着色剂 6
马森陶艺用品公司出品，产品型号为 6433 PrZrSi

罗宾（Robin）鸭蛋蓝色着色剂 4
马森陶艺用品公司出品，产品型号为 6376 ZrVSi

豌豆绿色着色剂 5
马森陶艺用品公司出品，产品型号为 6211 CrVSn

淡绿色着色剂 5
光谱陶艺用品公司出品，产品型号为 2086

贴花蛋糕转盘

20 cm × 25 cm × 25 cm。赤陶
泥,白色泥浆,透明釉及有
色釉。烧成温度为03号测温
锥的熔点温度。贴花纸的烧
成温度为08号测温锥的熔
点温度。(有关所使用泥浆、
釉料的详情请见左侧。)

• 鲜亮、亚光、平涂的颜
  色为作品增添了趣味性。

• 不同的部位用不同的色
  调装饰,蛋糕转盘上布
  满了橙色及粉色的圆点
  纹饰,十分惹人喜爱。

专业术语

喷笔：与气泵连接使用，既可以喷釉也可以喷泥浆，既可以通体喷也可以按照一定的装饰构想喷。

碱：次生助熔剂，是组成钠、钾、锂的最基本的氧化物。

碱土：与原生助熔剂相比，碱土的助熔能力稍弱，因此属于次生助熔剂。由钙、镁、锶、钡、锌等氧化物构成。

气氛：烧成过程中窑炉内的环境（参见"氧化气氛"，"还原气氛"）。

气氛烧成：借助可燃的挥发性物质（参见"柴烧"，"盐烧"，"苏打烧"，"匣钵烧"）在窑炉内营造出某种特殊的烧成气氛，进而得到特殊的釉面烧成效果。

气氛釉料：专门为气氛烧成而特别配制的釉料，可以生成极其特殊的釉面效果。

回压：当流向窑炉内部的气体或者燃料受到阻隔时，窑炉内的压力会增大。推动烟囱挡板就可以形成回压。回压能改变火焰的走向，令窑炉内部的烧成温度均匀分布，有利于营造还原气氛。

球磨机：主体为一个可以转动的容器，里面装着各种规格的石英球或者陶瓷球，将陶瓷原料放进容器后借助球体之间的摩擦力达到彻底粉碎及研磨原料的目的。通常用于制备封泥饰面泥浆。

陶艺转盘：手动慢轮，适用于坯体装饰。

素烧：初次低温烧成，烧成温度通常介于010号测温锥的熔点温度与04号测温锥的熔点温度之间。素烧可以增强坯体的硬度，便于施釉。

素烧坯：经过素烧的陶瓷坯体。坯体中的各类元素已经发生了化学变化，持久性较好但具有一定的渗水性。

釉面起泡：一种釉料烧成缺陷。釉面下有气泡，既可能是封闭的也可能是炸开的。

坯体鼓胀：由于有釉层覆盖，气体无法从坯体内顺利排出，进而在器壁上隆起一个大鼓包。

搅拌机：用于搅拌泥浆或者釉液的机械设备。

干坯：彻底干燥的坯体，但未经烧制。

抛光：借助某种光滑且坚硬的物体（勺子、石头、指甲）将坯体表面上的化妆土、泥浆、封泥饰面打磨光滑。

煅烧：一种陶瓷原料提纯法。将某种物质烧一遍可以排除其内部的碳元素、水分，减小其可塑性，烧成后再次研磨成粉备用，既能配制坯料也能配制釉料。

碳心：又名黑心，是指由于还原气氛进行过早，陶瓷原料吸附了大量碳元素，进而造成坯体内部发色偏黑、釉层无色并会伴随起泡现象。

青瓷：中国传统高温名瓷。还原气氛烧成，釉色分偏蓝色及偏绿色两种。釉料配方中含铁，有一定的光泽度，略乳浊，通常用于装饰瓷器坯体。

陶瓷：经受过高温的历练，组成成分发生过物理变化及化学变化的黏土。

钧瓷：中国传统高温名瓷。釉色多呈具有乳浊效果的蓝色或者紫色。

黏土：化学名称为水合硅酸铝，是岩石的主要组成成分。有很多种类型：原生瓷泥、次生炻泥、陶泥。不同的类型适用于不同的烧成温度。潮湿的黏土具有良好的可塑性，遇高温后硬结瓷化。

坯料：由黏土、矿物质及其他非可塑性原料混合调配而成，配方比例经过仔细运算。不同的坯料具有不同的特性，适用于不同的成型方法。

胶：液态。介于可溶性物质与悬浮性物质之间。

着色剂：由氧化物提炼而成，将其单独或者与其他原料混合后添加到釉料配方中可以将釉料染成各种颜色。

测温锥底座：为一组测温锥捏制的底座，有了它就可以将多个测温锥稳定地竖立在窑炉内部了。

收缩：坯体或者配釉原料在冷却的过程中体积缩小，与膨胀刚好相反。

铜红釉：一种源于中国的高温釉料，配方中含铜。采用氧化气氛烧制时生成蓝绿色，采用还原气氛烧制时生成鲜亮的红色。又名牛血红釉。

裂纹釉：釉面上有冰裂纹，可以通过给裂纹染色（着色剂或者墨水）的方式突出其装饰效果。

开片：坯体表面上的釉层收缩凝聚，露出坯体的本色。

开裂：由于釉料的收缩率大于坯体的收缩率，进而导致釉面上出现细小的裂缝。

方石英：一种特殊的硅晶体结构，膨胀率和收缩率都很大。急速升温或者降温时会导致坯体爆裂。为避免此情况必须仔细考虑配方中的黏土含量及烧成的速度。

晶体结构：构成物质的微小分子排列组合在一起。

贴花纸：在特制的纸上印制着由陶瓷原料绘制的纹样或者文字，将其粘贴在釉面上并低温烧制，可以得到丰富多彩的装饰纹样。

抗絮凝：往注浆泥浆及釉料等比较黏稠的液体中，添加某些能改变陶瓷原料电磁电荷，让各类元素相互抵制的物质，进而达到增加液体流动性的目的。

浸釉：通过把坯体浸入釉液的方式为其施釉。

移动试片：在升温或者降温阶段，当达到某个特殊的烧成温度值后，将试片从窑炉内取出来观察坯体及釉料的烧成情况。

爆裂：贯通坯体及釉层的裂缝，断面边缘很整齐。

埃及釉陶：一种源于埃及的沙质泥料，在干燥的过程中盐分会逐步析出并在坯体的外表面上形成天然的装饰层，进而在烧成的过程中转变为坚硬、光滑的釉面装饰层。

化妆土：白色或者有色泥浆，其配方内含有助熔剂，可以在施釉及烧成前将化妆土喷涂到素烧坯体的表面上。

共熔：当两种物质按一定的比例混合到一起并烧制时，它们会在同一熔点熔融，而且此熔点要比这两种物质各自的熔点低得多。

膨胀：坯体或者配釉原料受到热量的影响后体积胀大，与收缩刚好相反。

挤泥机：一种用于挤压真空泥块的机械设备。有借助人力挤泥的，也有借助气压挤泥的，所挤的泥块外形各异，可作为试片使用。

烧窑：让放置在窑炉内的陶瓷坯体在热量的影响下逐步烧结成熟。

火刺：靠近火焰那一侧的坯体及釉面由于受到火焰的影响而生成一定的烧成效果。可以有意识地在坯体上及釉面上制造火刺纹饰。

絮凝：通过往釉液中添加悬浮剂的办法，使配釉原料颗粒始终保持一定的悬浮性，釉液始终保持一定的黏稠度。

助熔剂：一种黏土或者釉料成分，可以降低坯体或者釉料的熔点，加快原料的熔融速度。

食品卫生安全：经过检验，证实某种坯料或者釉料与食物或者饮品接触时不会影响饮食者的身体健康。

熔块：经过煅烧及研磨的陶瓷原料，将其添加到釉料配方中可以起到降低釉料熔点、增加釉面耐久度、减少配方内有毒物质毒性的作用。

玻化剂：某种含有助熔剂的陶瓷原料，由于受到高温的影响而生成玻璃相。硅是最主要的玻化剂。

釉料：一层覆盖在坯体外表面上的陶瓷原料装饰层，在高温环境中熔融随后硬化成一个具有玻璃质感的外壳。

基础釉：未添加任何着色剂、乳浊剂或者悬浮剂的釉料，往配方中添加上述物质可以配制出各种各样的釉色。

釉料缺陷：由于对各类配釉原料的特性缺乏了解，进而导致一系列问题。包括开片、针眼、坯釉结合不紧致、烧成温度太低等。

坯釉适应性：坯体和釉料是否结合紧致。

釉料配方：釉料的组成成分，通常由玻化剂、稳定剂及助熔剂三大部分构成，还包括着色剂、乳浊剂、悬浮剂等添加原料。

釉料实验：将釉料涂抹在试片上并烧制，借以得知某种釉料的烧成品质、外观效果、耐久度等方面的信息，在将某种釉料大规模投入使用之前做实验极有必要。例如做颜色实验可以找到最佳的着色剂添加比例。

生坯：未经素烧的干坯或者半干坯。

窑砂：经过高温烧制后又被研磨成小颗粒的陶瓷材料；将其加入坯料或者釉料中可以起到减小收缩率及减小受热震影响的作用。

热功：烧成温度和烧成时间的双重影响，可以通过测温锥检测热功。

色相：某种颜色的具体分类。

液体比重计：用于测算液体（泥浆或者釉液）密度的仪器。

雕刻：借助工具在未经素烧的坯体上刻画纹样。

窑炉：用于烧制陶瓷的设备；燃料可以为木柴、天然气或者电。

窑具：在烧成的过程中用于承托坯体的物件，由耐高温材料制成。

窑位：陶瓷坯体在窑炉中的摆放位置。

窑具涂料：窑具外表面上涂抹的耐高温物质。

金属元素释出：釉料组成成分中的某些元素解构出来，会对与之接触的食物和饮品造成污染。

半干：坯体未完全干燥，尚有一定潮湿度；此时是最佳的修坯及装饰阶段。

青苔釉：又名蜥蜴皮釉及豹纹釉，肌理极其厚重。釉面反应之所以这么强烈是由于配方中含有大量的碳酸镁，碳酸镁能令釉料开片，进而形成错综复杂的网状结构。

线形混合实验：把两种陶瓷原料按照不同的比例简单地混合在一起做烧成实验，借以了解各类陶瓷原料的烧成反应，获知最佳的配方比例。

光泽彩：由盐类物质和金属物质混合而成的商业釉剂，将其装饰在陶瓷坯体的表面上并低温烧制，可

以生成金属质感的外观效果。

粗晶晶：釉面上的可见晶体。

锡白釉：一种传统饰面方法。将含有锡的白色釉料装饰在坯体的表面上，借以模仿瓷器的色泽。

亚光：无光或者光泽度极为柔和。

亚光剂：可以令釉料呈现亚光效果的物质。

成熟温度：坯体开始烧结硬化或者釉料开始熔融并与坯料紧密结合为一体的温度点。

熔融测试：实验目的是找出某种坯料或者釉料在何种温度下开始熔融，以及它们在特定温度值下的熔融程度、流淌状态。

熔点：坯料或者釉料开始熔融玻化的温度点。

微晶：釉料中极其微小的晶体，仅凭肉眼很难看见。

镶嵌法：一种装饰技法。先用工具顺着纹饰刻画凹槽，然后将有色泥浆填涂到刻痕内并借助刮板把沾染在刻痕外部的泥浆刮干净。

单次烧成：又称一次烧成。不素烧，在生坯上饰以釉色后一把烧成。

乳浊剂：令釉料呈现乳浊效果的物质，例如氧化锡或者二氧化钛。

乳浊：釉料的呈色发白，不透明。

织部釉：一种日本传统釉料，氧化气氛烧成。由于配方中含铜，所以釉面呈靓丽的绿色调。

断气：又称脱气。是指在烧成的过程中气态燃料突然中断。

过烧：通常都是无意间造成的，烧成温度及烧成时间一旦超过某种坯料或者釉料的合理承受范围，就会导致多种烧成缺陷。

釉上彩：一种装饰在釉面上的

陶瓷原料，复烧后可以生成靓丽的视觉效果。常见的釉上彩包括新彩及光泽彩等。

氧化气氛：在烧窑的过程中氧气补给量充足。

氧化物：由氧气和其他元素构成的分子。很多陶瓷材料（特别是釉料）都是由氧化物构成的。

氧气探测器：一种用于检测窑炉内部氧气补给量的仪器。在烧窑的过程中将其放进炉腔，可以得知窑炉内部确切的氧气含量。

剥裂：一种釉料烧成缺陷，釉料或者化妆土层与坯体分离。

针眼：一种釉料烧成缺陷，细小的孔洞从釉面上一直贯通到坯体的表层。

坑烧：又称锯末烧。将坯体放入一个深坑内，表层覆盖木柴后烧制。

测温计：一种安装在窑炉内部的测温装置，会将检测到的温度数值直观地展示在仪表盘上。

测温锥：一种有色且体型小巧的三棱形测温设备，其本身也是由陶瓷原料制成的，只有在非常精确的温度点上才会熔融，可以监测热功。

石英转化：当烧成温度达到573℃左右时，阿尔法石英会转变为贝塔石英，由于石英内部的晶体结构发生巨变，其膨胀率和收缩率亦随之发生巨变，所以倘若此时的烧成速度过快就会导致坯体爆裂。

乐烧：一种特殊的烧成方法。将尚处于炙热状态的坯体从窑炉内移出来，立即放进装满可燃物（锯末、干草、报纸）的密封空间中熏烧，由于受到还原气氛的影响，坯体的表面可以生成靓丽的金属质感装饰层。

生釉：给未经素烧的坯体施釉，之后一次烧成。

还原气氛：在烧成的过程中控制氧气的补给量，令坯料及釉料中的氧化物发生化学反应，进而达到改变其颜色以及外观的目的。

还原降温：在降温阶段采取还原气氛烧窑，以获得某种特殊的釉面烧成效果。

耐火：陶瓷原料的耐高温性能。

遮盖物：一种装饰媒介，例如将蜡、乳胶、纸覆盖在生坯或者素烧坯的表面上，可以起到阻隔泥浆及釉料的作用。

流釉纹：釉料熔融流淌形成的纹饰。

匣钵：用耐高温材料制成的一种密封状箱体，把坯体放入其中烧制既可以起到保护釉面的作用，又可以营造出某种特殊的烧成气氛。

盐烧：当窑温达到一定的温度值后，将盐（氯化钠）抛撒到窑炉内部，盐在高温环境下挥发气体并与坯料或者釉料中的某些物质发生反应（通常会挥发氯化氢），进而生成特殊的釉面效果。

饱和：釉液中已无法再溶解多余的原料干粉。

纯度（颜色）：颜色的纯洁度，某种颜色内不含丝毫杂色。

浮渣：盐类物质从生坯及素烧坯的表面析出，会导致坯釉结合不良。

赫曼·赛格：德国化学家。联合分子式、测温锥都是他发明的。

半亚光：有一定的光泽度。又被称为缎面亚光或者蜡质亚光。

半乳浊：不完全乳浊。较深的底色依然可见。

半透明：不完全透明。透过釉层可以隐隐看到坯体上的装饰纹样。

刮擦：将表层泥浆、釉料、化妆土刻画掉或者刮掉一部分，露出坯体或者底层釉色，进而达到某种对比性装饰效果。

志野釉：一种日本传统釉料，配方中含有大量长石和铁。釉面呈有光或者亚光效果，带有开片、裂纹、针眼等多种视觉效果。由于吸附碳元素所以通常带有黑色印记。

剥落：釉料的收缩率小于坯体的收缩率，釉层像旧油漆一样开裂掉落。

收缩率：在干燥、烧成及降温阶段，坯体或者釉料的体积缩减。

过滤：将黏土、泥浆或者釉液倒在过滤网上，以便去除较大的颗粒或者杂质；滤网的型号有很多种。

硅：坯料、釉中最主要的玻化剂，又称燧石、石英及二氧化硅。

丝网印：用尼龙丝网印制由陶瓷材料绘制的纹样，并将其转印到陶瓷坯体或者贴花纸的表面上。

一次烧成：参见"单次烧成"。

烧结：在熔块的作用下，坯料及釉料开始熔融凝结，不一定完全玻化。

消解：将陶瓷原料干粉或者干泥块浸入水中，使其尽快软化溶解。

泥浆：液态黏土。

泥釉彩饰法：借助球形注射器将有色泥浆装饰在坯体的表面上。

坍塌：由于烧成温度过高或者作品自身结构的问题导致坯体垮塌，内部和外部均有可能坍塌。

浆：某种物质的粉末加水调和后的状态。就陶瓷而言是指将泥料干粉加水调和。

保温烧成：当窑温达到一定的温度值后，既不升温也不降温，让坯体长时间处于同一温度环境下烧制，以便获得某种特殊的釉面烧成效果。

苏打烧：与盐烧差不多，当窑温达到一定的温度值后，将苏打（碳酸钠）抛撒到窑炉内部，苏打在高温环境下挥发气体并与坯料或者釉料中的某些物质发生反应（通常会挥发二氧化碳、碱），进而生成特殊的釉面效果。

可溶性：物质可以溶解于水的特性。

比重：又称相对密度。固体和液体的比重是该物质（完全密实状态）的密度与在 1 个标准大气压，3.98 ℃ 时纯 H_2O 下的密度（999.972 kg/m³）的比值。

稳定剂：（参见"耐火剂"）一种耐高温配釉原料，将其加入釉料配方中可以起到防止釉料在烧成的过程中熔融流淌的作用。

着色剂：商业生产的陶瓷颜料，由各种氧化物提取而来，将其加入釉料配方中可以将釉料染成各种颜色。

支钉：用耐火材料制成的小型窑具，通常带有尖锥形底足，用于承托釉烧坯体。

转换烧成：当窑温达到熔点温度后转换烧成气氛，以便得到某种特殊的釉面效果。

天目釉：一种源于亚洲的还原气氛传统釉色，配方中的含铁量极高，可以生成多种带有结晶效果的颜色：青苔色、褐色、黑色。著名的天目釉品种包括兔毫釉及油滴釉。

封泥饰面：将质地非常细腻的泥浆涂抹在坯体的表面上并抛光，可以达到阻隔坯体渗水的目的。

试片：由陶瓷材质制作的小型烧成样本，既可以测试釉料也可以测试坯料。

热膨胀：坯体或者釉料在烧成的过程中体积胀大。

热震：在急速升温或者急速降温的过程中，坯体或者釉料因热胀冷缩而炸裂。

电热偶：安装在窑炉内部的测温探针，它会将测得的信息传递给与之连接的仪表。

触变性：一触即变。液体在受到外力影响时（例如晃动）黏稠度减小，当外力停止时黏稠度又加大的特性。（参见"抗絮凝""絮凝"）

透明度：通透，无任何肌理纹样。

三边混合实验：将三种原料混合在一起做实验。每一种原料占一个点并以 A，B，C 作为标记。分别从三个点出发，将单一原料按照固定的比例增长额度两两相混合。

欠烧：由于烧成时间太短，陶瓷坯体未烧制成熟。

釉下彩：装饰在生坯或者素烧坯上的陶瓷彩饰，上面覆盖着釉层。

联合分子式：德国人赫曼·赛格发明的一种以基于各类原料最基本的构成元素——分子为单位的表达形式，因此又被称为赛格分子式。该公式以氧化物作为基本单元，并以此标示釉料配方中的各种组成元素，总量为100。

明度（色彩）：又称为亮度，指的是白色或者黑色在颜色中所占的比例。往某种颜色中添加白

参考书目

色可以将该种颜色变淡；反之，往某种颜色中添加黑色则可以将该种颜色变暗。

黏度计：用于检测液体黏稠度的仪器。

黏稠度：液体的抗流动特性。

玻化点：陶瓷原料在某个特定的时间及温度结合点上开始熔融。

玻化：陶瓷坯体及釉料熔融硬化，烧结成熟：硬度加大、呈现光泽、不透水。

挥发：原料转变为气态。某些原料极易在烧成的过程中由固态转变成气态，并对釉面烧成效果造成一定的影响。

擦拭法：一种坯体装饰手段。先将少量陶瓷原料加水调和成液态，再用毛笔将其涂抹在坯体的表面上并借助海绵擦出肌理纹样。

见证锥：放置在窑炉内部靠近观火孔处的一个或者一组测温锥，用于监测热功。

柴烧：以木柴作为燃料烧窑。一般而言具有以下特点：烧成时间较长；烧成温度较高（至少为10号测温锥的熔点温度）；能生成多种釉面烧成效果，主要取决于釉料配方的组成结构、热量的分布、落灰的位置及烧成气氛的影响。

Bailey, Michael, *Glazes: Cone 6* (University of Pennsylvania Press, 2001)

Ball, Philip, *Bright Earth: Art and the Invention of Color* (University of Chicago Press, 2003)

Barnard, Rob, Natasha Daintry, and Claire Twomey, *Breaking the Mould: New Approaches to Ceramics* (Black Dog Publishing, 2007)

Beard, Peter, *Resist and Masking Techniques* (University of Pennsylvania Press, 1996)

Birks, Tony, *The Complete Potter's Companion: Revised Edition* (Bullfinch, 1998)

Birren, Faber, *Color: A Survey in Words and Pictures: From Ancient Mysticism to Modern Science* (University Books, 1963)

Blaszcyk, Regina Lee, *The Color Revolution* (The MIT Press, 2012)

Bloomfield, Linda, *Color in Glazes* (American Ceramic Society, 2011)

Britt, John, *The Complete Guide to High-Fire Glazes: Glazing and Firing at Cone 10* (Lark Crafts, 2011)

Burleson, Mark, *The Ceramic Glaze Handbook: Materials, Techniques, Formulas* (Lark Books, 2003)

Clayton, Pierce, *The Clay Lover's Guide to Making Molds: Designing, Making, Using* (Lark Books, 1998)

Connell, Jo, *The Potter's Guide to Ceramic Surfaces: How to Decorate Your Ceramic Pieces By Adding Color, Texture, and Pattern* (Krause Publications, 2005)

Constant, Christine and Steve Ogden, *The Potter's Palette: A Practical Guide to Creating Over 700 Illustrated Glaze and Slip Colors* (Chilton Book Company, 1996)

Cooper, Emmanuel, *The Potter's Book of Glaze Recipes* (University of Pennsylvania Press, 2004)

Currie, Ian, *Revealing Glazes: Using the Grid Method* (Bootstrap Press, 2000)

Cushing, Val, *Cushing's Handbook: Third Edition* (Val Cushing, 1994)

Daly, Greg, *Developing Glazes* (American Ceramic Society, 2013)

Diduk, Barbara, *The Vase Project: Made in China — Landscape in Blue* (Lafayette, 2012)

Eiseman, Leatrice, *Pantone Guide to Communicating with Color* (HOW Books, 2002)

Finlay, Victoria, *Color: A Natural History of the Palette* (Random House, 2003)

Fraser, Harry, *Ceramic Faults and Their Remedies* (A&C Black, 2005)

Gage, John, *Color and Meaning: Art, Science, and Symbolism* (University of California Press, 2000)

Gage, John, *Color in Art (World of Art)* (Thames & Hudson, 2006)

Goethe, Johann Wolfgang von, *Theory of Colors* (Dover Publications, 2006)

Hamer, Frank and Janet, *The Potter's Dictionary of Materials and Techniques: Fifth Edition* (University of Pennsylvania Press, 2004)

Hesselberth, John and Ron Roy, *Mastering Cone 6 Glazes: Improving Durability, Fit, and Aesthetics* (Glaze Master Press, 2002)

Hooson, Duncan and Anthony Quinn, *The Workshop Guide to Ceramics* (Barron's Educational Series, 2012)

Hopper, Robin, *The Ceramic Spectrum: A Simplified Approach to Glaze and Color Development* (American Ceramic Society, 2008)

Hopper, Robin, *Making Marks: Discovering the Ceramic Surface* (American Ceramic Society, 2008)

Itten, Johannes, Faber Birren, and Ernst Van Hagen, *The Elements of Color: A Treatise on the Color System of Johannes Itten Based on His Book the Art of Color* (Van Nostrand Reinhold Company, 1970)

Lynn, Martha Drexler, *Clay Today: Contemporary Ceramicists and Their Work* (Chronicle Books, 1990)

Martin, Andrew, *The Essential Guide to Mold Making and Slip Casting* (Lark Crafts, 2007)

Mattison, Steve, *The Complete Potter* (Barron's Educational Series, 2003)

Nichols, Gail, *Soda, Clay, and Fire* (American Ceramic Society, 2006)

Nigrosh, Leon I., *Low Fire: Other Ways to Work in Clay* (Davis Publication, 1980)

Obstler, Mimi, *Out of the Earth Into the Fire: Second Edition: A Course in Ceramic Materials for the Studio Potter* (American Ceramic Society, 2001)

Peterson, Susan, *Smashing Glazes: 53 Artists Share Insights and Recipes* (Guild Publishing, 2001)

Quinn, Anthony, *Ceramic Design Course: Principles, Practice, and Techniques: A Complete Guide for Ceramicists* (Barron's Educational Series, 2007)

Reijnders, Anton and the European Ceramic Work Centre, *The Ceramic Process: A Manual and Source of Inspiration for Ceramic Art and Design* (University of Pennsylvania Press, 2005)

Stewart, Jude, *ROY G. BIV: An Exceedingly Surprising Book About Color* (Bloomsbury USA, 2013)

Trilling, James, *The Language of Ornament (World of Art)* (Thames & Hudson, 2001)

Troy, Jack, *Salt-Glazed Ceramics* (Watson-Guptill, 1977)

Turner, Anderson, *Glazes: Materials, Recipes, and Techniques: A Collection of Articles from Ceramics Monthly* (American Ceramic Society, 2003)

Wood, Nigel, *Chinese Glazes* (University of Pennsylvania Press, 1999)

Zamek, Jeff, *Safety in the Ceramics Studio: How to Handle Ceramic Materials Safely* (Krause Publications, 2002)

Zelanski, Paul and Mary Pat Fisher, *Color: Sixth Edition* (Pearson, 2009)

奥顿测温锥数据表

测温锥	自支撑测温锥						大测温锥				小测温锥
	常规			无铁			常规		无铁		常规
	热功率下/h（烧窑最后阶段的180下）										
	27	108	270	27	108	270	108	270	108	270	540
022		1087	1094				N/A	N/A			1166
021		1112	1143				N/A	N/A			1189
020		1159	1180				N/A	N/A			1231
019	1213	1252	1283				1249	1279			1333
018	1267	1319	1353				1314	1350			1386
017	1301	1360	1405				1357	1402			1443
016	1368	1422	1465				1416	1461			1517
015	1382	1456	1504				1450	1501			1549
014	1395	1485	1540				1485	1537			1598
013	1485	1539	1582				1539	1578			1616
012	1549	1582	1620				1576	1616			1652
011	1575	1607	1641				1603	1638			1679
010	1636	1657	1679	1600	1627	1639	1648	1675	1623	1636	1686
09	1665	1688	1706	1650	1686	1702	1683	1702	1683	1699	1751
08	1692	1728	1753	1695	1735	1755	1728	1749	1733	1751	1801
07	1764	1789	1809	1747	1780	1800	1783	1805	1778	1796	1846
06	1798	1828	1855	1776	1816	1828	1823	1852	1816	1825	1873
05.5	1839	1859	1877	1814	1854	1870	1854	1873	1852	1868	1909
05	1870	1888	1911	1855	1899	1915	1886	1915	1890	1911	1944
04	1915	1945	1971	1909	1942	1956	1940	1958	1940	1953	2008
03	1960	1987	2019	1951	1990	1999	1987	2014	1989	1996	2068
02	1972	2016	2052	1983	2021	2039	2014	2048	2016	2035	2098
01	1999	2046	2080	2014	2053	2073	2043	2079	2052	2070	2152
1	2028	2079	2109	2046	2082	2098	2077	2109	2079	2095	2163
2	2034	2088	2127				2088	2124			2174
3	2039	2106	2138	2066	2109	2124	2106	2134	2104	2120	2185
4	2086	2124	2161				2120	2158			2208
5	2118	2167	2205				2163	2201			2230
5.5	2133	2197	2237				2194	2233			N/A
6	2165	2232	2269				2228	2266			2291
7	2194	2262	2295				2259	2291			2307
8	2212	2280	2320				2277	2316			2372
9	2235	2300	2336				2295	2332			2403
10	2284	2345	2381				2340	2377			2426
11	2322	2361	2399				2359	2394			2437
12	2345	2383	2419				2379	2415			2471
13	2389	2428	2458				2410	2455			N/A
14	2464	2489	2523				2530	2491			N/A

测温锥	自支撑测温锥						大测温锥				小测温锥
	常规			无铁			常规		无铁		常规
	热功率℃/h（烧窑最后阶段的 100 ℃）										
	15	60	150	15	60	150	60	150	60	150	300
022		586	590				N/A	N/A			630
021		600	617				N/A	N/A			643
020		626	638				N/A	N/A			666
019	656	678	695				676	693			723
018	686	715	734				712	732			752
017	705	738	768				736	761			784
016	742	772	796				769	794			825
015	750	791	818				788	816			843
014	757	807	838				807	836			870
013	807	837	861				837	859			880
012	843	861	882				858	880			900
011	857	875	894				873	892			915
010	891	903	915	871	886	893	898	913	884	891	919
09	907	920	930	899	919	928	917	928	917	926	955
08	922	942	956	924	946	957	942	954	945	955	983
07	962	976	987	953	971	982	973	985	970	980	1008
06	981	998	1013	969	991	998	995	1011	991	996	1023
05.5	1004	1015	1025	990	1012	1021	1012	1023	1011	1020	1043
05	1021	1031	1044	1013	1037	1046	1030	1046	1032	1044	1062
04	1046	1063	1077	1043	1061	1069	1060	1070	1060	1067	1098
03	1071	1086	1104	1066	1088	1093	1086	1101	1087	1091	1131
02	1078	1102	1122	1084	1105	1115	1101	1120	1102	1113	1148
01	1093	1119	1138	1101	1123	1134	1117	1137	1122	1132	1178
1	1109	1137	1154	1119	1139	1148	1136	1154	1137	1146	1184
2	1112	1142	1164				1142	1162			1190
3	1115	1152	1170	1130	1154	1162	1152	1168	1151	1160	1196
4	1141	1162	1183				1160	1181			1209
5	1159	1186	1207				1184	1205			1221
5.5	1167	1203	1225				1201	1223			N/A
6	1185	1222	1243				1220	1241			1255
7	1201	1239	1257				1237	1255			1264
8	1211	1249	1271				1247	1269			1300
9	1224	1260	1280				1257	1278			1317
10	1251	1285	1305				1282	1303			1330
11	1272	1294	1315				1293	1312			1336
12	1285	1306	1326				1304	1324			1355
13	1310	1331	1348				1321	1346			N/A
14	1351	1365	1384				1388	1366			N/A

陶瓷原料数据表

表格中收录的各类陶瓷原料都是目前市面上经销的，并且都是配方中最常用的。

· ·

由于全球各地出土的矿藏类型实在是太丰富了，每个国家/地区又会以不同的方式为其命名，所以表格中收录的陶瓷原料并非囊括了世界上所有的原料类型。这里介绍的可以说是目前世界上绝大多数陶艺家正在使用的陶瓷原料，考虑到不同地区的原料名称有可能与表格中的名称不符，所以我们在每一种原料的后面都附上了一段简短的介绍，这样做的目的是如果你无法在你居住地找到相同名称的原料，你还可以按照介绍中该种原料的特性为其找到某种替代产品。

	原料名称	简介/化学成分/在釉料中的作用
	101 黏土，又名黄滩黏土	炻器泥料
	200 号迷你晶石	长石
	6 号砖	高岭土
A	AP 格林	耐火黏土（耐久性较差）
	阿尔巴尼泥浆	含铁量较高，低温
	阿尔伯塔泥浆	含铁量较高，低温（通常作为阿尔巴尼泥浆的替代品）
	阿拉伯树脂胶	釉料黏合剂
B	巴纳德泥浆替代品	含铁量较高的黏土（含锰）
	白云石	助熔剂
	冰晶石	助熔剂
C	CC 铸造山乳膏（C&C Foundry Hill Creme）	球土
	超凡 1 号黏土	高岭土
	次硝酸铋	令釉面呈现珍珠般的光泽，强力助熔剂
	纯碱	助熔剂
	纯高岭土	黏土
D	达凡 7 号、811 号	抗絮凝剂
	煅烧瓷土（30 目，200 目）	黏土添加剂
	煅棕土	着色剂，通常含有锰和铁
E	EPK	高岭土
	二氧化锰	着色剂

（续表）

	原料名称	简介 / 化学成分 / 在釉料中的作用
E	二氧化钛	乳浊剂
F	F–4	长石（耐久度较差）
	FHC	参见 CC 铸造山乳膏
	番红铁粉	含铁量极高的着色剂
	氟石	助熔剂，乳浊剂
G	G–200	长石
	高岭石	高岭土（注浆用）
	锆	乳浊剂
	高雪松	耐火黏土
	格洛马克	煅烧高岭土
	格罗莱格	白色高岭土
	铬酸铁	着色剂
	骨灰	坯料助熔剂，釉料乳浊剂
	硅	石英，玻化剂
	硅矿石	助熔剂，玻化剂
	硅酸锆	乳浊剂
	硅酸钠	抗絮凝剂
H	赫尔默	高岭土
	黑色氧化铜	着色剂
	黑色氧化铁	着色剂
	黑色氧化镍	着色剂
	红色氧化铜	着色剂
	红色氧化铁	着色剂
	红艺黏土	含铁量较高，低温
	滑石	助熔剂
	黄色氧化铁	着色剂
	黄色赭石	含有黄色氧化铁的黏土，着色剂
	黄滩黏土（101 黏土）	炻器泥料
J	焦硼酸钠	助熔剂
	杰克逊	球土
	金红石（浅色、深色、颗粒）	着色剂
	金艺黏土	炻器泥料
K	卡斯特	长石
	康沃尔石	长石

（续表）

	原料名称	简介 / 化学成分 / 在釉料中的作用
L	蓝晶石	为坯料增添粗糙感
	锂辉石	锂长石
	利泽拉黏土	含铁量高，熔点低
	林肯	耐火黏土
	铝（氢氧化铝）	耐高温
	绿色氧化镍	着色剂
	氯化钠	盐
	鲁米奈特	黏合剂（有腐蚀性）
N	NC–4	长石
	那柯 HG	耐火黏土
	纽曼红色黏土	含铁量较高，高温，可熔性耐火黏土
O	OM4 号	球土
P	派瑞克斯 H·S	黏土添加剂
	膨润土	黏土，塑形剂，釉料悬浮剂
	硼砂	助熔剂
Q	铅丹	助熔剂，剧毒
S	三氧化锑	玻化剂，乳浊剂
	沙粒	为坯料增添粗糙感
	沙子	黏土添加剂
	山楂胶	耐火黏土
	上等瓷泥	高岭土
	斯皮克斯混合物	球土
	石膏（1 号陶艺专用石膏）	制作模具
	塑形维特	长石
	羧甲基纤维素胶	釉料黏合剂，悬浮剂
	羧甲基纤维素钠	釉料凝固剂，悬浮剂
T	钛铁矿	着色剂，釉料添加剂
	碳化硅	釉料添加剂
	碳酸钡	助熔剂
	碳酸钙	助熔剂
	碳酸钴	着色剂
	碳酸钾	助熔剂（参见珍珠灰）
	碳酸锂	助熔剂
	碳酸镁	助熔剂

（续表）

	原料名称	简介 / 化学成分 / 在釉料中的作用
T	碳酸锰	着色剂
	碳酸镍	着色剂
	碳酸氢钠	助熔剂
	碳酸锶	助熔剂
	碳酸铜	着色剂
	田纳西 10 号	球土
	透锂长石	长石
W	维尔瓦卡斯特	高岭土（注浆泥浆）
	五氧化二钒	着色剂
X	XX 匣钵	球土
	霞石正长石	深成碱性岩
	西班牙红色氧化铁	着色剂
	小湖硼酸盐	助熔剂
Y	盐碱地炻器泥料	炻器
	氧化铬	着色剂
	氧化钴	着色剂
	氧化锡	乳浊剂
	氧化锌	助熔剂
Z	珍珠灰	助熔剂（碳酸钾）
	重铬酸钾	着色剂
	熔块	
	3110、3124、3134、3185、3195、3288、3292、3403、3626、5301、CC-257、F-280、GF-129、P-29-P	助熔剂
	马森陶艺用品公司生产的着色剂	
	6000、6020、6021、6023、6024、6026、6027、6088、6097、6126、6211、6236、6242、6254、6263、6280、6288、6304、6315、6320、6333、6360、6364、6368、6376、6379、6385、6391、6404、6405、6433、6450、6464、6485、6527、6530、6600、6616、6666、6700	着色剂

参编陶艺大师个人网页地址

Quarto 感谢以下艺术家为本书提供他们的代表作品照片。

巴伯·安伯格（Barbro Aberg），www.barboraberg.com。

兹霍·奥诺（Chiho Aono），http://www.chiho-a.com。

琳达·阿布克（Linda Arbuckle），www.lindaarbuckle.com。

阿德里安·阿里奥（Adrian Arleo），www.adrianarleo.com。

尼古拉斯·阿罗亚威·波特拉（Nicholas Arroyave-Portela），www.nicholasarroyaveportela.com。

马腾·巴斯（Maarten Baas），www.maartenbaas.com。

丹尼尔·巴瑞（Daniel Bare），www.danielbare.com。

苏珊·贝尼尔（Susan Beiner），www.susanbeinerceramics.com。

托马斯·勃勒（Thomas Bohle），www.thomasbohle.com。

珍妮弗·布瑞泽尔顿（Jennifer Brazelton），www.jenniferbrazelton.com。

杰夫·卡帕纳（Jeff Campana），www.jeffcampana.com。

哈利玛·卡塞尔（Halima Cassell），www.halimacassell.com。

瑞贝卡·卡特尔（Rebecca Catterall），www.rebeccacatterall.com。

瑞贝卡·夏贝尔（Rebecca Chappell），www.rebeccachappell.com。

山姆·春（Sam Chung），www.samchungceramics.com。

桑塞恩·库伯（Sunshine Cobb），www.sunshinecobb.com。

克里斯蒂娜·科多瓦（Cristina Cordova），www.cristinacordova.com。

达芙妮·克雷根（Daphne Corregan），www.daphnecorregan.com。

娜塔莎·戴恩瑞（Natasha Daintry），www.natashadaintry.com。

沃特·达姆（Wouter Dam），www.wouterdam.com。

罗伯特·达沃森（Robert Dawson），www.aestheticsabotage.com。

迈克·德·格罗特（Mieke de Groot），www.miekedegroot.nl。

夏德拉·德布斯（Chandra DeBuse），www.chandradebuse.com。

阿兰娜·德洛兹（Alanna DeRocchi），www.alannaderocchi.com。

马克·迪格罗斯（Marc Digeros），www.marcdigeros.com。

杰克·杜赫提（Jack Doherty），www.dohertyporcelain.com。

盖尔·尼克斯（Gail Nichols），www.craftact.oro.aulportfolios/ceramics。

迈克尔·伊甸（Michael Eden），www.michael-eden.com。

阿德里安·萨苏恩（Adrian Sassoon），www.adriansassoon.com。

大卫·艾奇伯格（David Eichelberger），www.eichelbergerclay.com。

夏德思·艾达赫（Thaddeus Erdahl），www.tjerdahl.blogspot.co.uk。

保罗·艾瑟曼（Paul Eshelman），www.eshelmanpottery.com。

亚当·菲尔德（Adam Field），www.adamfieldpottery.com。

马蒂·菲尔丁（Marty Fielding），www.martyfielding.com。

比恩·费娜安（Bean Finneran），www.beanfinneran.com。

尼尔·福瑞斯特（Neil Forrest），www.neil-forrest.com。

亚当·弗鲁（Adam Frew），www.adamfrew.com。

艾瑞·弗瑞姆斯基（Erin Furimsky），www.erinfurimsky.com。

劳伦·加拉斯比（Lauren Gallaspy），www.laurengallaspy.com。

茱莉亚·加洛威（Julia Galloway），www.juliagalloway.com。

杰勒娜·伽兹沃达（Jelena Gazivoda），www.jelenagazivoda.com。

夏昂·高夫（Shannon Goff），www.shannongoff.com。

贾森·格林（Jason Green），www.jasongreenceramics.com。

格蕾丝·古斯丁（Chris Gustin），www.gustinceramics.com。

西德赛尔·哈努姆（Sidsel Hanum），www.hanum.no。

尤苏拉·哈根斯（Ursula Hargens），www.ursulahargens.com。

瑞恩·哈瑞斯（Rain Harris），www.rainharris.com。

莫利·哈兹（Molly Hatch），www.mollyhatch.com。

克莱尔·海顿（Claire Hedden），www.chairehedden.weebly.com。

瑞吉娜·海恩兹（Regina Heinz），www.ceramart.net。

罗伯特·海瑟尔（Robert Hessler），www.roberthessler.com。

大卫·海克斯（David Hicks），www.dh-studio.com。

吉斯尔·海克斯（Giselle Hicks），www.gisellehicks.com。

斯蒂文·希尔（Steven Hill），www.stevenhillpottery.com。

平井明子·科灵伍德（Akiko Hirai Collingwood），www.akikohiraiceramics.com。

何善影，www.shiyingho.com。

米兰达·霍尔默斯（Miranda Holms），www.mirandaholms.com。

布莱恩·霍普金斯（Bryan Hopkins），www.hopkinspottery.com。

莫瑞迪斯·霍斯特（Meredith Host），www.meredithhost.com。

艾斯利·霍沃德（Ashley Howard），www.ashleyhoward.co.uk。

史蒂文·艾普森（Steen Ipsen），www.steen-ipsen.dk。

李在元，www.jaewonlee.net。

雷蒙·杰费柯特（Remon Jephcott），http://www.hearthomemag.co.uk。

斯坦恩·叶斯柏森（Stine Jespersen），www.stinejespersen.com。

兰迪·约翰斯顿（Randy Johnston），www.mckeachiejohnstonstudios.com。

布莱恩·琼斯（Brian R Jones），www.brianrjones.com。

卡迪·帕克（Katie Parker），盖·迈克尔·达维斯（Guy Michael Davis），www.futuretrieval.com。

马特·科勒赫（Matt Kelleher），www.mattkelleher.com。

克里斯蒂·凯弗（Kristen Kieffer），www.kiefferceramics.com。

泰霍恩·凯姆（Taehoon Kim），www.taehoonkim.com。

麦瑞迪斯·科纳普·布瑞克尔（Meredith Knapp Brickell），www.mbrickell.com。

保罗·科图拉（Paul Kotula），www.paulkotula.com。

艾利克斯·克拉夫特（Alex Kraft），www.alexkraftart.com。

贝思妮·克鲁尔（Bethany Krull），www.bethanykrull.com。

艾娃·王（Eva Kwong），www.evakwong.com。

莫腾·隆勃内·伊思珀森（Morten Lobner Espersen），www.espersen.nu。

克莱尔·劳德（Claire Loder），www.claireloder.co.uk。

马特·隆格（Matt Long），www.fullvictory.com。

琳达·洛佩兹（Linda Lopez），www.lindalopez.net。

鲁特·拉勒曼（Lut Laleman），www.designvlaanderen.be/nl/designer。

劳伦·马布瑞（Lauren Mabry），www.laurenmabry.com。

瑞安·马根尼斯（Ryan Magennis），www.flyeschool.com。

科瑞克·曼古斯（Kirk Mangus），www.ebay.com。

妮娜·玛特鲁德（Nina Malterud），www.ninamalterud.no。

杰弗瑞·曼（Geoffrey Mann），www.mrmann.co.uk。

安德鲁·马丁（Andrew Martin），www.martinporcelain.com。

史蒂夫·马蒂森（Steve Mattison），www.stevemattison.com。

保罗·迈克穆兰（Paul McMullan），www.mcmullanceramics.com。

杰弗瑞·蒙格瑞恩（Jeffrey Mongrain），www.jeffreymongrain.com。

斯蒂文·蒙哥马利（Steven Montgomery），www.stevemontgomery.net。

乔哈尼斯·纳格尔（Johannes Nagel），www.johannesnagel.eu。

苏珊·奈蒙斯（Susan Nemeth），www.susannemeth.co.uk。

塞恩·奥康奈尔（Sean O'Connell），www.seanoconnellpottery.com。

卡瑞·奥斯伯格（Karin Ostberg），www.oestberg.blogspot.com。

科尔比·帕森斯（Colby Parsons），www.colbyparsonsart.com。

拉斐尔·佩雷兹（Rafael Peraz），www.rafaperez.es。

格雷森·佩利（Grayson Perry），www.britishmuseum.org。

皮特·平克斯（Peter Pincus），www.peterpincus.com。

约瑟夫·佩恩兹（Joseph Pintz），www.iconceramics.com。

博瑞达·奎尼（Brenda Quinn），www.brendaquinn.com。

卡瑞·拉达兹（Kari Radasch），www.kariradasch.com。

安东·瑞吉德（Anton Reijnder），www.antonreijnders.nl。

罗伯特·布鲁斯·汤普森（Robert Bruce Thompson），The Home Scientist, LLc。

安纳贝斯·罗森（Annabeth Rosen），http://www.beamcontemporaryart.com。

贾斯丁·罗萨科（Justin Rothshank），www.rothshank.com。

弗朗西斯·荣格（Francois Ruegg），www.francoisruegg.com。

艾丽萨·撒哈尔（Elsa Sahal），www.elsasahal.fr。

阿德里安·萨克斯（Adrian Saxe），www.franklloyd.com。

艾米丽·施罗德·威利斯（Emily Schroeder Willis），www.emilyschroeder.com。

弗吉尼亚·斯科奇（Virginia Scotchie），www.virginiascotchie.com。

马克·夏皮罗（Mark Shapiro），www.stonepoolpottery.com。

安迪·肖（Andy Shaw），www.shawtableware.com。

安纳特·斯弗坦（Anat Shiftan），https://www.wavehill.org。

鲍比·希夫曼（Bobby Silverman），www.alsiodesign.com。

本特·斯基特伽德（Bente Skjottgaard），www.skjoettgaard.dk。

卡洛琳·斯洛特（Caroline Slotte），www.carolineslotte.com。

苏德斯托姆·卡尔·理查德（Soderstrom Carl Richard），www.carlrichard.se。

阿尔宾·斯坦福德（Albion Stafford），www.albionstafford.com。

德克·斯塔斯兹克（Dirk Staschke），www.artdirk.com。

巴瑞·斯特德曼（Barry Stedman），www.barrystedman.co.uk。

卡拉·斯丁（Kala Stein），www.kalastein.com。

苏特斯托克·桑赛特曼（Shutterstock Sunsetman），www.shutterstock.com。

琳达·斯万森（Linda Swanson），www.lindaswansonstudio.com。

布莱恩·泰勒（Brian Taylor），www.brianjtaylorceramics.com。

舒克·特鲁亚玛（Shoko Teruyama），www.shokoteruyama.com。

狄姆斯·伯格（Timothy Berg），瑞贝卡·梅尔斯（Rebekah Myers），www.myersbergstudios.com。

约翰·尤塔德（John Utgaard），www.johnutgaard.com。

夏乐妮·维伦祖拉（Shalene Valenzuela），www.shalene.com。

萨德拉·凡·德·司迪恩（Sandra Van Der Steen），www.shutterstock.com。

文迪·沃嘉特（Wendy Walgate），www.walgate.com。

霍利·瓦尔克（Holly Walker），www.hollywalkerceramics.com。

杰森·瓦尔克（Jason Walker），www.jasonwalkerceramics.com。

马特·维德尔（Matt Wedel），www.mattwedel.com。

阿德罗·维拉德（Adero Willard），www.adreowillard.com。

埃莉诺·威尔逊（Eleanor Wilson），www.elenorwilson.com。

阿莱丁·伊德姆（Alaettin Yildirim），www.shutterstock.com。

达文·尤尔（Dawn Youll），www.dawnyoull.co.uk。

李扬·斯蒂文（Steven Young Lee），www.stevenyounglee.com。

本书作者

若读者想了解本书作者更多的资料，请访问他们的个人主页：

www.brianjtaylorceramics.com

www.katedoody.com

鸣谢

对 Quarto 为我们提供这个出版机会表示由衷的谢意。在此，特别向莉莉·德·贾特瑞（Lily De Gatacre）、凯特·科比（Kate Kirby）、沙拉·贝尔（Sarah Bell）致以谢意，感谢她们为本书付出的辛勤劳动。

向约翰·布瑞特（John Britt）、琳达·布鲁姆菲尔德（Linda Bloomfield）、沙拉·巴尼斯（Sarah Barnes）为我们提供的技术支持表示感谢。

向所有的参编艺术家表示谢意，感谢他们无私贡献自己的创意、知识及作品图片，正是在所有人的帮助下，本书才得以出版。特别向担任图片编辑工作的大卫·伊斯特（David East）及克瑞斯丁·凯弗（Kristen Keiffer）致以谢意。

在此，特别向阿尔弗雷德大学、犹他州立大学、芝加哥艺术学院的各位恩师表示最最诚挚的谢意，没有他们的鼓励与支持、关怀与帮助，就没有我们的今天。向我们的良师益友安纳特·司福坦（Anat Shiftan）先生表示谢意：谢谢您为我们提出的宝贵建议。

感谢马萨诸塞州艺术学院的学生们为本书提供的釉烧试片图片。

向约翰·吉尔（John Gill）及安德里亚·吉尔（Andrea Gill）致以谢意，我们之间的友谊已长达十几年的时间，大家相处得就像一家人一样，他们为我们提供了很多帮助。

感谢瑟尔赛·杜德（Shelsea Dodd）夜以继日地辛勤劳作，正是在她的默默付出下，我们才能放下家庭中的一切琐事全身心地投入到写作工作中，没有她的帮助就没有本书的成功。我们爱你！

向凯特·杜迪（Kate Doody）的母亲卡洛琳·杜迪（Carole Doody）女士致以由衷的谢意，没有您的支持与理解就没有我们的成功。妈妈，您永远都是我们心中的女神！感谢我们的家人，无论你们身在何处，我们的心都是在一起的，感谢你们的信任、支持及热情。

本书得以面世，我们的心里有着说不尽的快乐与自豪。在我们的人生以及从业生涯中有太多人向我们付出过无私的帮助，对此，我们的谢意真是无以言表。